LES ENCHAINEMENTS

DU

MONDE ANIMAL

DANS LES TEMPS GÉOLOGIQUES

MAMMIFÈRES TERTIAIRES

Le dépôt légal de cet ouvrage a été fait en novembre 1877. L'auteur se réserve le droit de traduction.

PARIS. — IMPRIMERIE DE E. MARTINET, RUE MIGNON, 2.

LES ENCHAINEMENTS

DU

MONDE ANIMAL

DANS LES TEMPS GÉOLOGIQUES

MAMMIFÈRES TERTIAIRES

PAR

ALBERT GAUDRY

Professeur de paléontologie au Muséum d'histoire naturelle de Paris

AVEC 312 GRAVURES DANS LE TEXTE D'APRÈS LES DESSINS DE FORMANT

PARIS
LIBRAIRIE HACHETTE ET C
79, BOULEVARD SAINT-GERMAIN, 79
1878

INTRODUCTION

Le travail que je livre aujourd'hui au public fait partie d'un ouvrage qui a pour objet l'étude des enchaînements du monde animal depuis les temps où la vie a paru sur le globe jusqu'à nos jours. Il y a une vingtaine d'années, lorsque j'ai commencé à m'occuper des animaux fossiles de Pikermi, plusieurs indices d'enchaînements m'ont été révélés par la comparaison de ces animaux avec ceux qui les ont précédés et ceux qui les ont suivis. A mesure que j'ai étendu mes observations, je me suis confirmé dans la croyance que les êtres n'ont point paru isolément sur la terre sans liens les uns avec les autres; j'ai pensé que, sous l'apparente diversité de la nature, domine un plan où l'Être infini a mis l'empreinte de son unité. Dès lors, l'idée de découvrir quelque chose de ce plan a dirigé mes recherches paléontologiques; il m'a semblé que si je suivais l'histoire des animaux à travers les âges en notant leurs enchaînements, je ferais un ouvrage qui ne serait pas sans utilité. Ce travail demande encore plusieurs années pour être achevé. La partie relative aux mammifères tertiaires étant terminée, quelques amis m'ont engagé à la publier dès maintenant.

La science paléontologique est trop peu avancée pour qu'une étude sur les enchaînements des êtres puisse être autre chose qu'une simple ébauche. Plus instruits que nous, nos successeurs seront plus heureux ; ils contempleront dans leur ensemble les vastes horizons de la nature passée, tandis que nous avons seulement çà et là des échappées de vues. Mais, si imparfait que soit cet essai, j'ai eu beaucoup de plaisir à en réunir les matériaux, et je souhaite que mes lecteurs aient autant de satisfaction à le lire que j'en ai eu à le composer.

Grâce aux travaux des géologues des différentes contrées, on commence à pouvoir déterminer avec quelque précision la succession des assises dans lesquelles sont ensevelies les dépouilles des anciens êtres ; les stratigraphes français (parmi lesquels il est juste d'attribuer une part importante à M. Hébert et à ses élèves) dissèquent avec patience et habileté le petit morceau de l'écorce terrestre qui constitue notre pays. Il est naturel que nous soyons séduits par le désir de comparer toutes ces créatures dont on nous fait connaître les âges respectifs et que nous tâchions de découvrir si leurs modifications ont été en rapport avec leurs dates d'apparition.

Les mammifères de l'époque tertiaire nous offrent des conditions particulièrement favorables pour étudier les questions relatives à l'évolution. A cette époque, ils présentent un contraste frappant avec la plupart des autres classes du monde organique. Alors, les plantes appartiennent déjà aux genres actuels; elles subissent encore des changements d'espèces et de races; mais leurs transformations génériques sont accomplies. Les grands traits des animaux invertébrés sont également presque tous dessinés ; leurs espèces varient ; leurs genres, leurs familles ne varient plus guère. Les vertébrés à sang froid ont aussi traversé les principales phases de leur évolution : c'est pendant l'époque crétacée que la plupart des poissons ont perdu l'état ganoïde pour prendre l'état téléostéen et que les reptiles ont atteint leur perfectionnement.

Il n'en a pas été de même pour les mammifères ; ces êtres, dont la peau est le plus souvent délicate, nue ou couverte seulement de poils, n'ont eu leur complet développement que lors de l'extinction des énormes reptiles secondaires auxquels une peau coriace et quelquefois cuirassée donnait des avantages dans la lutte pour la vie. Pendant la plus grande partie des temps tertiaires, les mammifères ont été très-différents des animaux actuels ; ils étaient encore en pleine évolution. On s'en convaincra en jetant les yeux sur les tableaux suivants où j'ai esquissé les traits les plus saillants de l'histoire des mammifères terrestres qui ont habité l'Europe pendant l'époque tertiaire [1].

1. Pour lire ces tableaux, on devra commencer par l'étage le plus inférieur (base de l'éocène) et finir par l'étage le plus élevé du pliocène.

Terrain éocène (tertiaire inférieur).

7° Étage du calcaire de Brie. On peut attribuer provisoirement à ce niveau les phosphorites du Quercy; mais plus tard, sans doute, on découvrira que leur formation correspond à plusieurs étages.

Apparition des genres Cadurcotherium, Hyrachius, Entelodon, Anthracotherium, Dacrytherium, Chalicotherium, Tragulohyus, Lophiomeryx, Hyœmoschus (?), Gelocus, Dremotherium, Thereutherium, cryptoprocte (?), chien (?), civette, marte, Plesictis, Plesiogale, Ælurogale, rhinolophe, Necrolemur.

6° Étage du gypse de Paris auquel se rattachent les couches de la Débruge (Vaucluse), de Bembridge (île de Wight), de Saint-Hippolyte de Caton et de Souvignargues (Gard).

Apparition des genres sarigue, Chœropotamus, Tapirulus, Anoplotherium, Eurytherium, Cainotherium, Anchilophus, Acotherulum, Cebochœrus, Xiphodon, Amphimeryx, Plesiarctomys, loir (?), Trechomys, Galethylax (?), Hyænodon, Adapis. Règne des pachydermes. Les carnivores ont encore en partie les caractères marsupiaux.

5° Étage des sables de Beauchamp, auquel correspondent les couches d'Hordwell (Hampshire) et peut-être une partie des dépôts sidérolithiques du Mauremont (Suisse).

Apparition des genres Microchœrus, Chœromorus, Rhagatherium, Hyopotamus, Diplopus, Dichobune, hérisson (?), Theridomys, écureuil, Sciuroides, Amphicyon, Cynodon, chauve-souris.

4° Étage du calcaire grossier de Paris auquel il faut peut-être rattacher les couches d'Argenton (Indre), d'Issel (Aude) et une partie des dépôts sidérolithiques d'Ober-Gösgen et d'Egerkingen (Suisse).

Apparition des genres Acerotherium (?), Palæotherium, Paloplotherium, Lophiodon, Pachynolophus, Pterodon, Proviverra, Cænopithecus.

3° Étage de l'argile de Londres et des sables de Cuyse-la-Motte.

Apparition des genres Hyracotherium et Pliolophus.

2° Étage des lignites du Soissonnais.

Apparition des genres Coryphodon et Palæonictis.

1° Étage des grès de La Fère (Aisne).

Apparition de l'Arctocyon.

Terrain miocène (tertiaire moyen).

13° Étage de Pikermi (Grèce), de Baltavar (Hongrie), du Mont Léberon (Vaucluse), de Concud (Espagne).

Apparition des genres Leptodon, Tragocerus, Palæoryx, Palæotragus, Palæoreas, Antidorcas (?), gazelle, Helladotherium, cerf, Ancylotherium, porc-épic, Ictitherium, hyène, Hyænictis, Promephitis. Règne des herbivores qui forment d'immenses troupeaux.

12° Étage d'Eppelsheim (Hesse-Darmstadt). Les mammifères d'Œningen (Suisse) appartiennent peut-être à cet étage.

Apparition des genres Hipparion, hippopotame (?), Dorcatherium, Lagomys, Simocyon.

11° Étage de Sansan et de Simorre (Gers), de Saint-Gaudens (Haute-Garonne), de la Grive Saint-Alban (Isère), de la Chaux-de-Fond (Suisse), d'Eibiswald (Styrie).

Apparition des genres Hyotherium, antilope, castor, campagnol, Glisorex (?), Hyænarctos, Machærodus (?), chat, Taxodon (?), Dryopithecus. Disparition du Cainotherium et de l'Anthracotherium. Les ruminants sont dans un état d'évolution un peu plus avancé qu'à l'époque précédente.

10° Étage du calcaire de Montabuzard et des sables de l'Orléanais. C'est peut-être à ce niveau que se rapporte le lignite de Monte Bamboli (Toscane).

Apparition des genres cochon, Listriodon (?), Anchitherium, Dicrocerus, Mastodon, Dinotherium, Macrotherium, loutre, Oreopithecus, Pliopithecus. Disparition des derniers vestiges des marsupiaux. Commencement du règne des proboscidiens et des singes.

9° Étage de Saint-Gérand-le-Puy (Allier). Une partie du calcaire de Beauce peut appartenir à cet étage.

Apparition des genres rhinocéros (?), tapir, Palæochœrus, musaraigne, Plesiosorex, Mysarachne, taupe, desman, Lutrictis, Palæonycteris. Les ruminants n'ont pas encore de cornes. Les proboscidiens n'ont point paru.

8° Étage des sables de Fontainebleau et de la Ferté-Alais (Seine-et-Oise), auquel se rapportent peut-être les couches d'Hempstead (île de Wight), de Ronzon (faubourg du Puy-en-Velay), de Villebramar (Lot-et-Garonne), de Lausanne (Suisse), de Cadibona (Italie).

Apparition du genre Tetracus. Disparition du Palæotherium, de l'Anoplotherium. Règne des Hyopotamus et des Anthracotherium.

Terrain pliocène (tertiaire supérieur).

15° Étage de Perrier, près d'Issoire, du Coupet, de Vialette (Haute-Loire), de Chagny (Saône-et-Loire); une partie des assises du Val d'Arno et du Crag de l'Angleterre appartient au même étage.

Apparition des chevaux, des bœufs, des éléphants, des marmottes, des lièvres, des zorilles (?), des ours. Disparition des singes. Les antilopes deviennent rares et les cerfs se multiplient. L'éléphant coexiste avec le mastodonte.

14° Étage de Montpellier et de Casino (Toscane).

Apparition des semnopithèques. L'Hipparion existe encore, mais le Dinotherium, l'Ancylotherium et beaucoup d'autres genres qui avaient vécu dans les périodes précédentes disparaissent.

Ces tableaux devront nécessairement être modifiés, au fur et à mesure que les découvertes paléontologiques se multiplieront. Dans un magnifique discours sur la doctrine de l'évolution [1], M. Huxley a très-justement fait remarquer que, lorsque nous connaîtrons mieux les genres, les familles et les classes des animaux fossiles, nous verrons sans doute qu'il faut reculer les dates d'apparition de la plupart d'entre eux; mais il n'y a pas lieu de supposer que nos idées sur leur âge relatif devront être très-modifiées; par exemple il n'est pas vraisemblable que les découvertes futures renverseront la croyance que le règne des mammifères a eu lieu après celui des reptiles et des poissons.

Le fait que les mammifères de l'époque tertiaire sont en pleine évolution rend l'étude de ces animaux attrayante pour le paléontologiste. Ils nous présentent une infinie

1. *Address delivered at the Anniversary Meeting of the Geological Society of London* (*Proceedings of the geol. soc.*, 18 of February, 1870).

richesse de formes; rien de plus délicat, de plus mobile que toutes leurs nuances depuis le commencement des âges tertiaires jusqu'aux temps actuels. Dans la multitude de ces espèces qui se sont succédé, il y en a qui, à un moment donné, semblent avoir apparu ou disparu brusquement; mais je tâcherai de montrer qu'il y en a eu aussi un grand nombre dont on peut suivre les enchaînements.

En composant cet ouvrage, j'ai contracté des dettes de reconnaissance dont il m'est très-doux de m'acquitter ici. Comme l'embryogénie est la base de toute étude sur l'évolution des êtres, j'ai dû commencer par tâcher de la connaître ; ce que j'en ai appris, je le dois à M. Gerbe ; soit dans son laboratoire du Collége de France, soit au bord de la mer à Concarneau, ce naturaliste, qui sous sa modestie cache des trésors de science, a bien voulu m'initier à ses recherches. M. Paul Gervais, mon savant collègue du Muséum, et le docteur Sénéchal, garde des galeries d'anatomie, dont nous déplorons la perte récente, m'ont fourni avec une extrême bienveillance tous les échantillons qui pouvaient m'être utiles. M. Alphonse Milne Edwards m'a communiqué plusieurs fossiles provenant de sa belle collection de Saint-Gérand-le-Puy. MM. Filhol et Javal ont mis à ma disposition les ossements si nombreux qu'ils ont découverts dans les phosphorites du Quercy. M. Goubaux m'a prêté quelques pièces curieuses qu'il a préparées à l'École vétérinaire d'Alfort. Parmi les ouvrages où j'ai puisé le plus de renseignements pour l'étude des mammifères tertiaires, je dois citer ceux de Cuvier, Blainville, Richard Owen, Paul Gervais, Falconer, Kaup, Pictet,

Lartet, Pomel, Rütimeyer, Kowalevsky, Van Beneden, Leidy, Marsh, Cope, Flower, Huxley, Filhol, Croizet, Aymard, Wagner, Fraas, Forsyth Major, Peters, Hensel, Delfortrie, Capellini. Pendant que je me suis occupé à suivre les enchaînements des animaux à travers les âges géologiques, M. le comte Gaston de Saporta a fait d'importantes recherches sur les enchaînements des végétaux fossiles; depuis plusieurs années, nous nous sommes communiqué l'un à l'autre les résultats de nos investigations et nous en avons déduit les mêmes conséquences. Souvent aussi j'ai échangé des idées avec MM. Tournouër et Fischer, qui connaissent si bien les invertébrés tertiaires, et nos conclusions ont été semblables. Cet accord m'encourage à croire que la pensée des enchaînements du monde organique a quelque fondement. M. Henry Formant a dessiné les figures que l'on trouvera intercalées dans le texte, et il a bien voulu se charger d'en diriger la gravure; j'ai été heureux d'avoir le concours d'un artiste aussi habile; je lui dois des remercîments tout particuliers.

LES

MAMMIFÈRES TERTIAIRES

CHAPITRE PREMIER

LES MARSUPIAUX

Les mammifères se divisent en placentaires et en marsupiaux [1]. Chez les premiers, l'allantoïde s'étend assez pour former un placenta par lequel le fœtus s'unit intimement avec la mère. Chez les seconds, l'allantoïde reste à l'état rudimentaire et ne peut se mettre en communication avec la paroi de la matrice : il n'y a pas formation de placenta ; aussi les petits ne se développent que très-incomplétement dans la matrice, et ils viennent au jour dans un état imparfait. Souvent, pour protéger leur extrême faiblesse, la mère a sous le ventre une poche où elle les reçoit, les tient au chaud et les nourrit de son lait ;

1. Je comprends sous cette désignation les mammifères qui se développent sans placenta. J'adopte le nom de *marsupial*, parce que c'est celui qui est le plus en usage; il est emprunté au mot *marsupium*, poche ; quelques personnes lui préfèrent celui de didelphe (δὶς, deux fois, δελφὺς, matrice), par lequel Linné a voulu indiquer que la poche remplit les fonctions d'une seconde matrice. Ces noms ne doivent pas être pris dans un sens absolu, car plusieurs des animaux auxquels on les applique n'ont pas de poche.

quand elle n'a pas de poche, elle les porte sur son dos. Le sentiment de l'amour maternel doit être très-vif chez les marsupiaux qui gardent ainsi avec eux leurs petits, et, à ce point de vue, ils ont une supériorité sur beaucoup d'animaux. Cependant les naturalistes les considèrent justement comme moins avancés que les mammifères ordinaires, puisque leurs fœtus sont comparables à des fœtus de placentaires où l'allantoïde aurait eu un arrêt de développement.

Ces mammifères inférieurs ont précédé dans nos pays les placentaires ; après y avoir vécu pendant les temps secondaires, ils y sont devenus rares pendant l'époque éocène et ils en ont disparu au milieu de l'époque miocène. Comme je le dirai plus loin, je suppose que plusieurs d'entre eux sont devenus des placentaires. Ceux qui n'ont pas subi de changement ou qui n'ont pas émigré ont eu des désavantages dans la lutte pour la vie. Quels que soient en effet leur courage et leur sollicitude maternelle, leurs petits, êtres chétifs, venus avant terme, sont plus exposés aux attaques des bêtes de proie que ceux des placentaires et surtout des ruminants et des pachydermes qui arrivent au jour dans un état très-parfait. En outre, les marsupiaux ne peuvent traverser les fleuves avec leurs petits dans leur poche ou sur leur dos sans risquer de les voir asphyxiés dans l'eau ; les placentaires, dont les petits viennent au jour dans un état assez avancé pour qu'ils puissent courir et nager, n'éprouvent pas les mêmes difficultés. Comme la destinée des herbivores est d'aller de campagnes en campagnes cueillir les plantes que chaque saison fait épanouir, les marsupiaux herbivores ont dû être plus gênés que les marsupiaux carnivores, soit par les bras de mer, soit par les fleuves ; c'est peut-être là une des raisons pour lesquelles ils ont disparu plus tôt de nos contrées, car il est digne de remarque qu'on n'a signalé encore dans nos terrains tertiaires aucun véritable marsupial herbivore, tandis qu'on y rencontre des débris de marsupiaux carnivores.

Pendant la première moitié des temps tertiaires, il y a eu

à Paris, en Auvergne, en Vaucluse, en Suisse, des animaux[1] (fig. 1) qui ressemblaient extrêmement aux sarigues actuels. On ne peut douter qu'ils aient eu une organisation analogue, car

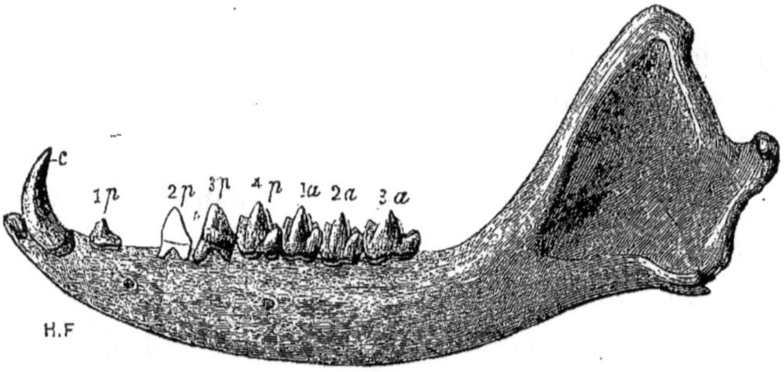

FIG. 1. — Mandibule gauche de *Didelphys Aymardi*, vue sur la face externe, dessinée au double de la grandeur naturelle. — *c.* canine; *1p.*, *2p.*, *3p.*, *4p.* les quatre prémolaires; *1a.*, *2a.*, *3a.* les arrière-molaires. — Phosphorites de Caylus. (Collection de M. Filhol.)

Cuvier a retrouvé en place chez l'un d'eux les os appelés os marsupiaux qui servent à maintenir la poche où logent les petits (fig. 2). Cette découverte[2] est une de celles qui semblent avoir le plus intéressé notre grand anatomiste ; avant d'avoir vu le bassin, il était persuadé qu'il portait des os marsupiaux, parce que l'étude des dents et du squelette lui avait révélé des ressemblances avec les sarigues. Cuvier admettait une loi qu'on appelle la loi de connexion des organes; il disait que la présence d'un

1. D'habiles naturalistes les distinguent sous le nom de *Peratherium* (πήρα, poche, θηρίον, animal), à cause d'une différence dans la grandeur de la troisième prémolaire inférieure et de la dernière arrière-molaire ; cette différence me semble trop sujette à des variations et trop peu importante pour mériter une distinction générique. Cependant, comme la plupart des mammifères de l'éocène et du miocène inférieur appartiennent à des genres différents des espèces actuelles, il est possible qu'un jour on découvre des caractères qui permettront de séparer génériquement les sarigues fossiles des sarigues actuels.

2. Le mémoire où Cuvier a décrit le sarigue de Montmartre fait partie du troisième volume du grand ouvrage intitulé : *Recherches sur les ossements fossiles de quadrupèdes où l'on rétablit les caractères de plusieurs espèces d'animaux que les révolutions du globe paraissent avoir détruites* (1re édition, in-4°, Paris, 1812). Encore aujourd'hui cet admirable ouvrage est le recueil le plus précieux pour les personnes qui veulent apprendre à déterminer les vertébrés fossiles.

organe entraîne un autre organe, et voyant un animal du gypse de Montmartre, qui avait des dents comme les sarigues, il assurait d'avance qu'il devait aussi avoir des os marsupiaux

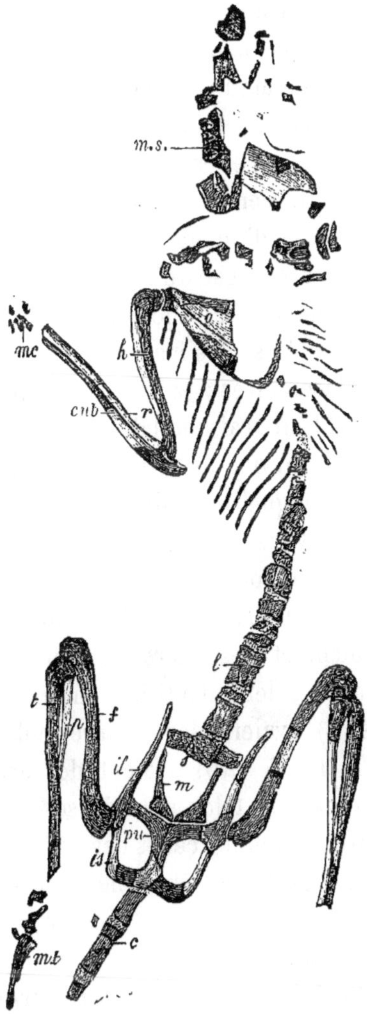

FIG. 2. — Squelette du *Didelphys Cuvieri*, qui a été décrit par Cuvier. Il est représenté de grandeur naturelle. Il a été trouvé en deux morceaux ; on a restauré les os qui étaient dans l'un des morceaux d'après ceux qui étaient dans l'autre. — *m.s.* mâchoire supérieure ; *o.* omoplate ; *h.* humérus ; *r.* radius ; *cub.* cubitus ; *mc.* métacarpiens ; *l.* vertèbres lombaires ; *s.* vertèbres sacrées ; *m.* os marsupiaux ; *il.* iliaque ; *is.* ischion ; *pu.* pubis ; *f.* fémur ; *p.* péroné ; *t.* tibia ; *mt.* métatarse ; *c.* vertèbres caudales. — Gypse de Montmartre.

comme les sarigues. Au moment de creuser la pierre pour mettre à nu le bassin, il réunit quelques amis afin de les faire assister à la découverte des os marsupiaux; la réussite de son opération fit admirer une fois de plus son génie.

Cependant Cuvier aurait pu n'être pas toujours aussi heureux; il faut prendre garde d'exagérer la loi de connexion des organes. L'illustre fondateur de la paléontologie, croyant à l'immutabilité des espèces, supposait qu'un chien est constamment chien, qu'un sarigue est constamment sarigue. Je ne pense pas qu'il en ait forcément été ainsi; un animal peut avoir eu à la fois les caractères d'un genre et ceux d'un autre genre, les caractères d'un ordre et ceux d'un autre ordre. Il est même possible qu'il ait formé un intermédiaire entre les deux principales divisions de la classe des mammifères: celle des marsupiaux et celle des placentaires; je vais citer quelques faits qui rendent cette supposition vraisemblable.

De même qu'il y a eu depuis la seconde moitié des temps miocènes jusqu'à l'époque actuelle des chats qui sont des bêtes de proie et des hyènes qui se nourrissent de cadavres, il y a eu pendant l'époque éocène et pendant la première moitié de l'époque miocène des *Hyænodon* [1] qui devaient vivre surtout de chair fraîche et des *Pterodon* [2] qui dévoraient plutôt les animaux morts; leur dentition en est la preuve; les premiers (fig. 3 et 4) avaient des arrière-molaires très-coupantes; les seconds (fig. 5 et 6) avaient des arrière-molaires plus épaisses et munies de talon pour briser les os; souvent leurs dents sont usées comme celles des hyènes; dans le gisement de la Débruge où leurs débris ne sont pas rares, il y a de nombreux coprolithes aussi bien conservés que ceux des hyènes, grâce au phosphate et au carbonate de chaux provenant des os qui ont été dévorés [3]. Ces anciens carnivores ont été

1. Ὕαινα, hyène; ὀδὼν, dent.
2. Πτερὸν, aile, et ὀδὼν.
3. J'ai remis un coprolithe de la Débruge, que je suppose provenir d'un *Pterodon*, à M. Auguste Terreil; ce savant chimiste a bien voulu l'analyser; il l'a trouvé

envisagés d'une manière différente par les meilleurs paléontologistes : de Blainville, M. Gervais, M. Filhol les ont rangés parmi les placentaires ; de Laizer, de Parieu, Laurillard et M. Pomel les

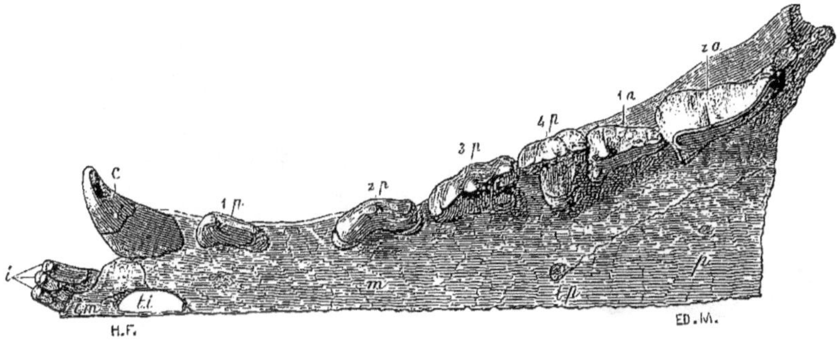

FIG. 3. — Côté gauche de la mâchoire supérieure de l'*Hyænodon leptorhynchus*, race de petite taille, dessiné sur la face interne aux 9/10 de grandeur. — *i.m.* inter-maxillaire ; *m.* maxillaire ; *p.* palatin ; *t.i.* trou incisif ; *t.p.* trou palatin ; *i.* incisives ; *c.* canine ; *1p.*, *2p.*, *3p.* les trois premières prémolaires coupantes ; *4p.* dernière prémolaire ; *1a.* et *2a.* première et deuxième arrière-molaires en forme de carnassières. Il n'y a pas de troisième arrière-molaire. — Phosphorites du miocène inférieur de Mouillac. (Remis au Muséum par M. Rossignol.)

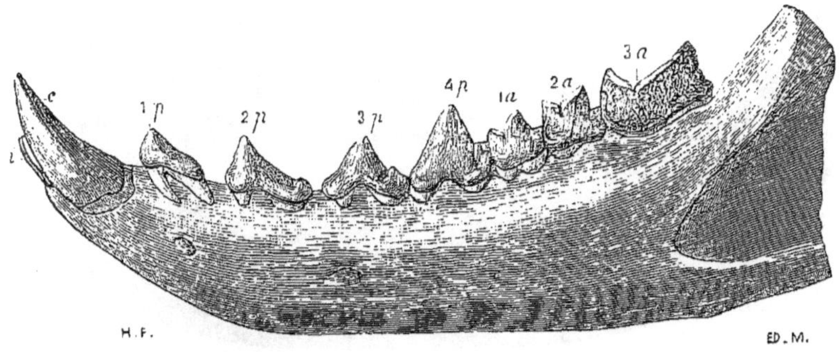

FIG. 4. — Mandibule gauche d'*Hyænodon leptorhynchus*, race de petite taille, dessinée sur la face externe aux 9/10 de grandeur. — *i.* incisive ; *c.* canine ; *1p.*, *2p.*, *3p.*, *4p.* les quatre prémolaires ; *1a.*, *2a.*, *3a.* les trois arrière-molaires en forme de carnassières très-tranchantes. — Phosphorites de Mouillac. (Remis au Muséum par M. Rossignol.)

ont classés près des marsupiaux. Cela prouve qu'ils participent à la fois de la nature des marsupiaux et des placentaires. Pour in-

composé de phosphate et de carbonate de chaux imprégnés de matière bitumineuse provenant soit d'anciens restes organiques, soit du lignite dans lequel les fossiles sont engagés.

diquer leur caractère ambigu, M. Aymard leur a appliqué le nom expressif de subdidelphes. Plusieurs naturalistes ont déjà cité les particularités par lesquelles l'*Hyænodon* et le *Ptero-*

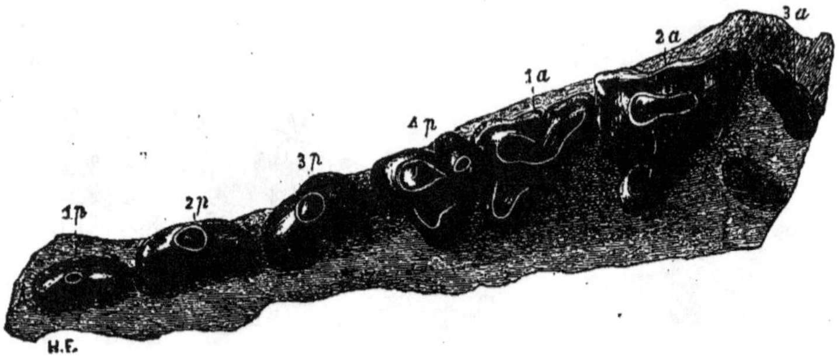

FIG. 5. — Côté gauche de la mâchoire supérieure du *Pterodon dasyuroides*, vu sur la face interne, grandeur naturelle.—*1p.*, *2p.*, *3p.*, *4p.* prémolaires ; *1a.*, *2a.* première et seconde arrière-molaires en forme de carnassières avec grand talon interne ; *3a.* alvéole de la dernière arrière-molaire qui a une position transverse. — Lignite de l'éocène supérieur de la Débruge (Vaucluse).

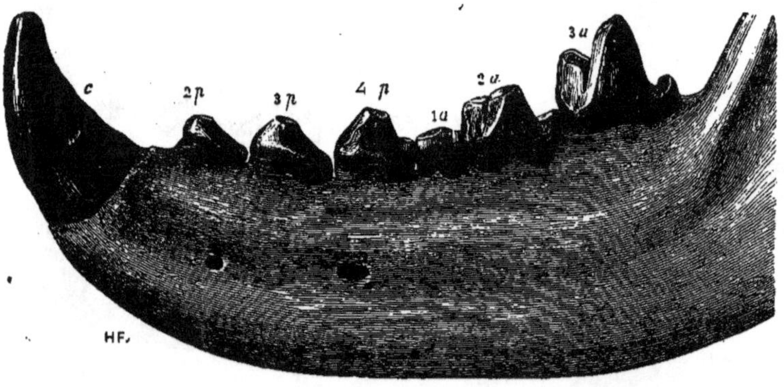

FIG. 6. — Mandibule gauche de *Pterodon dasyuroides*, vue sur la face externe, aux 3/4 de grandeur. — *c.* canine; il n'y a pas de traces de première prémolaire ; *2p.*, *3p.*, *4p.* les deuxième, troisième et quatrième prémolaires ; *1a.*, *2a.*, *3a.* les trois arrière-molaires en forme de carnassières. — Lignite de la Débruge.

don se rapprochent des carnivores placentaires ; tout récemment M. Filhol[1] vient de montrer que le mode de remplacement

1. *Recherches sur les phosphorites du Quercy, Étude des fossiles qu'on y rencontre et spécialement des mammifères* (*Annales des sciences géologiques*, vol. VII, p. 169, pl. 22, fig. 79, pl. 31, fig. 148, 1876).

de leurs molaires était le même ; en incisant des mâchoires de jeunes *Hyænodon*, il a vu que toutes les molaires de lait étaient remplacées lors de la seconde dentition, tandis que chez les marsupiaux actuels, une seule paire de dents est remplacée,

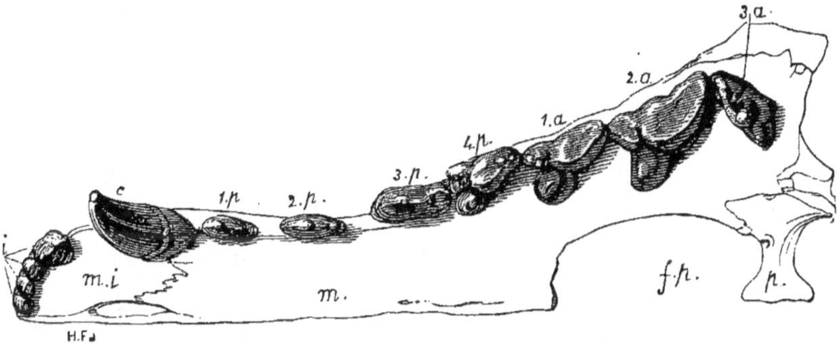

FIG. 7. — Côté gauche de la mâchoire supérieure du *Thylacynus cynocephalus*, dessiné sur la face interne aux 9/10 de grandeur. — *i.m.* inter-maxillaire ; *m.* maxillaire ; *p.* palatin ; *f.p.* grande fosse palatine qui manque chez l'*Hyænodon* et le *Pterodon* ; les dents sont marquées par les mêmes lettres que dans les figures précédentes. — Époque actuelle, Tasmanie.

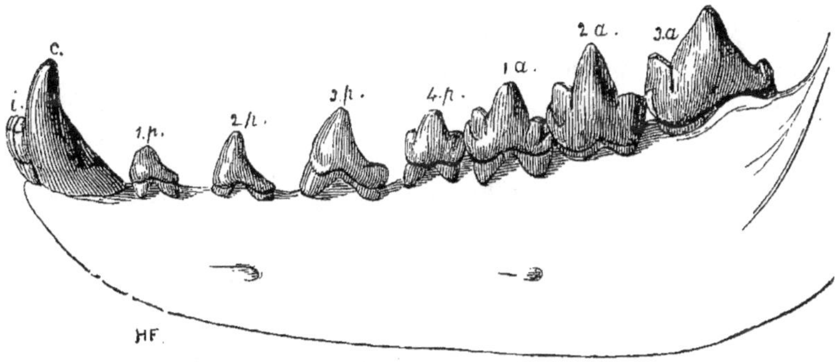

FIG. 8. — Mandibule gauche de *Thylacynus cynocephalus*, vue sur la face externe aux 9/10 de grandeur. — Mêmes lettres que dans les figures précédentes. — Époque actuelle, Tasmanie.

soit à la mâchoire supérieure, soit à la mâchoire inférieure. A côté des ressemblances que l'*Hyænodon* et le *Pterodon* ont avec les carnivores placentaires, ils présentent une différence très-importante : chez le chien et les autres carnivores placentaires, chaque mâchoire porte une molaire plus grande et surtout plus élevée que les autres, spécialement destinée à couper la chair et pour cette raison appelée carnassière ; les molaires qui sont en arrière de la carnassière sont plus basses, généralement plus petites ; au lieu d'être coupantes, elles s'élargissent et sont munies de tubercules propres à broyer ; aussi on les appelle des tuberculeuses. Chacun sait que le chien coupe avec ses carnassières, et que, lorsqu'il veut broyer des os, il les lance dans le fond de sa gueule où sont les tuberculeuses. Chez les carnivores-placentaires, le nombre des tuberculeuses varie, mais il n'y a jamais qu'une carnassière à chaque mâchoire. On s'en rendra compte en regardant les gravures de l'hyène (fig. 275 et 288), du loup (fig. 276), de l'*Amphicyon* (fig. 277), de l'ours (fig. 280), du *Cynodon* (fig. 282), etc. Or, chez l'*Hyænodon* (fig. 3 et 4) et le *Pterodon* (fig. 5 et 6), il y a plusieurs carnassières. C'est là un caractère qui est propre aux marsupiaux; il est impossible de comparer les molaires du *Pterodon* (fig. 5 et 6) avec celles du marsupial d'Australie, connu sous le nom de thylacyne (fig. 7 et 8), sans être frappé de leur similitude.

Lorsqu'on aura bien étudié tout le squelette des *Hyænodon* et des *Pterodon*, on trouvera sans doute d'autres traits de ressemblance avec les marsupiaux. Ainsi M. Rossignol m'a remis pour le Muséum plusieurs ossements des phosphorites, parmi lesquels j'ai remarqué une vertèbre du cou (fig. 9) d'une disposition toute spéciale qu'on ne rencontre que chez les sarigues (fig. 10); cette vertèbre est un axis dont l'apophyse épineuse (neurépine de M. Owen) est très-élevée; loin d'être pointue, elle est déprimée et forme gouttière à son sommet ; la disposition de sa face postérieure indique que la troisième vertèbre avait également une grande hauteur ; on peut croire que l'élévation de l'apophyse épineuse des vertèbres cervicales était, comme chez les sarigues, en rapport avec le développement de la crête sagittale du crâne. Notre pièce fossile a des dimensions beaucoup plus considérables que chez les animaux du groupe sarigue jusqu'à présent trouvés dans les phosphorites du Quercy ; au contraire elle s'accorde pour la taille avec les *Hyænodon* qui sont très-communs dans ces gisements. Je suis donc, jusqu'à preuve du contraire, disposé à croire qu'elle

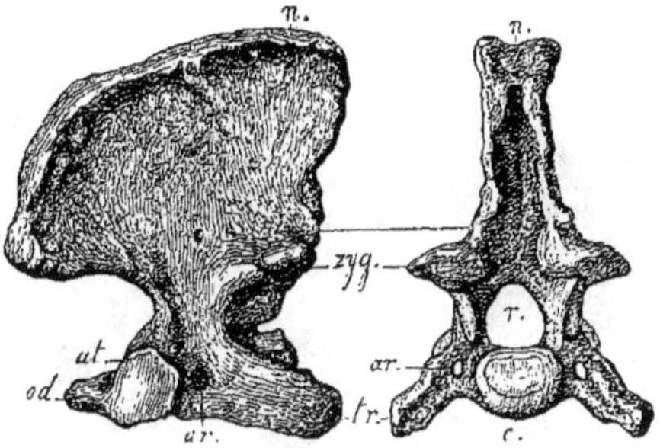

FIG. 9. — Axis d'un marsupial (*Hyænodon?*) vu de profil et par-derrière, aux 2/3 de grandeur. — *n.* neurépine ; *zyg.* zygapophyse ; *ar.* trou artériel; *r.* canal rachidien ; *at.* condyle pour l'articulation de l'atlas ; *od.* apophyse odontoïde. — Recueilli à La Salle, près Caylus, par M. Rossignol.

provient d'un *Hyænodon* dont le cou était semblable à celui des marsupiaux actuels de l'Amérique.

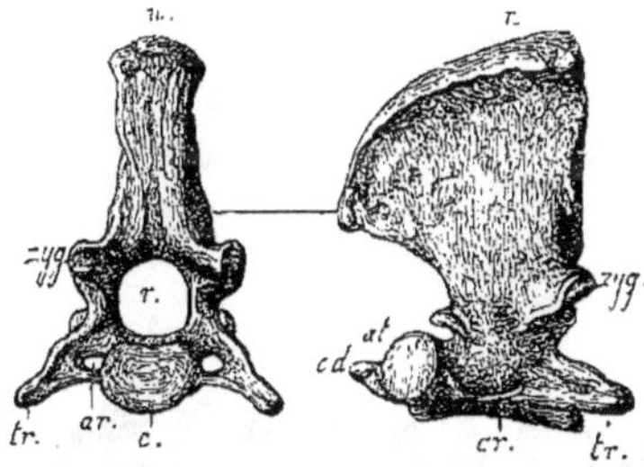

FIG. 10. — Axis de *Didelphis cancrivora*, vu de profil et sur la face postérieure, de grandeur naturelle. Mêmes lettres. — Espèce vivante de la Guyane.

Aussi bien que l'*Hyænodon* et le *Pterodon*, l'animal des lignites du Soissonnais auquel on a donné le nom de *Palæonictis*[1] (fig. 11) embarrasse les paléontologistes par ses caractères mixtes. Sa dentition a des rapports avec celle des animaux de la famille des viverridés, tels que les mangoustes, les *Cros-*

1. Παλαιὸς, ancien ; ἰκτὶς, marte ou civette.

sarchus. Cependant sa seconde arrière-molaire 2 *a*. présente une disposition qui ne se voit pas chez les placentaires et est

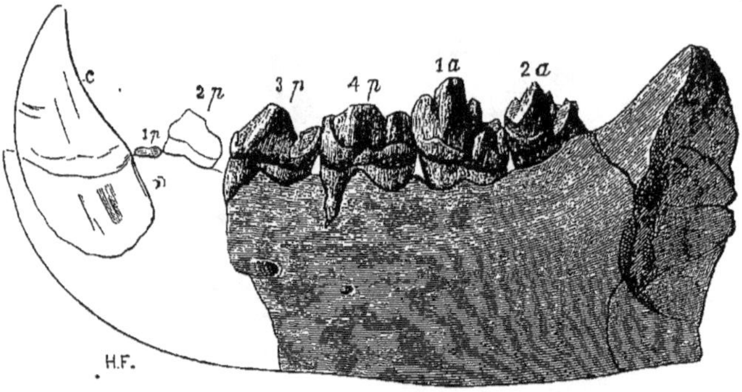

FIG. 11. — Mandibule de *Palæonictis gigantea*, vue sur la face externe, grandeur naturelle. La partie dessinée au trait a été complétée d'après d'autres échantillons. — *c*. canine; 1*p*., 2*p*., 3*p*., 4*p*. les prémolaires; 1*a*. et 2*a*. arrière-molaires qui ont la forme de carnassières. — Lignite de l'éocène inférieur, Muirancourt (Oise).

propre aux marsupiaux ; comme chez les dasyures actuels (fig. 12), elle est en forme de carnassière ; elle ressemble à la

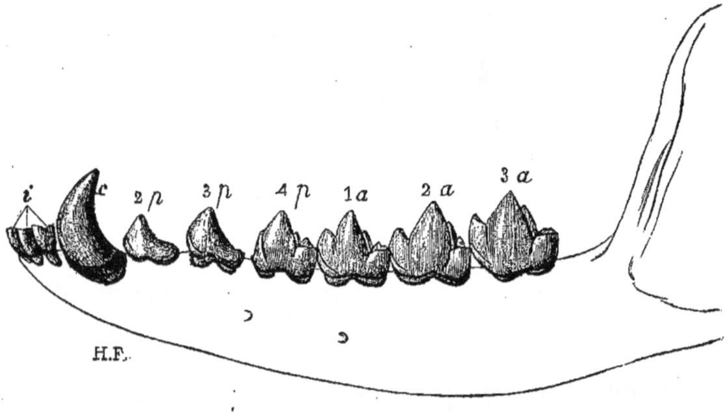

FIG. 12. — Mandibule gauche de *Dasyurus Maugei*, vue sur la face externe au double de la grandeur naturelle. — Mêmes lettres que dans les figures précédentes ; *i*. incisives. — Époque actuelle, Tasmanie.

première arrière-molaire 1 *a*., sauf qu'elle est un peu plus petite et que son talon est plus réduit.

Les phosphorites du Quercy ont fourni un genre particulièrement intéressant comme intermédiaire entre les marsupiaux et les placentaires (fig. 13 et 14); c'est un carnivore que M. Filhol a

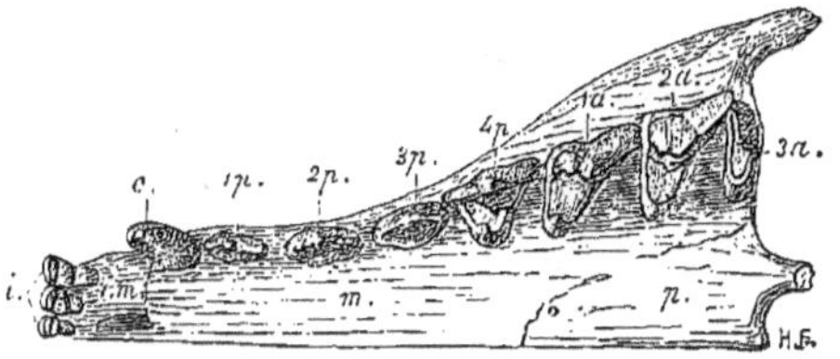

Fig. 13. — Côté gauche d'une mâchoire supérieure de *Proviverra Cayluxi*, vue sur la face palatine, de grandeur naturelle, restaurée d'après trois échantillons différents. — *i.m.* intermaxillaire ; *m.* maxillaire ; *p.* palatin ; *i.* les trois incisives ; *c.* canine ; 1*p.*, 2*p.*, 3*p.* les trois premières prémolaires ; 4*p.* quatrième prémolaire qui correspond à la carnassière unique des carnivores placentaires ; 1*a.*, 2*a.*, 3*a.* les arrière-molaires. — Phosphorites de Caylus. (Collection de M. Filhol.)

signalé sous le nom de *Cynohyænodon*[1] *Cayluxi*; je crois devoir l'inscrire plutôt sous celui de *Proviverra*[2], parce que les diffé-

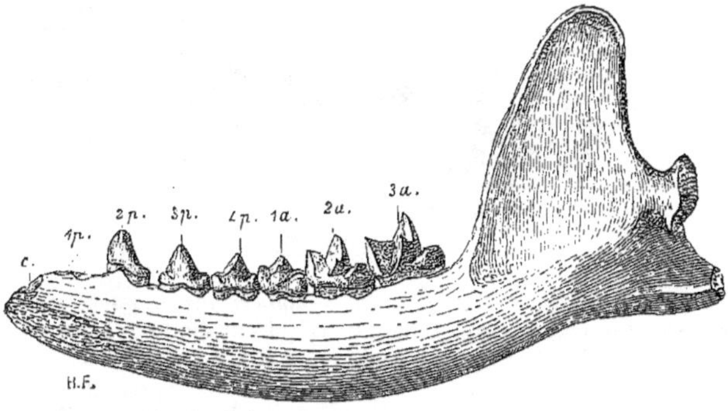

Fig. 14. — Mandibule gauche de *Proviverra Cayluxi*, vue sur la face interne, de grandeur naturelle, dessinée d'après deux échantillons. — *c.* canine ; 1*p.*, 2*p.*, 3*p.*, 4*p.* les prémolaires ; 1*a.*, 2*a.*, 3*a.* les arrière-molaires. — Phosphorites de Caylus. (Collection de M. Filhol.)

rences qui le séparent de la *Proviverra* de M. Rütimeyer ne me semblent pas avoir une valeur générique. Cette ques-

1. Animal qui tient à la fois des chiens ou des *Cynodon* et des *Hyænodon* (κύων, κυνὸς, chien ; ὕαινα, hyène ; ὀδών, dent).

2. *Pro*, devant ; *viverra*, civette.

tion de nom importe peu ; ce qui importe c'est l'association des caractères de la nouvelle espèce due aux savantes recherches de M. Filhol. Comme l'*Hyænodon* et le *Pterodon*, elle manque de plusieurs des caractères propres aux marsupiaux : l'angulaire de sa mâchoire inférieure n'a pas d'inversion sur le bord interne ; les palatins n'ont pas de grandes fosses ; il n'y a que trois paires d'incisives supérieures ; le fémur, le radius, le cubitus sont plutôt des os de viverriens que des os de marsupiaux ; M. Filhol a recueilli une vertèbre cervicale dont l'apophyse épineuse contraste par sa brièveté avec le singulier développement que nous a offert la vertèbre représentée figure 9. Cependant la *Proviverra* ressemble aux mar-

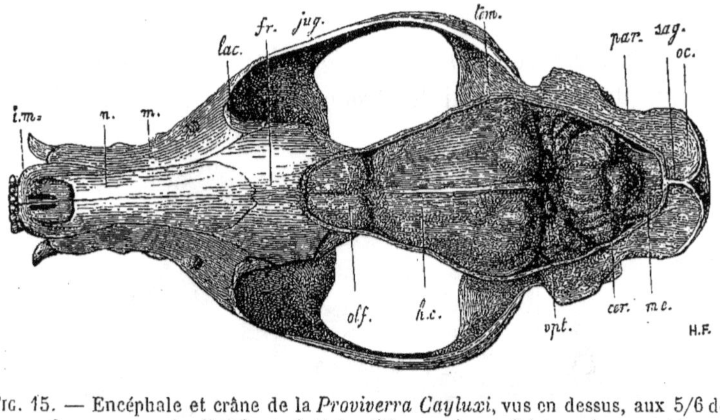

Fig. 15. — Encéphale et crâne de la *Proviverra Cayluxi*, vus en dessus, aux 5/6 de grandeur, restaurés d'après trois échantillons qui ont été trouvés ensemble. — *olf.* lobes olfactifs ; *h.c.* hémisphère cérébral ; *opt.* place des lobes optiques ; *cer.* cervelet ; *m.e.* moelle épinière ; *oc.* occipital ; *par.* pariétal ; *sag.* crête sagittale ; *fr.* frontal ; *tem.* temporal ; *n.* nasal ; *i.m.* inter-maxillaire ; *m.* maxillaire ; *lac.* lacrymal ; *jug.* jugal. — Phosphorites du Quercy. (Collection de M. Filhol.)

supiaux par la forme de ses dents ; ses molaires inférieures rappellent celles des sarigues et encore plus celles des *Dasyurus macrourus* de Tasmanie ; seulement, comme les *Dasyurus* ont un museau plus raccourci, ils ont une prémolaire de moins ; si l'on tient compte des différences d'allongement, on trouve aussi que les molaires supérieures de la *Proviverra* ne sont pas bien éloignées de celles des *Dasyurus macrourus ;* elles se rapprochent encore plus de celles du *Pterodon*. La crête sagittale de l'animal des phosphorites rappelle également la disposition de plusieurs sarigues. C'est surtout la forme de l'encéphale qui révèle une parenté avec les marsupiaux; j'ai fait graver (fig. 15) le moulage d'un intérieur de crâne qui a été formé naturellement, lors de la fossilisation, par la pénétration du phosphate de chaux ; ce moulage est une des pièces les plus précieuses de la belle collection de M. Filhol ; sa conservation est telle qu'on pourrait le croire obtenu sur une bête actuelle ; on voit en *ol.* les lobes olfactifs bien développés; en *h. c.* les hémisphères cérébraux assez lisses, allongés, relativement petits; en *opt.* la place des lobes optiques qui devaient être un peu à découvert ; en *cer.* le cervelet ; en *m. e.* la moelle épinière. Un animal dont l'encéphale a eu toutes ses parties à découvert doit avoir été peu avancé dans son évolution, et, comme l'a pensé M. Filhol, il a bien pu être encore à l'état marsupial.

M. Daubrée, qui a été un des premiers à attirer l'attention des naturalistes sur les phosphorites du Quercy, a rapporté de ces curieuses formations un crâne au sujet duquel M. Gervais s'est exprimé ainsi : « *Le moule de la cavité crânienne montre que les hémisphères étaient pourvus de circonvolutions multiples, disposées longitudinalement, peut-être au nombre de quatre, et dont les deux intermédiaires offriraient des commencements de sinuosités ; quant au cervelet, il était fort et complétement à découvert*[1]. » Le nom de *Thylacomorphus*[2], sous lequel ce crâne a été inscrit, montre que, dans l'opinion du savant professeur du Muséum, il annonçait des affinités avec les marsupiaux.

On a trouvé dans le tertiaire inférieur un carnivore qui appartient à un tout autre type que ceux dont je viens de parler ; ses dents ne sont pas coupantes ; elles indiquent le régime omnivore des ours : cet animal est l'*Arctocyon*[3] du grès de La Fère

1. *Zoologie et Paléontologie générales*, 2e série, p. 52.
2. Θύλακος, ου, poche ; μορφή, forme.
3. Ἄρκτος, ours ; κύων, chien.

(fig. 16); il est le plus ancien de tous les mammifères connus jusqu'à présent dans les terrains tertiaires. D'habiles paléonto-

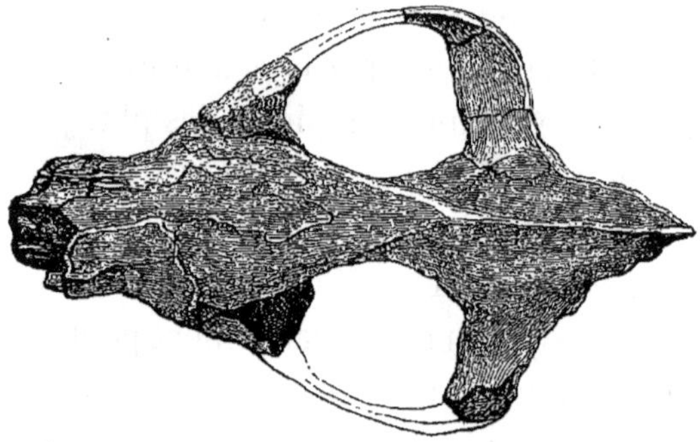

Fig. 16. — Crâne de l'*Arctocyon primævus*, vu en dessus, à 1/3 de grandeur. Éocène inférieur de La Fère (Aisne).

logistes l'ont cru voisin des ratons et l'ont rangé parmi les placentaires; mais M. Gervais a récemment reconnu que l'*Arctocyon* se rapprochait des marsupiaux par la forme de son cerveau et par la grandeur des trous palatins[1].

En présence de ces remarques, nous nous demandons si les placentaires ne sont pas les descendants des marsupiaux. Cette interrogation doit paraître bien naturelle aux embryogénistes, car pour concevoir le passage d'un marsupial à un placentaire, il suffit de supposer que l'allantoïde, au lieu d'être frappée d'un arrêt de développement, s'est agrandie de manière à venir adhérer à la matrice. Je dirai plus : je ne comprends pas l'état marsupial, s'il ne représente pas le passage au placentaire; un rudiment d'allantoïde sans fonction me semble en désaccord avec les harmonies habituelles de la nature, s'il n'est pas destiné à avoir un jour son utilité dans le marsupial devenu placentaire. Quand je réfléchis que le *Pterodon*, l'*Hyænodon*, la *Palæonictis*, la *Proviverra*, l'*Arctocyon* ont vécu à

1. *Nouvelles Archives du Muséum d'histoire naturelle de Paris*, vol. VI, p. 147, in-4, 1870.

l'époque où les marsupiaux sont sur le point de disparaître de nos pays pour faire place au règne des placentaires, quand d'autre part je considère que ces carnassiers ont à la fois des caractères de marsupiaux et de placentaires, je suis porté à croire qu'ils sont les descendants des marsupiaux des temps secondaires chez lesquels auraient persisté certains caractères des parents. Les *Pterodon* et les *Hyænodon* auraient gardé leurs arrière-molaires. Les *Palæonictis* auraient retenu quelque chose de leur ancienne dentition ; mais leur seconde arrière-molaire serait devenue plus petite que la première, et la troisième aurait disparu, marquant un acheminement vers le type viverridé. L'*Arctocyon* aurait conservé son encéphale de marsupial, ses palatins seraient restés largement troués. Le cerveau de la *Proviverra* n'aurait pas fait de progrès sensibles. L'animal dont j'ai décrit l'axis (fig. 9) aurait conservé le cou qu'il avait quand il était un marsupial, et sans doute aussi son crâne serait resté muni de la mince et haute crête sagittale qu'on voit dans quelques-uns des sarigues actuels. J'ai entendu dire à un homme très-habile en anatomie comparée, feu le docteur Sénéchal, qu'il avait souvent remarqué certain facies de marsupial chez les mammifères de la première moitié des temps tertiaires et qu'il s'attendait à voir découvrir sur plus d'un mammifère de cette époque les rudiments des os marsupiaux. Des réminiscences de l'état marsupial se retrouvent même chez des animaux qui ont les apparences de vrais placentaires ; ainsi l'*Amphicyon*, qui appartient à la famille des chiens, a le même nombre d'arrière-molaires supérieures que les marsupiaux, et son humérus ressemble plus à celui de ces animaux qu'à celui des chiens. Le *Cynodon* est voisin des chiens et des civettes ; néanmoins on verra figure 283 le dessin d'une mandibule de ce genre où la seconde arrière-molaire, au lieu d'avoir l'aspect d'une tuberculeuse, a des denticules pointus qui simulent ceux d'une carnassière et rappellent la forme de la *Proviverra*. La plupart des astragales de carnivores que j'ai vus dans les collections des lignites de la Débruge et des phosphorites ont en arrière une tendance à former une gorge de poulie analogue à celle des sarigues. Les placentaires de l'éocène et du miocène inférieur ont souvent à leur crâne une grande crête sagittale comme celle des sarigues. M. Owen a fait remarquer que leur dentition est en général plus complète que chez les placentaires actuels ; leurs dents sont nombreuses ainsi que chez les marsupiaux. Les arrière-molaires supérieures de l'*Anoplotherium* et du *Chalicotherium* ont leurs denticules externes inclinés de la même manière que chez le koala. Les molaires inférieures des *Tapirulus* ont des collines élevées et tranchantes comme chez les kanguroos. Les arrière-molaires inférieures des chauves-souris et de quelques insectivores ressemblent à celles des sarigues et des *Proviverra*. Les lémuriens ont des rapports avec plusieurs marsupiaux, soit par la forme de leurs arrière-molaires, soit par la disposition de leurs pattes de derrière dont le pouce est très-opposable et par leur péroné qui s'appuie en plein sur l'astragale.

Quelques-unes de ces ressemblances peuvent être simplement des phénomènes d'adaptation ; il arrive souvent que des êtres dont l'origine est très-différente se rapprochent beaucoup, à certains égards, lorsqu'ils ont les mêmes fonctions à remplir. Supposons, en effet, que des carnivores tels que les *Dasyures* aient pénétré dans la Nouvelle-Hollande, et que, par suite de l'abaissement des terres australes, ils aient été séparés par la mer du reste du monde. Suivant les harmonies de la nature, ils auront dû recevoir des fonctions différentes : l'un sera devenu mangeur d'insectes; un autre sera devenu carnivore, comme les chats ; un autre mangeur de cadavres comme les hyènes ; celui-ci aura été marcheur, celui-là grimpeur. Leurs organes se seront modifiés pour remplir les fonctions nouvelles qui leur auront été dévolues. Ainsi, quoique descendus les uns des autres, ils différeront plus à certains égards qu'ils ne diffèrent d'animaux qui sont leurs parents bien plus éloignés. Donc, les ressemblances et les dissemblances ne reflètent pas forcément les degrés de parenté; quand le paléontologiste en tire des conséquences pour l'histoire de l'évolution des êtres, il doit le faire avec toute réserve. Mais, à mon avis, ce serait une grande exagération de vouloir repousser toute idée de descendance basée sur les ressemblances, car en général les parents rapprochés se ressemblent plus que les parents éloignés.

Tandis que les caractères marsupiaux se sont effacés chez les animaux de nos contrées après l'époque du miocène infé-

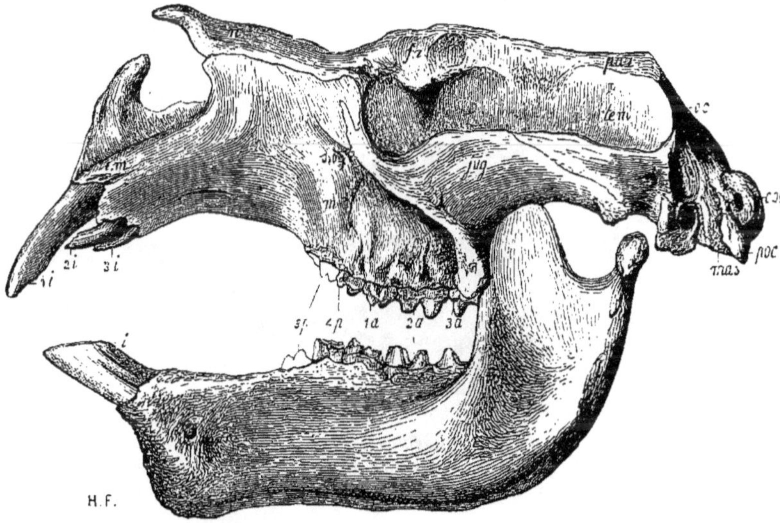

FIG. 17. — Crâne du *Diprotodon australis*, vu de profil à 1/10 de grandeur. — 1*i*. grande incisive supérieure; 2*i*., 3*i*. deuxième et troisième incisive supérieure; *i*. grande incisive inférieure; 3*p*., 4*p*. les prémolaires; 1*a*., 2*a*., 3*a*. les arrière-molaires; *i.m*. inter-maxillaire; *m*. maxillaire; *n*. nasal; *s.o*. trou sous-orbitaire; *jug*. jugal; *fr*. frontal; *par*. pariétal; *tem*. temporal; *mas*. mastoïde; *oc*. occipital; *c.oc*. condyle occipital; *p.oc*. para-occipital (d'après M. Owen). — Pliocène d'Australie.

rieur, ils ont persisté jusqu'à nos jours chez les sarigues d'Amérique et chez les mammifères d'Australie. Il est naturel de conclure de là que déjà, dans le milieu de l'époque tertiaire, il y avait, comme aujourd'hui, des faunes locales; car, sans doute, en trouvant la preuve de l'existence des marsupiaux pendant la première moitié des temps tertiaires et à l'époque actuelle, bien peu de paléontologistes mettront en doute que la vie de ces animaux ait dû se continuer quelque part pendant l'époque du miocène moyen et du miocène supérieur, alors que l'Europe ne nourrissait plus que des placentaires. En tout cas, il faut admettre qu'à la fin de l'époque pliocène, la faune australienne était déjà composée de marsupiaux ; on a découvert dans des terrains de l'Australie qui sont attribués au pliocène supérieur des phascolomes, des kanguroos et de grands marsupiaux alliés

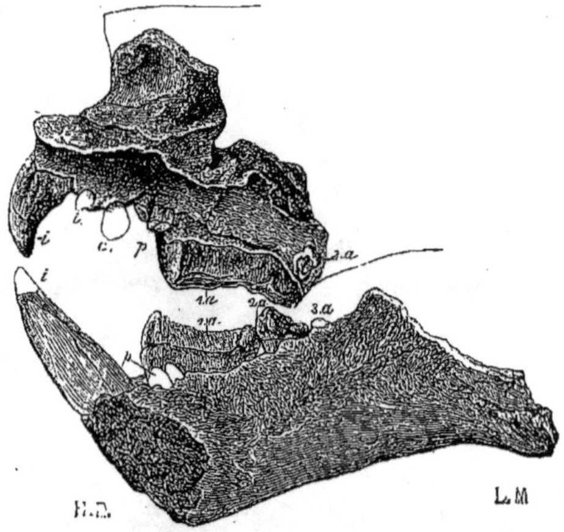

Fig. 18. — Devant de la tête du *Thylacoleo carnifex*, avec la mâchoire inférieure, vu de profil, à 1/3 de grandeur. — *i.* incisives ; *c.* canine ; *p.* prémolaires très-petites ; 1*a.*, 2*a.*, 3*a.* les arrière-molaires (d'après M. Owen). — Pliocène d'Australie.

aux kanguroos pour lesquels M. Richard Owen a proposé le nom de *Diprotodon*[1] (fig. 17) et de *Nototherium*[2]. C'est là aussi qu'ont été trouvés les restes du *Thylacoleo*[3] (fig. 18), marsupial énigmatique qui a donné lieu à de singuliers débats entre deux grands anatomistes : M. Richard Owen l'a considéré comme un carnivore capable d'attaquer les *Diprotodon* et les *Notothe-*

1. Δὶς, deux fois ; πρῶτος, premier ; ὀδὼν, dent, à cause des deux grandes dents que le *Diprotodon* porte en avant à chaque mâchoire.

2. Νότος, sud ; θηρίον, animal, parce que le *Nototherium* a été recueilli dans l'hémisphère austral.

3. Θύλαξ, ακος, poche et λέων, lion.

rium, de même que les lions attaquent aujourd'hui les buffles et les girafes ; le nom de *Thylacoleo carnifex* a été imaginé pour représenter ses appétits sanguinaires. Au contraire, M. Flower a pensé que le *Thylacoleo* se rapprochait des *Hypsiprymnus*, animaux qui se nourrissent principalement de végétaux. Cette discussion est une continuation de celle à laquelle a donné lieu le *Plagiaulax* du terrain jurassique, regardé par Falconer comme un herbivore et par M. Owen comme un carnivore. Cela montre qu'il n'existe pas de démarcation bien tranchée entre les animaux dont le régime est le plus opposé, tels que ceux qui vivent aux dépens du monde végétal et ceux qui vivent aux dépens du monde animal.

Je viens de citer quelques fossiles d'Australie différents des genres qui existent de nos jours ; mais la plupart des espèces qu'on a trouvées dans cette contrée se rapprochent des formes actuelles ; on y a signalé des kanguroos, un potoroo, des wombats, un phalanger. Pourquoi est-ce justement dans les régions où règnent aujourd'hui les marsupiaux que l'on découvre de nombreux marsupiaux fossiles, tandis que dans nos pays, où n'habitent plus que des placentaires, les dernières couches qui ont été formées ne renferment que des restes de placentaires ? Doit-on croire que de telles coïncidences sont de simples jeux du hasard ? Il me semble plus naturel d'en conclure que les êtres actuels sont une dérivation des êtres des temps passés. L'histoire d'une époque a en partie sa raison d'être dans l'histoire de l'époque qui l'a précédée.

CHAPITRE II

LES MAMMIFÈRES MARINS

Les mammifères placentaires, si on les considère au point de vue de leur habitat, doivent être partagés en deux groupes : ceux qui vivent au sein des océans et les mammifères terrestres.

Cette division, comme toutes celles qu'on essaye d'établir dans l'histoire naturelle, n'a rien d'absolu ; il est impossible de distinguer des mammifères terrestres la loutre appelée *Enhydris* et l'ours blanc qui sont des quadrupèdes marins ; il est également impossible de séparer des mammifères marins les espèces de lamantins et de dauphins qui habitent les rivières.

Les mammifères marins comprennent trois ordres : les cétacés, les siréniens, les amphibies.

On range sous le nom de cétacés[1] les baleines, les cachalots, les *Ziphius*, les narvals, les dauphins. Il semble que ces animaux ont été dans les conditions les plus favorables pour attirer l'attention des paléontologistes, car ce sont les plus grands de tous les mammifères, et ils ont des formes très-particulières. Cependant aucun cétacé n'a encore été signalé dans les terrains secondaires.

Le miocène d'Europe a fourni des restes d'animaux qui appartiennent aux groupes des rorquals et des dauphins, notam-

1. Κῆτος, εος-ους, baleine.

ment le curieux genre *Squalodon*[1] (fig. 19) qui, tout en se rapprochant des phoques par ses molaires (fig. 20), doit, suivant M. Gervais, être rangé auprès des dauphins. A l'époque pliocène, les grands cétacés paraissent être devenus bien plus

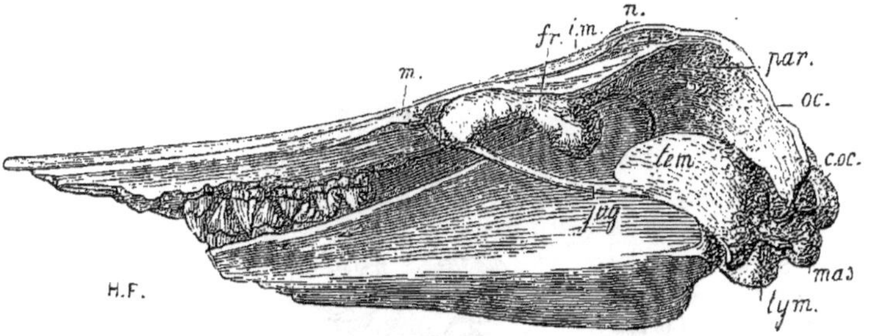

Fig. 19. — Crâne du *Squalodon Grateloupii* (*Rhizoprion bariensis*), vu de profil, à 1/8 de grandeur. — *i.m.* inter-maxillaire très-allongé; *m.* maxillaire qui est également très-long et, comme dans les dauphins, recouvre en partie le frontal *fr.*; *n.* nasal petit et placé très-en arrière ; *jug.* jugal très-mince ; *tem.* temporal ; *par.* pariétal ; *tym.* tympanique ; *mas.* mastoïde ; *oc.* occipital ; *c.oc.* condyle occipital (d'après le moulage du crâne qui est dans le musée de Lyon). — Mollasse de Baric, près Saint-Paul-Trois-Châteaux (Drôme).

nombreux ; dès 1806, Cortesi découvrait au Monte Pulgnasco, en Lombardie, un squelette presque entier d'un animal voisin des rorquals ; ce squelette est dans le musée de Milan ; on en

Fig. 20. — Molaire supérieure du *Squalodon Grateloupii*, à 1/2 grandeur. — Miocène moyen de Léognan (Gironde).

voit ici le dessin (fig. 21). Depuis cette époque, beaucoup de pièces ont été retrouvées en Italie ; elles sont en ce moment l'objet des études de M. Capellini. Une multitude d'ossements de

1. *Squalus*, squale; ὀδὼν, dent. Outre le *Squalodon*, M. Gervais admet quatre genres de dauphins dans le miocène de la France ; MM. Leidy et Cope en signalent sept genres dans le miocène de l'Amérique septentrionale. Il paraît que le *Squalodon* a été recueilli dans l'éocène d'Amérique.

cétacés ont été retirés des sables d'Anvers ; ils remontent, comme

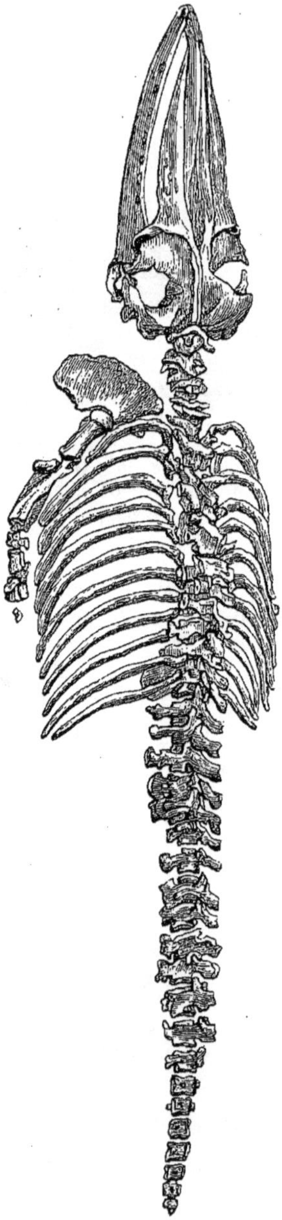

FIG. 21. — Squelette du *Plesiocetus Cortesi*, à 1/46 de grandeur (d'après Cortesi). — Pliocène du Monte Pulgnasco.

ceux d'Italie, à l'époque pliocène ; le vicomte Du Bus les a réunis dans le musée de Bruxelles, et ils sont décrits dans le bel ouvrage de MM. Gervais et Van Beneden, qui fait suite à l'*Ostéographie* de Blainville. La France et d'autres pays d'Europe et d'Amérique ont fourni aussi des restes fossiles d'animaux marins. Parmi les cétacés qui ont été découverts dans le pliocène, on remarque de vraies baleines, des rorquals ou des espèces qui en sont extrêmement voisines, bien qu'inscrites sous des noms de genre différents : *Neobalæna*[1], *Probalæna*[2], *Balænula*[3], *Balænotus*[4], *Megapteropsis*[5], *Cetotherium*[6], *Plesiocetus*[7] ; c'est à ce dernier genre que M. Van Beneden attribue le squelette trouvé par Cortesi en 1806. Il faut citer encore des animaux du groupe des cachalots, des dauphins et des *Ziphius*. Il est permis de croire que, parmi un si grand nombre de cétacés, quelques-uns sont les ancêtres des espèces actuelles.

Le développement en apparence tardif des cétacés sollicite l'attention des paléontologistes. Nous avons beau interroger ces étranges et gigantesques souverains des océans tertiaires pour savoir quels ont pu être leurs progéniteurs, ils nous laissent sans réponse. Il serait pourtant intéressant de savoir ce qu'il faut penser de la *loi terripète* de Bronn. Ce naturaliste philosophe avait supposé que la vie s'était à l'origine développée au sein des eaux, et que peu à peu les animaux s'étaient répandus sur les continents : c'est ce qu'il appelait le mouvement terripète[8]. Les mollusques fossiles, objets principaux des études de Bronn, favorisent une telle idée, car il est manifeste que le règne des mollusques terrestres ou lacustres semble avoir eu lieu bien plus tard que le règne des mollusques marins. Cependant, si je me place au point de vue rationnel, je serais disposé

1. Νέος, nouveau ; *balæna*, baleine.
2. *Pro*, devant ; *balæna*.
3. Petite baleine.
4. *Balæna* et οὖς, ὠτὸς, oreille.
5. *Megaptera*, rorqual à grandes nageoires pectorales et ὄψις, aspect.
6. Κῆτος, baleine ; θηρίον, animal.
7. Πλησίον, près et κῆτος.
8. *Terra*, *peto*, je gagne la terre ferme.

à croire que les petits étangs des continents ont pu, aussi bien que les mers, être des centres d'irradiation pour les animaux, car ils reçoivent plus vivement l'action du soleil; les conditions géologiques, les éléments de nutrition offerts par les plantes y variant davantage, les chances de développement y sont plus nombreuses; les mares sont souvent le théâtre d'une vie luxuriante. Mais, quand même il serait reconnu que c'est au sein des mers que la vie s'est propagée dans les premiers jours du monde, il ne s'ensuivrait pas que toutes les classes du règne animal aient été d'abord représentées par des êtres marins, qui ensuite seraient devenus terrestres. Puisque le règne des cétacés, à en juger d'après l'état de nos connaissances, est relativement assez récent, il n'est pas naturel de supposer que les mammifères ont commencé sous la forme de cétacés. En outre, suivant nos appréciations humaines (bien sujettes, il est vrai, à l'erreur), la mer paraît offrir des conditions moins commodes que la terre ferme pour un animal qui allaite ses petits; la pensée d'une baleine donnant le lait à son baleineau au sein de mers froides et agitées a quelque chose qui nous étonne. Au point de vue embryogénique, les cétacés sont loin des marsupiaux; leur allantoïde est aussi bien développée que celle des pachydermes. Leurs dents sont très-simples, souvent elles manquent à l'état adulte, comme on le voit chez les baleines; mais les recherches de Geoffroy Saint-Hilaire et surtout celles d'Eschricht ont montré qu'à l'état fœtal les baleines ont des denticules (fig. 22); par conséquent, si on croit, avec Agas-

FIG. 22. — Denticules transitoires d'un fœtus de baleine du Groënland (*Keporkak* ou *Balæna boops*), grandis quatre fois (d'après M. Eschricht).

siz, que le développement paléontologique a quelquefois ressemblé au développement embryogénique, on peut admettre que les baleines sont des animaux qui ont perdu leurs dents pendant les temps géologiques. « *Rien n'empêche de supposer*, a dit M. Gervais[1], *qu'il a existé autrefois des animaux du même groupe que les baleines dont les dents auraient été permanentes.* » La disposition singulière des membres postérieurs (fig. 23) nous fait imaginer une réduction, une condensation

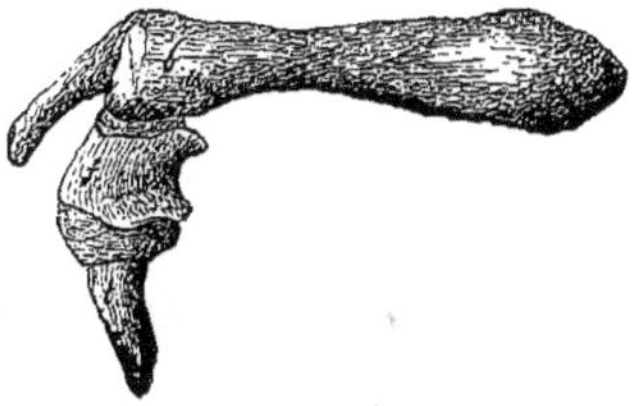

Fig. 23. — Os des membres postérieurs de la *Balæna mysticetus* à 1/13 de grandeur. Individu des côtes du Groënland près Holsteinborg, dont le squelette est exposé dans le Muséum de Paris. — *b.* est le bassin ; on voit au-dessous deux os *f.* et *t.*

des membres plutôt que des membres en voie de formation, car lorsque les paléontologistes, en suivant les mammifères à travers les derniers âges géologiques, rencontrent des genres dont les organes sont incomplets, le plus souvent ils constatent que cette simplicité est résultée, soit de soudures, soit d'atrophies successives, et révèle une évolution longtemps prolongée. La forme des os du crâne des cétacés est éloignée du type ordinaire des vertébrés ; cette extrême divergence paraît annoncer aussi une évolution très-avancée. Il en est de même de la dimension gigantesque de ces animaux ; en général la grande taille indique qu'un type est loin de son point de départ. Tout cela nous porte à penser que les cétacés ne sont pas ce qu'on pourrait appeler des types formateurs, c'est-à-dire des types desquels d'autres formes auraient été dérivées ; ce seraient au contraire les derniers épanouissements d'anciennes tiges. S'il en est ainsi, il ne faut pas s'étonner de leur tardive apparition dans la série des âges géologiques.

On rangeait autrefois les lamantins, les dugongs et les rhytines parmi les cétacés ; aujourd'hui les naturalistes ont l'habitude de les en distinguer à cause de leur régime herbivore ; ils

1. *Zoologie et paléontologie générales*, p. 175, 1867-1869.

en font un ordre à part. Il paraît que des navigateurs grecs voyant des lamantins qui tenaient leurs petits dans les bras et leur présentaient leurs mamelles placées sur la poitrine, ont pensé voir des êtres moitié femmes, moitié poissons, et que de là est venue la fable des sirènes ; afin de rappeler cette fable si flatteuse pour les habitants de la mer, les zoologistes appliquent le nom de siréniens aux cétacés herbivores.

Des êtres très-voisins des siréniens actuels ont laissé leurs débris dans les couches tertiaires ; on les a signalés dans le calcaire grossier de Blaye (Gironde) ; M. Richard Owen les a indiqués dans l'éocène du Mokatam en Egypte ; M. de Zigno vient d'en

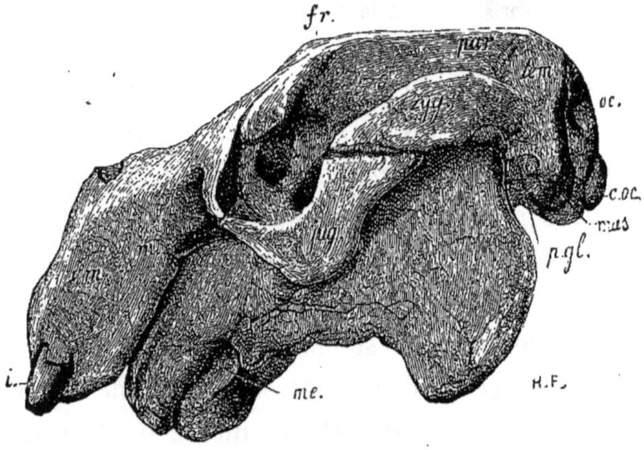

FIG. 24. — Crâne de l'*Halitherium* (*Felsinotherium*) *Forestii*, dessiné de profil à 1/7 de grandeur. — *i.* incisive supérieure ; *i.m.* inter-maxillaire ; *m.* maxillaire ; *jug.* jugal ; *fr.* frontal ; *tem.* temporal ; *zyg.* portion zygomatique du temporal ; *p.gl.* apophyse post-glénoïde ; *mas.* mastoïde ; *par.* pariétal ; *oc.* occipital ; *c.oc.* condyle occipital ; *me.* trou mentonnier (d'après M. Capellini). — Pliocène des environs de Bologne.

trouver trois espèces dans l'éocène de la Vénétie. Les terrains miocènes et pliocènes en ont fourni un grand nombre. Le genre le plus souvent cité est l'*Halitherium*[1] (fig. 24) ; ses caractères ont surtout été mis en lumière par Christol ; il est intermédiaire

1. Ἅλς, ἁλὸς, sel, mer, et θηρίον, animal, parce que les restes d'*Halitherium* se rencontrent dans des terrains d'origine marine.

entre le lamantin et le dugong; il ressemble au premier par la forme de ses molaires, au second par la présence d'incisives à la mâchoire supérieure. Le *Pugmeodon*[1] est assez voisin de l'*Halitherium* pour que la plupart des naturalistes l'aient réuni dans le même genre; mais M. Gervais a montré qu'il est plus près des lamantins que des dugongs, tandis que l'*Halitherium* est aussi près des dugongs que des lamantins.

On a fait sur la dentition des siréniens de curieuses remarques; en apparence les dugongs et les lamantins manquent de dents en avant de la mâchoire inférieure; cependant, en soulevant sur de jeunes dugongs la plaque cutanée qui recouvre le

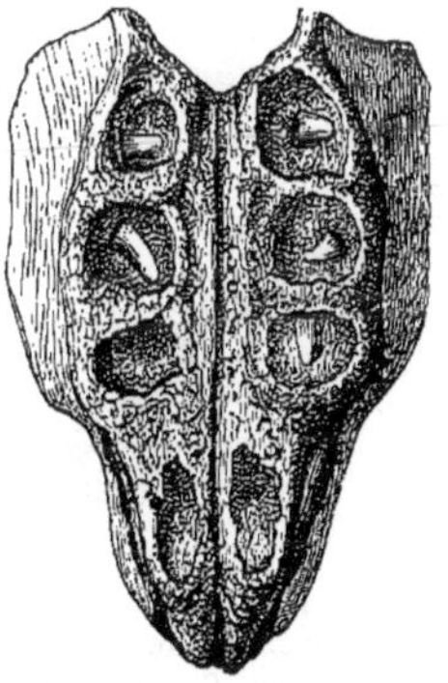

FIG. 25. — Devant de la mâchoire inférieure du dugong avec des dents implantées dans cinq des alvéoles, à 1/2 grandeur. Individu rapporté des îles Philippines par M. Semper (d'après un croquis de M. Van Beneden, complété avec la mâchoire d'un autre individu).

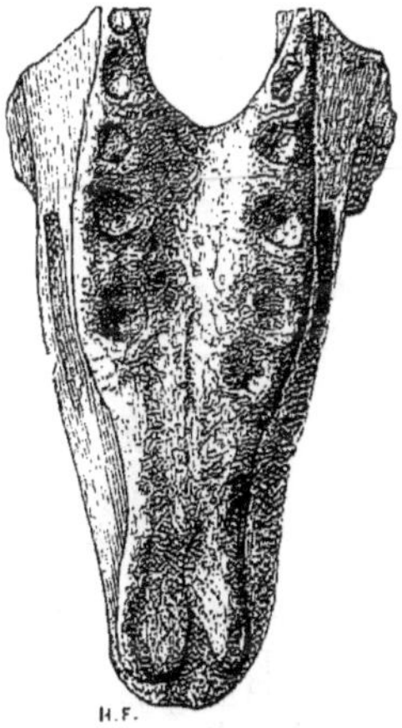

FIG. 26. — Devant de la mâchoire inférieure de l'*Halitherium fossile*, avec les alvéoles indiquant des incisives et des canines caduques, à 1/2 grandeur (d'après un moulage envoyé par M. Delfortrie). — Miocène moyen de Léognan (Gironde).

devant de la face buccale de la mâchoire, on a découvert des alvéoles avec de petites dents qui sont résorbées de bonne heure; le dessin ci-dessus (fig. 25) emprunté à un des Mémoires de M. Van Beneden montre ces dents. On peut croire que

1. Πυγμαῖος, pygmée; ὀδών, dent.

les siréniens tertiaires ont eu aussi à la mâchoire inférieure des dents incisives et canines qui étaient résorbées de bonne heure, car les mâchoires de l'*Halitherium* (fig. 26) et surtout celles du *Pugmeodon* ont des alvéoles bien marqués.

La similitude des siréniens fossiles et des siréniens vivants est si grande qu'on a souvent confondu leurs genres; il est donc très-vraisemblable qu'ils sont descendus les uns des autres. Mais il nous est difficile de savoir quels ont été leurs ancêtres, puisque les mammifères crétacés nous sont inconnus. Quoique par son crâne l'*Halitherium* ressemble beaucoup au *Dinotherium* et que par ses dents il ait des rapports avec l'hippopotame, nul ne voudrait prétendre que ces animaux sont de proches parents. Néanmoins une importante découverte qui a

FIG. 27. — Côté gauche du bassin d'un dugong provenant des mers de l'Inde, à 1/3 de grandeur. Ces os sont en place dans un squelette de la collection du Muséum.

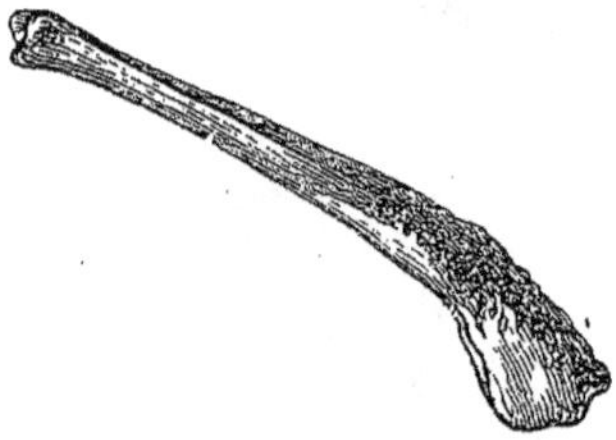

FIG. 28. — Côté gauche d'un bassin de dugong provenant de Sumatra, à 1/4 de grandeur. Cet os est en place dans un squelette du Muséum.

été faite par M. Kaup montre que les siréniens pourraient avoir été dérivés d'animaux quadrupèdes : on sait que la principale différence des siréniens et des mammifères terrestres consiste dans l'absence du membre postérieur; tout leur membre postérieur est représenté par un ou deux os suspendus dans les chairs, sans appui sur la colonne vertébrale, sans trace de cavité cotyloïde (fig. 27 et 28). Or M. Kaup a trouvé des bassins de *Pugmeodon* qui portent un iliaque bien caractérisé, un rudiment de pubis, un ischion et, entre eux, un rudiment de cavité cotyloïde destiné certainement à recevoir la tête d'un fémur (fig. 29). Ceci est intéressant, mais ce qui l'est plus encore, c'est la petitesse de ce bassin dont la cavité cotyloïde indique un fémur tout à fait exigu, comparativement à

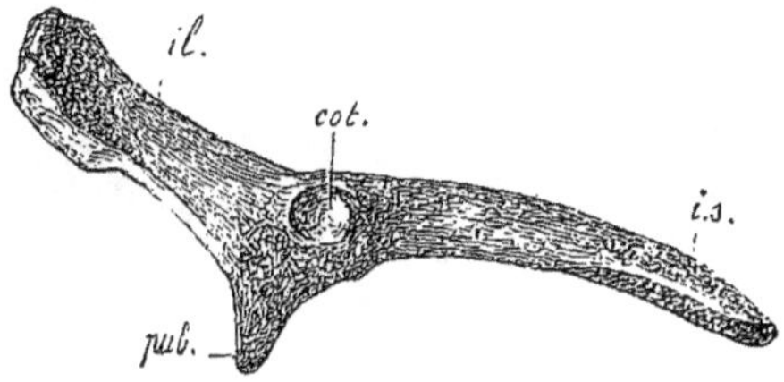

FIG. 29. — Côté gauche du bassin du *Pugmeodon Schinzi* (*Halitherium Guettardi*) vu sur la face inférieure, à 1/4 de grandeur. — *il.* iliaque; *is.* ischion; *cot.* cavité cotyloïde; *pub.* pubis. — Découvert par M. Kaup dans le miocène de Flonheim.

la grandeur de l'animal[1]. Ce membre rudimentaire nous fait penser que, dans la classe des mammifères, il a pu en être comme dans la classe des reptiles où l'on voit les membres se rapetisser de plus en plus, de sorte qu'on surprend des transitions entre les lacertiens qui ont quatre membres et les serpents qui en sont dépourvus. D'après la découverte de M. Kaup, nous devons nous attendre aussi à observer le passage du mammifère quadrupède au sirénien privé de membres postérieurs; il sera bien important que les paléontologistes recherchent avec soin les os fossiles qui pourront nous montrer ce passage.

L'ordre des amphibies ou des phoques comprend des quadrupèdes marins moins éloignés que les précédents des autres mammifères, car leurs membres postérieurs ont leur complet développement. On ne sait pas encore si c'est à cet ordre qu'il faut rapporter le singulier genre *Zeuglodon*[2] (fig. 30) qui a été découvert dans l'Amérique du Nord ; les meilleurs naturalistes sont en désaccord au sujet du rang qui doit lui être

1. M. Peters a signalé un bassin analogue sur le squelette de l'*Halitherium* de Hainburg (*Jahrbuch der k.k. geologischen Reichsanstalt*, 17e vol., p. 309, pl. VII, fig. 8, 1867).

2. Ζεύγλη, joug ; ὀδών, dent.

assigné. Par ses dents (fig. 31), il ressemble au *Squalodon* (fig. 20), mais sa tête est assez différente. Il a quelque chose des phoques, des siréniens et des cétacés, comme si autrefois ces

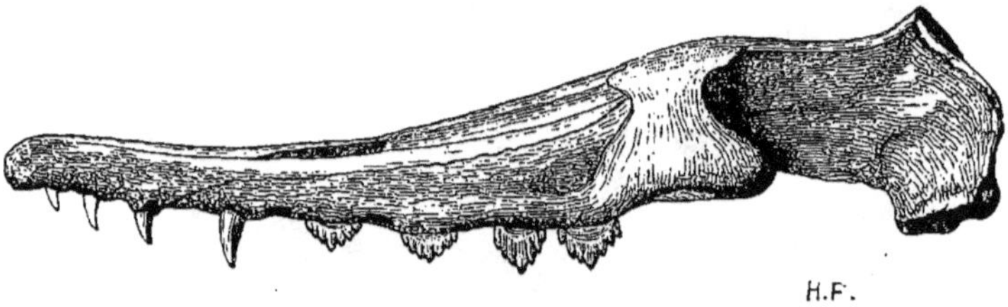

FIG. 30. — Tête de *Zeuglodon cetoides*, vue de profil, à 1/9 de grandeur. Je présente cette figure avec toute réserve, attendu que je n'ai eu pour me guider que des dessins et des moulages imparfaits. — Éocène de l'Alabama.

ordres eussent été moins séparés qu'ils ne le sont de nos jours. De même que le *Squalodon*, le *Zeuglodon* est resté confiné dans l'époque tertiaire ; il s'est éteint sans laisser de postérité. Outre cet animal énigmatique, on trouve à l'état fossile des es-

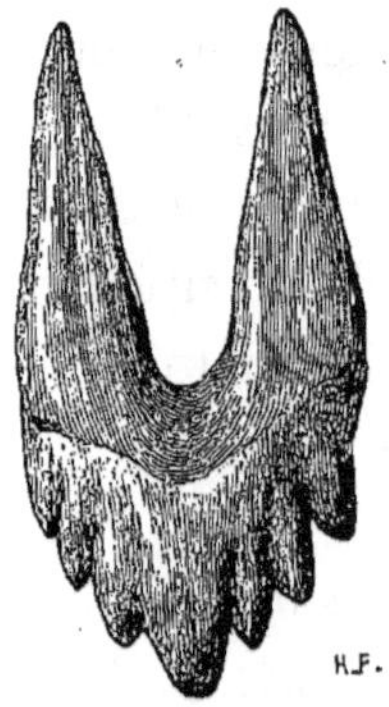

FIG. 31. — Molaire supérieure du *Zeuglodon cetoides*, à 1/3 de grandeur Éocène de l'Alabama.

pèces de l'ordre des phoques qui ont une grande ressemblance avec les formes actuelles. Pendant longtemps leurs débris ont paru très-rares. Mais les vastes excavations qui ont été faites dans les terrains pliocènes, lorsqu'on a creusé les fossés des fortifications d'Anvers, ont mis à découvert de nombreuses espèces de phoques; M. Van Beneden publie en ce moment un atlas de dix-huit planches in-folio consacré à leur représentation. C'est une chose vraiment curieuse que la multitude des créatures pliocènes que les fouilles d'Anvers ont mises au jour; elles ne peuvent manquer d'éclairer la question des origines des habitants actuels de nos mers. « *On ne sait*, a dit Le Hon[1], *ce qui l'emporte en importance des mammifères marins, des poissons ou des mollusques. Tous ces restes exhumés suffiraient pour la charge de plusieurs navires, et l'on peut dire qu'en Belgique le vieux monde pliocène renaît à la lumière.* » Les naturalistes belges se sont mis avec une grande ardeur à étudier tant de richesses scientifiques. Le plus illustre d'entre eux leur disait tout récemment[2] : « *Comme il appartient à l'histoire de fouiller les archives, à l'archéologie de fouiller les tombeaux, il appartient au paléontologiste de fouiller le sol pour faire revivre les faunes et les flores qui ont habité le pays avant nous. Quand l'homme cesse de parler, il faut accorder la parole aux pierres et aux os, et écouter avec un respect religieux le langage du Tout-Puissant qui a créé le ciel et la terre.* »

1. Le Hon, *Préliminaire d'un mémoire sur les poissons tertiaires de Belgique*, in-8, Bruxelles, 1871.

2. Van Beneden, *Description des ossements fossiles des environs d'Anvers* (*Bulletin de l'Académie royale de Belgique*, 2e série, vol. XLIII, avril 1877).

CHAPITRE III

LES PACHYDERMES

Les mammifères placentaires terrestres se divisent en ongulés[1], dont les pattes ne sont employées qu'à la locomotion, et en onguiculés[2], dont les pattes de devant servent à saisir aussi bien qu'à marcher. Les onguiculés sont évidemment les plus élevés; ils ont laissé d'abondants débris dans les couches tertiaires; les ongulés en ont laissé de plus nombreux encore, et parmi eux ce sont les pachydermes qui, au début, ont joué le principal rôle, soit dans nos pays[3], soit dans les contrées étrangères[4].

Je range dans l'ordre des pachydermes les mêmes animaux que Georges Cuvier y a placés, sauf les solipèdes et les proboscidiens, qui représentent dans la nature actuelle des types très-

1. *Ungula*, sabot, ongle qui entoure le bout du doigt.
2. *Unguiculus*, petit ongle.
3. On est frappé de la diversité des pachydermes tertiaires déjà connus dans notre pays quand on parcourt quelques-unes des publications de M. Paul Gervais, par exemple :
Zoologie et paléontologie françaises, 2 vol. in-4°, 2e édition, 1859;
Zoologie et paléontologie générales, 2 vol. in-4°, 1re série, 1867-1869; 2e série, 1876.
4. Si l'on veut avoir une idée du nombre des pachydermes tertiaires trouvés dans l'Amérique du Nord, on peut jeter les yeux sur les ouvrages suivants de M. Leidy :
The ancient Fauna of Nebraska, in-4°, 1853;
The extinct Mammalian Fauna of Dakota and Nebraska, in-4°, 1869;
Extinct Vertebrate Fauna of the Western Territories, in-4°, 1873.
Les dernières recherches de M. Marsh augmentent beaucoup la liste des espèces américaines.

spécialisés. Ils ont un certain nombre de caractères communs : une peau épaisse[1], un corps massif, des membres lourds, des

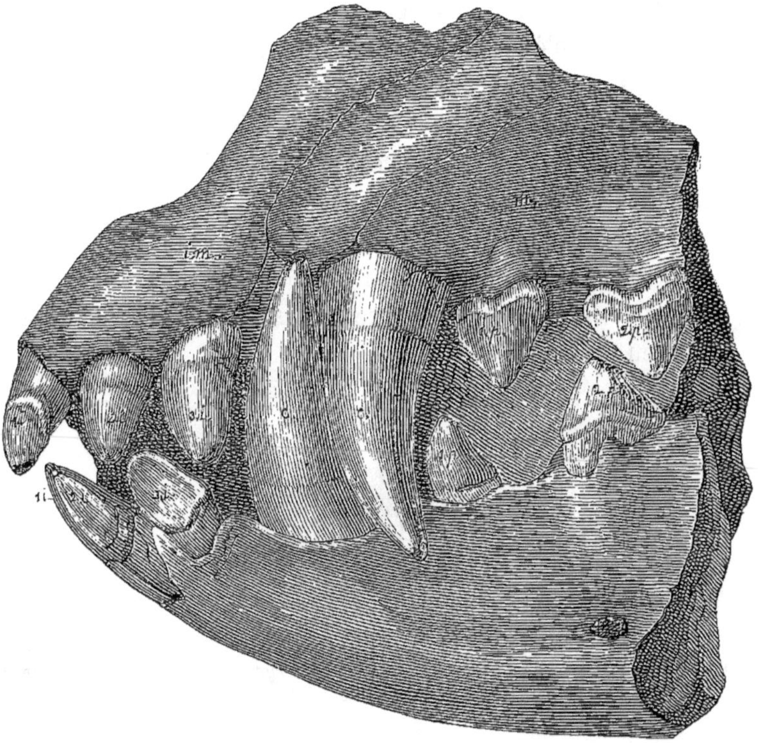

FIG. 32. — Museau de l'*Anthracotherium Cuvieri* vu de profil, à 1/2 grandeur. — *i.m.* inter-maxillaire ; *m.* maxillaire ; 1*i.* pinces ; 2*i.* mitoyennes ; 3*i.* coins ; *c.* canines ; 1*p.* et 2*p.* premières et secondes prémolaires. — Miocène de Saint-Menoux (Allier).

pattes larges composées de plusieurs doigts, et généralement une dentition omnivore (fig. 33). En même temps, ils marquent des tendances très-opposées ; non-seulement on observe des différences considérables de pachydermes à pachydermes, mais encore ces ongulés ont des particularités propres à des ordres fort éloignés. Par exemple, regardons le museau d'*Anthracotherium*[2] dessiné figure 32, nous remarquons de grandes inci-

1. De là est venu leur nom ; παχὺς, épais ; δέρμα, peau.

2. Ἄνθραξ, ακος, charbon, et θηρίον, animal, parce que c'est dans des terrains ligniteux qu'on a trouvé les premiers débris d'*Anthracotherium*.

sives et de puissantes canines qui glissaient à côté l'une de l'autre sans se toucher, de sorte que leur pointe restait aussi intacte que chez les carnivores; cela annonce un ongulé dont les morsures n'étaient pas moins redoutables que celles des lions; les prémolaires se rapprochent aussi de celles des bêtes féroces, et pourtant les molaires sont disposées comme dans les mammifères qui se nourrissent de végétaux. En présence des caractères mixtes que nous trouvons chez les animaux de l'ordre des pachydermes, je serais porté à conclure que cet ordre remonte à une époque ancienne où les mammifères n'avaient pas encore les divergences qui se sont accusées pendant le milieu des temps tertiaires.

FIG. 33. — Arrière-molaire inférieure gauche de *Sus erymanthius*, aux 7/8 de grandeur. — I.*i.* denticules internes; E.*e.* denticules externes. — Pikermi.

Les pachydermes se partagent en deux groupes principaux: les imparidigités ou périssodactyles[1] qui ont des doigts impairs, tels que les rhinocéros et les tapirs, les paridigités ou artiodactyles[2] qui ont des doigts pairs, tels que les cochons et les hippopotames. De nos jours, quel que soit celui de ces deux groupes auquel elles appartiennent, les espèces de pachydermes sont pour la plupart isolées les unes des autres, et, sous ce rapport, elles forment un contraste avec l'ordre des ruminants, dont plusieurs membres se ressemblent tellement qu'il est impossible de tracer leurs limites génériques. Assurément les pachydermes modernes ont dû contribuer à faire repousser l'idée que les

1. *Impar*, impair; *digitus*, doigt; περισσὸς, impair; δάκτυλος, doigt.
2. *Par*, pair, et *digitus;* ἄρτιος, pair et δάκτυλος.

espèces différentes sont descendues les unes des autres. Mais, lorsque nous pénétrons dans les temps géologiques, nous voyons les lacunes se combler ; les espèces se montrent si rapprochées les unes des autres qu'il est difficile d'échapper à la pensée que ces ressemblances prouvent des descendances[1].

Comme exemple de pachydermes actuels qui paraissent dérivés d'espèces tertiaires, on peut citer les rhinocéros. Ceux de ces animaux qui habitent l'Afrique sont assez différents de

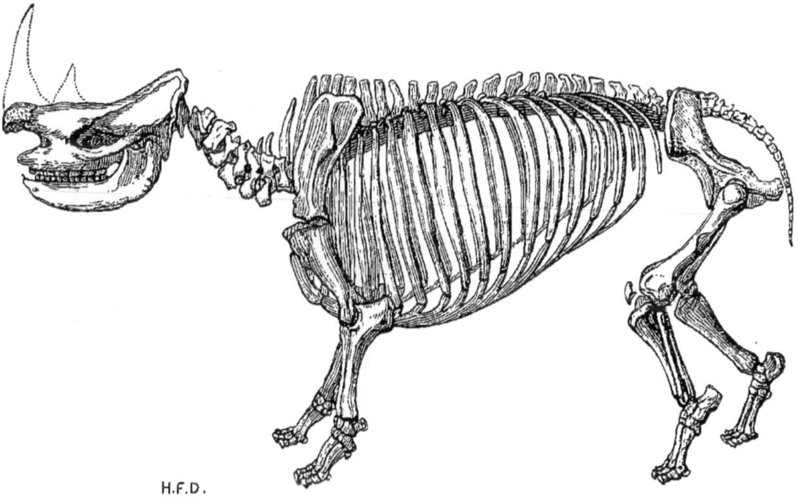

FIG. 34. — Restauration du squelette du *Rhinoceros pachygnathus*, à 1/27 de grandeur. — Miocène supérieur de Pikermi.

ceux qui vivent en Asie ; par conséquent il n'y a pas lieu de supposer qu'ils descendent directement les uns des autres. Il est au contraire naturel de penser qu'ils proviennent de leurs prédécesseurs tertiaires (fig. 34), car ils s'en rapprochent extrêmement : les rhinocéros actuels d'Asie rappellent les *Rhinoceros*

1. Parmi les principaux ouvrages dans lesquels l'évolution des pachydermes fossiles a été discutée, il convient de citer les mémoires suivants de M. Kowalevsky :
On the Osteology of the Hypopotamidæ (*Philosophical Transactions*, in-4°, 1873).
Monographie der Gattung Anthracotherium und Versuch einer natürlichen Classification der fossilen Hausthiere (*Palæontographica*, vol. XXII, in-4°, 1873).
Osteologie des Genus Entelodon (*Palæontographica*, vol. XXII).

Schleiermacheri de Pikermi, d'Eppelsheim et de Sansan ; le rhinocéros bicorne d'Afrique a une étonnante ressemblance avec le *Rhinoceros pachygnathus* de Pikermi.

Les rhinocéros ne remontent pas très-loin dans les âges tertiaires : ils ont été précédés par les *Acerotherium*, les *Palæotherium*, les *Paloplotherium*. Le tronc et les membres de ces animaux ont de grands rapports ; on s'en rendra compte en comparant le dessin du *Palæotherium magnum*[1] (fig. 35) et celui du *Rhinoceros pachygnathus* (fig. 34). C'est sur l'examen

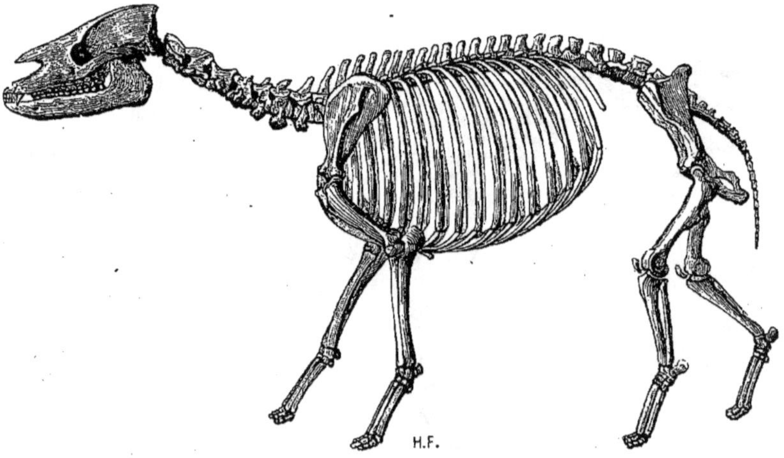

FIG. 35. — Restauration du squelette du *Palæotherium magnum*, à 1/25 de grandeur (d'après les dessins de Cuvier et d'après l'examen du squelette presque entier trouvé par M. Fuchs, en 1873, dans une plâtrière de Vitry-sur-Seine). — Éocène supérieur de Paris.

du crâne et de la dentition que leurs distinctions génériques ont été basées ; nous allons voir que leurs différences ne sont pas tellement tranchées qu'on ne puisse concevoir qu'ils sont descendus d'ancêtres communs.

Considérons d'abord la forme de la tête. Le *Palæotherium medium* (fig. 36) avait des os nasaux très-peu allongés, de

1. Παλαιὸς, ancien ; θηρίον, animal. Ce nom a été proposé par Cuvier à l'époque où il entreprit de démontrer qu'il y a eu d'anciens animaux différents des espèces qui vivent actuellement.

sorte qu'il y avait place pour un grand développement de la partie charnue du nez ; la plupart des naturalistes ont, à l'exemple de Cuvier, pensé que le nez pouvait avoir constitué un rudiment de trompe. Au contraire chez les rhinocéros de l'époque actuelle, et déjà chez le *Rhinoceros pachygnathus* de Pikermi (fig. 41), les os nasaux sont assez forts pour supporter une corne qui forme une arme redoutable. Mais le développement des os du nez offre de notables variations, soit entre les

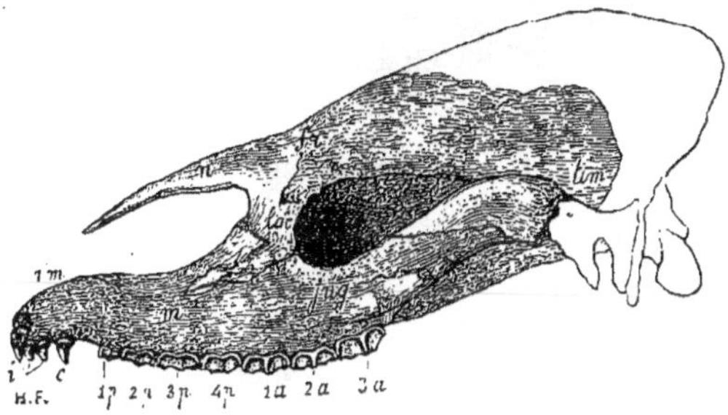

FIG. 36. — Crâne du *Palæotherium medium*, vu de profil, à 1/5 de grandeur. — *tem.* temporal; *fr.* frontal ; *jug.* jugal ; *lac.* lacrymal ; *n.* nasal ; *m.* maxillaire *t.o.* trou sous-orbitaire ; *i.m.* inter-maxillaire ; *i.* incisives ; *c.* canine ; *1p.*, *2p.*, *3p.*, *4p.* les quatre prémolaires; *1a.*, *2a.*, *3a.* les trois arrière-molaires. — Gypse de Paris.

espèces de *Palæotherium*, soit entre celles des rhinocéros. Dans le *Palæotherium crassum* (fig. 37), les os du nez s'avancent plus que dans le *Palæotherium medium ;* leur disposition ne permet pas de supposer qu'il put y avoir une trompe. On trouve dans le miocène des rhinocéros dont les os du nez sont trop faibles pour avoir supporté une corne, et, comme le nom de rhinocéros [1] est tiré de la présence d'une corne, on a cru devoir lui substituer celui d'*Acerotherium*[2] pour les espèces qui n'avaient pas de corne sur le nez. Parmi les *Acerotherium*, il y a des inégalités dans le développement des os nasaux; chez l'*Acerotherium incisivum* d'Eppelsheim (fig. 38), ils sont pres-

1. 'Ρὶς, ῥινὸς, nez, et κέρας, corne.
2. 'Α, privatif, κέρας et θηρίον, animal sans corne sur le nez.

que aussi petits que dans le *Palæotherium crassum* ; ils sont plus grands chez l'*Acerotherium tetradactylum* de Sansan. J'ai eu occasion de me convaincre qu'il est difficile parfois de marquer la limite entre les rhinocéros qui portent une corne sur

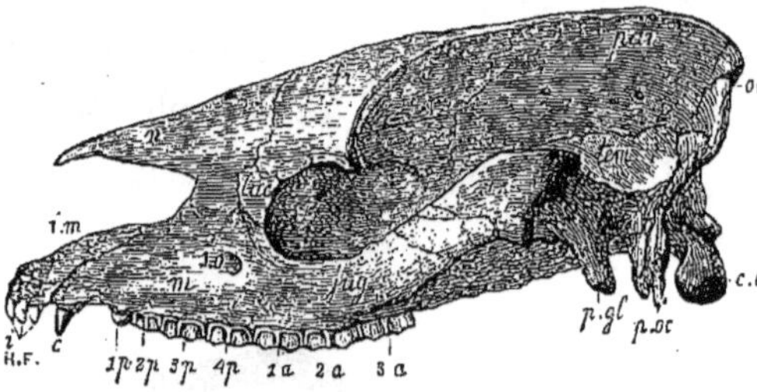

FIG. 37. — Crâne du *Palæotherium crassum*, vu de profil, à 1/5 de grandeur. — *par.* pariétal ; *p.gl.* apophyse post-glénoïde du temporal ; *oc.* occipital ; *c.oc.* condyle occipital ; *p.oc.* para-occipital ; les autres lettres sont les mêmes que dans la figure précédente. — Gypse de Paris.

le nez et ceux qui, n'ayant pas de corne, doivent être nommés *Acerotherium* ; car, il y a quelques années, le savant conservateur du Musée d'Orléans, M. Nouel, découvrit à Neuville-aux-

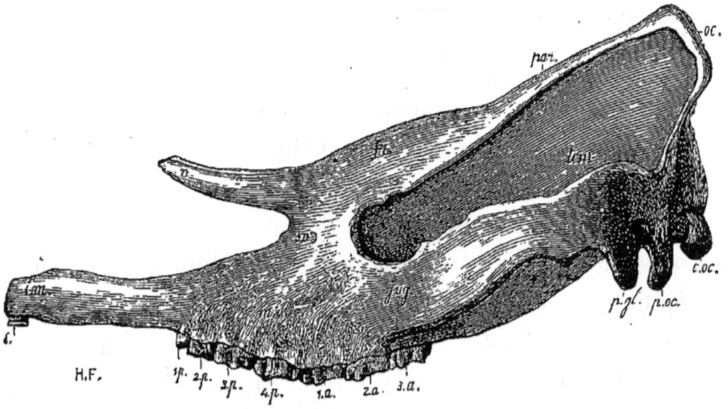

FIG. 38. — Crâne de l'*Acerotherium incisivum*, vu de profil, à 1/7 de grandeur. — Mêmes lettres que dans les figures précédentes (d'après M. Kaup). — Miocène supérieur d'Eppelsheim (Hesse-Darmstadt).

Bois un grand nombre d'os et notamment un crâne entier d'un rhinocéridé (fig. 39). Malgré l'état de remarquable conservation de ces pièces, il n'osait décider si la bête de Neuville avait porté une corne sur le nez, et par conséquent si elle devait

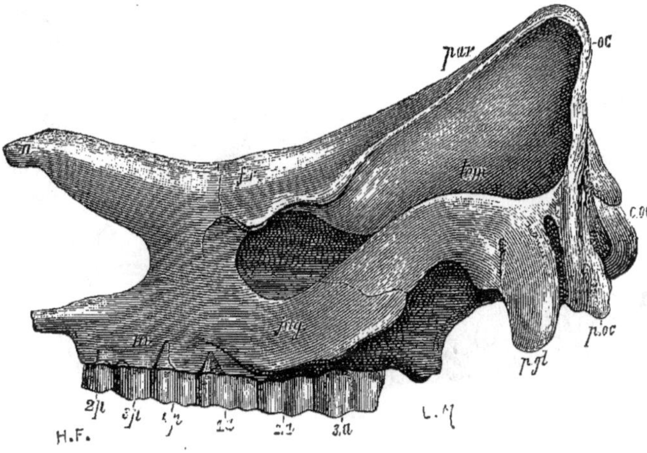

Fig. 39. — Crâne du *Rhinoceros aurelianensis*, vu de profil, à 1/7 de grandeur. — Mêmes lettres que dans les figures précédentes (d'après M. Nouel). — Sables de l'Orléanais, à Neuville-aux-Bois (Loiret).

être appelée *Acerotherium* ou rhinocéros. Il me pria d'aller à Orléans ; je compris son embarras en voyant les échantillons ;

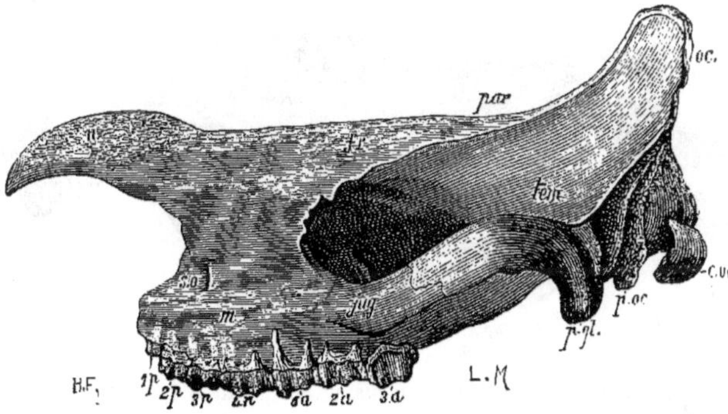

Fig. 40. — Crâne du *Rhinoceros Schleiermacheri* (*Rhinoceros sansaniensis*), vu de profil, à 1/7 de grandeur. — Mêmes lettres. — Miocene moyen de Sansan.

ce n'est pas sans hésitation que nous avons pris le parti de les attribuer à un rhinocéros dont la corne était extrêmement faible. Dans le ***Rhinoceros Schleiermacheri*** du miocène moyen et du miocène supérieur (fig. 40) les os du nez sont un peu plus forts que dans l'espèce trouvée par M. Nouel ; ils s'épais-

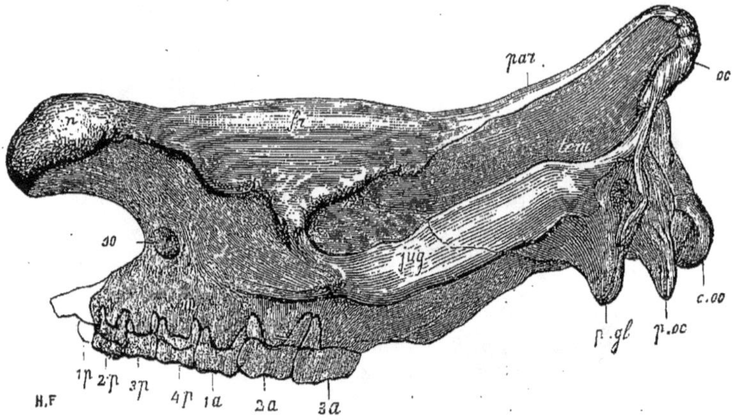

FIG. 41. — Crâne du *Rhinoceros pachygnathus*, vu de profil, à 1/7 de grandeur. — Mêmes lettres. — Miocène supérieur de Pikermi.

sissent encore davantage chez le *Rhinoceros pachygnathus* (fig. 41) ; dans le *Rhinoceros etruscus* du pliocène, ils sont ap-

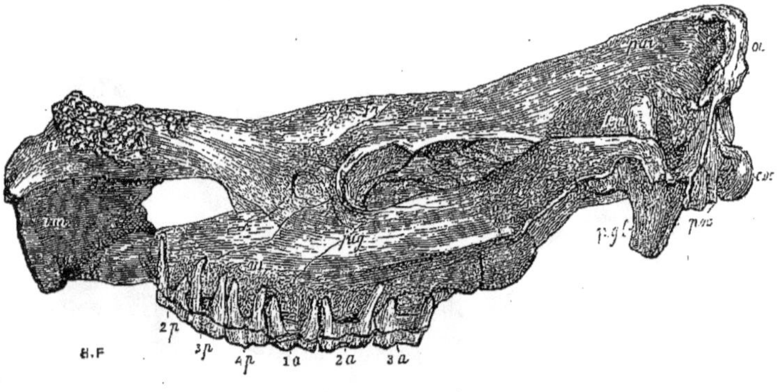

FIG. 42. — Crâne du *Rhinoceros etruscus*, vu de profil, à 1/7 de grandeur. — Mêmes lettres (d'après Falconer). — Pliocène du Val d'Arno.

puyés sur une cloison dans leur partie inférieure (fig. 42), et enfin, dans le *Rhinoceros tichorhinus* du quaternaire, ils sont devenus aussi massifs que possible et sont soutenus par une cloison dans toute leur étendue.

Les dents de devant présentent de grandes différences dans les rhinocéros actuels de l'Afrique et de l'Asie; les premiers en sont entièrement dépourvus dans l'âge adulte, tandis que les seconds ont une paire de dents très-fortes entre lesquelles on voit quelquefois une paire de petites incisives. Il y a des différences non moins considérables entre les rhinocéros actuels et les *Palæotherium*, attendu que ces derniers ont une dentition

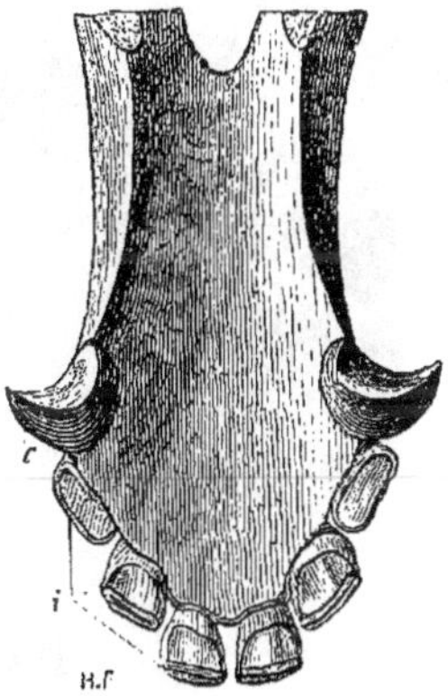

FIG 43. — Devant de mâchoire inférieure de *Paloplotherium minus*, grandeur naturelle. — *i.* incisives; *c.* canines. — Éocène supérieur de la Débruge.

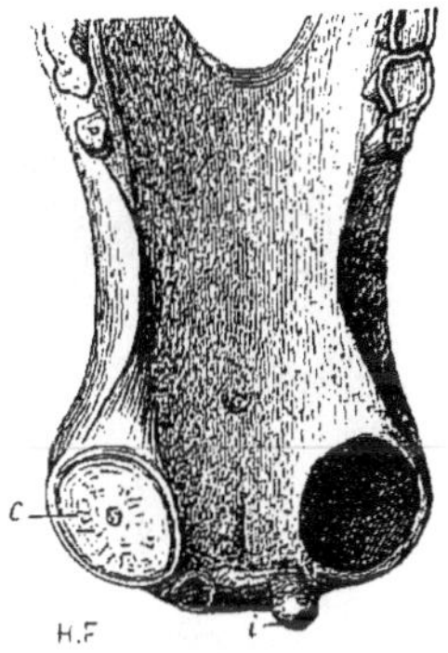

FIG. 44. — Devant de la mâchoire inférieure du *Rhinoceros randanensis*, à 1/3 de grandeur. — Mêmes lettres. — Miocène de Randan.

complète : trois paires d'incisives entre une paire de canines à chaque mâchoire (fig. 43). Mais les rhinocéros n'ont pas toujours eu la dentition qu'ils ont actuellement; M. Leidy a trouvé dans le miocène du Nébraska un de ces rhinocéros sans corne sur le nez qu'on appelle *Acerotherium*, dans lequel la mâchoire supérieure avait trois paires d'incisives entre deux canines, comme chez les *Palæotherium*[1]. D'après Falconer[2], le *Rhinoceros sivalensis* de l'Inde avait le devant de sa mâchoire inférieure armé de trois paires de dents. J'ai vu dans la collection du Mu-

1. M. Leidy l'avait d'abord appelé *Rhinoceros nebrascensis;* à cause de la particularité que je viens de citer, on a cru pouvoir en faire un genre spécial, l'*Hyracodon.*

2. *Palæontological Memoirs*, vol. I, p. 21, 1866.

séum un *Palæotherium magnum* de la Débruge où les canines inférieures sont grandes et portées en avant, de sorte que la place des incisives est diminuée. Le *Rhinoceros randanensis* du miocène de l'Allier (fig. 44) a deux canines[1] entre lesquelles

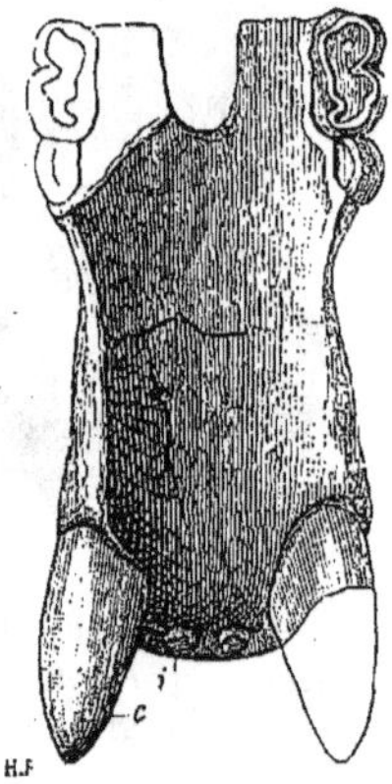

FIG. 45. — Devant de la mâchoire inférieure du *Rhinoceros Schleiermacheri*, à 1/3 de grandeur. — *i.* incisives; *c.* canines. — Sansan.

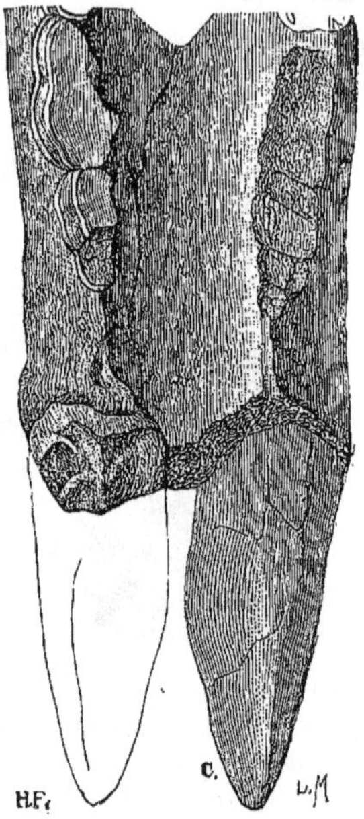

FIG. 46. — Devant de la mâchoire inférieure de l'*Acerotherium incisivum*, à 1/3 de grandeur. — Pikermi.

se trouve un large espace où il n'y a que deux incisives, mais où l'on remarque de la place pour un plus grand nombre de dents. En général chez le *Rhinoceros Schleiermacheri* d'Eppelsheim, de Sansan (fig. 45), l'*Acerotherium incisivum* des mêmes gisements et le *Rhinoceros occidentalis* de l'Amérique du Nord, les canines sont bien développées, et entre elles il n'y

1. A l'exemple de M. Gervais (*Zoologie et Paléontologie françaises*, 2e édition, p. 18), je pense que les grandes dents inférieures des rhinocéros, que l'on nomme en général des incisives externes, doivent plutôt être considérées comme des canines; je suis porté à cette supposition parce que les dents externes inférieures

a de place que pour une paire d'incisives. Enfin, dans une mâchoire d'*Acerotherium* que j'ai recueillie à Pikermi (fig. 46), les canines sont très-fortes et se sont de plus en plus rapprochées, de sorte qu'il n'y a plus de place pour aucune incisive. Ainsi on passe des animaux qui ont en avant une dentition complète à ceux qui n'ont que deux canines.

Dans les espèces dont je viens de parler, les dents sont devenues d'autant plus grandes qu'elles ont été moins nombreuses, comme si la force constituante n'avait pas diminué, mais s'était concentrée. Il est possible aussi qu'il y ait eu diminution ou

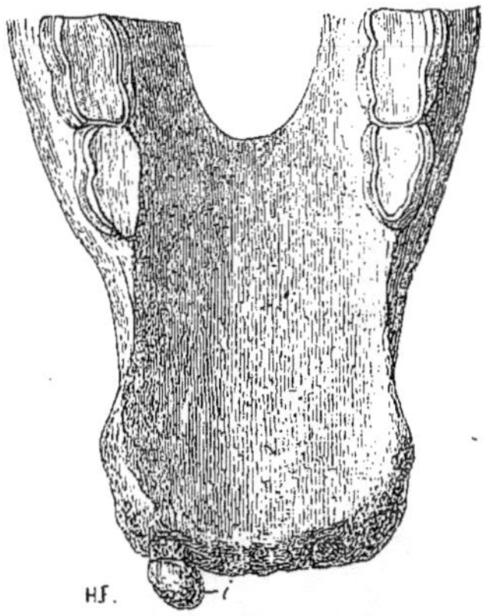

Fig. 47. — Devant de la mâchoire inférieure du *Rhinoceros pachygnathus*, à 1/3 de grandeur. — ι. Incisives. — Miocène supérieur de Pikermi.

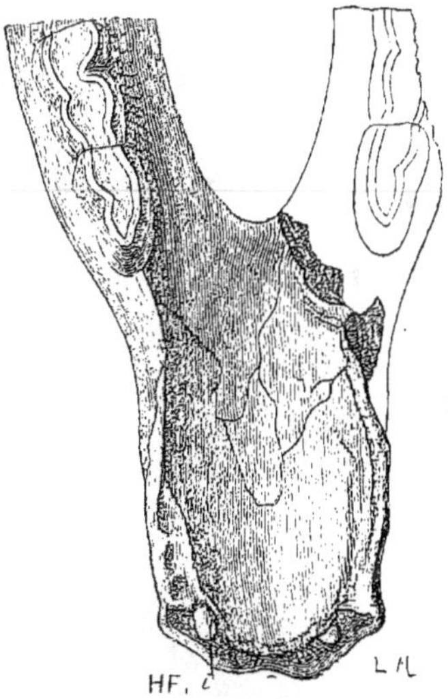

Fig. 48. — Devant de la mâchoire inférieure du *Rhinoceros leptorhinus*, à 1/3 de grandeur.—Pliocène inférieur de Montpellier.

même suppression des dents de devant : dans le *Rhinoceros pachygnathus* de Pikermi (fig. 47), on ne voit plus qu'une paire d'incisives semblables à celles du *Rhinoceros randa-*

des rhinocéros ressemblent plus à des canines qu'à des incisives et parce que dans le *Palæotherium* et le *Tapirus*, genres très-voisins des rhinocéros, les incisives externes inférieures, loin de prendre plus de développement que les autres dents, tendent à diminuer.

nensis. Le *Rhinoceros leptorhinus* avait tantôt une paire, tantôt deux paires de petites dents qui étaient sans fonction ; on

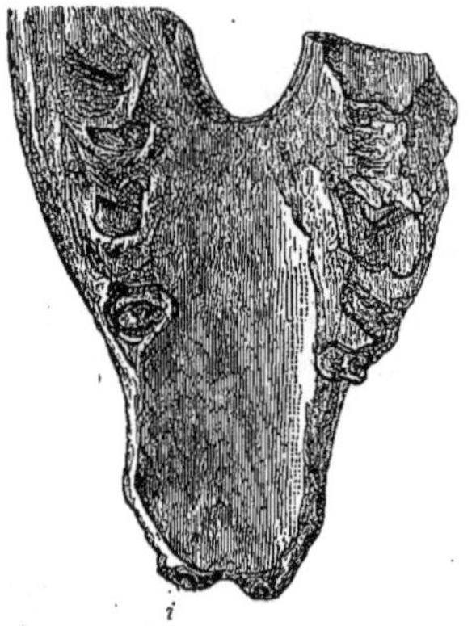

FIG. 49. — Devant de mâchoire de *Rhinoceros etruscus*, à 1/3 de grandeur (d'après Falconer). — Pliocène du Val d'Arno.

aperçoit dans la figure 48 deux incisives qui n'étaient pas sorties de leurs alvéoles, quoique les arrière-molaires indiquent

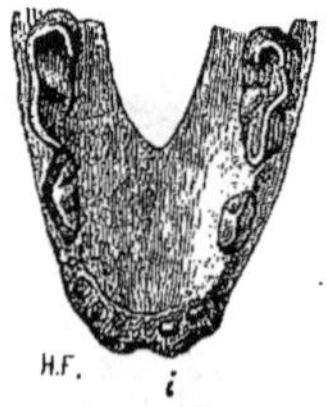

FIG. 50. — Devant de mâchoire inférieure de jeune *Rhinoceros africanus*, à 1/3 de grandeur. On voit d'un côté deux petites incisives.— Époque actuelle, Afrique. (Collection du Muséum de Paris.)

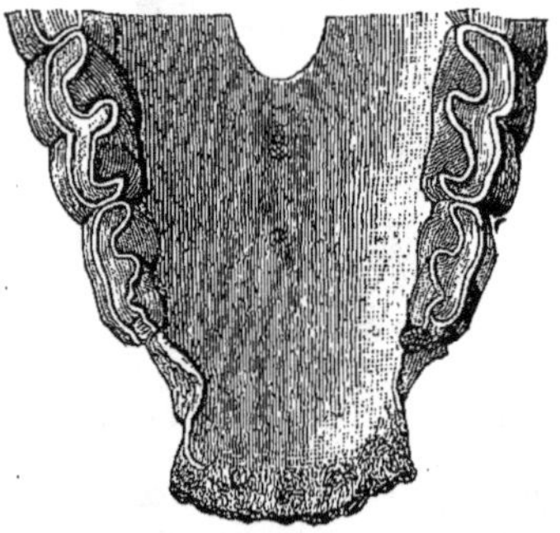

FIG. 51. — Devant de mâchoire inférieure de *Rhinoceros africanus* adulte, à 1/3 de grandeur. On ne voit plus d'incisives. — Époque actuelle, Afrique.

un animal tout à fait adulte. Le *Rhinoceros etruscus* (fig. 49) laisse voir les alvéoles de deux incisives rudimentaires. Le *Rhinoceros africanus* (fig. 51) actuellement vivant n'a pas d'incisives de seconde dentition ; dans le jeune âge, il en a de rudimentaires, ainsi que le montre la figure 50, *i*. Ces incisives sans fonctions sont difficiles à expliquer, si l'on n'admet pas qu'elles sont des reliquats d'instruments qui ont eu leur utilité dans les espèces ancêtres.

De toutes les parties des pachydermes et en général des animaux ongulés celles qui présentent les différences les plus nombreuses sont les dents molaires ; néanmoins nous verrons que leur diversité est moins grande qu'on pourrait le croire au premier aspect. Pour comprendre les détails dans lesquels je devrai entrer, quelques explications sont ici nécessaires.

Ce qui frappe tout d'abord dans les molaires des ongulés c'est leur complication (fig. 33). Si nous les comparons, soit avec les canines et les incisives de la plupart des animaux, soit avec les prémolaires antérieures de plusieurs mammifères terrestres, soit avec les arrière-molaires des dauphins et de quelques-uns des mammifères secondaires (fig. 52), nous sommes portés à penser

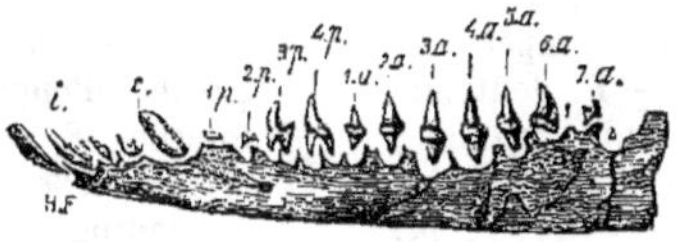

Fig. 52. — Mandibule gauche de *Stylodon pusillus*, vue sur la face externe, grandie trois fois. — 1*i*., 2*i*., 3*i*., 4*i*. incisives ; *c*. canine ; 1*p*., 2*p*., 3*p*., 4*p*. prémolaires ; 1*a*., 2*a*., 3*a*., 4*a*., 5*a*., 6*a*., 7*a*. arrière-molaires (d'après M. Owen). — Purbeck, Dorsetshire.

qu'elles sont composées de plusieurs dents simples qui se sont rapprochées et intimement unies, ainsi que cela a lieu fréquemment pour les autres parties du squelette. On pourra voir dans la figure 22, page 33, que les denticules des fœtus de baleine tantôt sont isolés, tantôt se rapprochent, tantôt se confondent pour former une dent unique. Dans le cours de cet ouvrage, j'appellerai denticules les parties d'une dent composée qui me semblent correspondre à des dents soudées ensemble. Le plus souvent pour se rendre compte de la disposition des molaires supérieures des pachydermes, il faut se représenter les denticules ordonnés suivant des courbes dont la convexité est en avant (fig. 53), et pour se rendre compte de la disposition des molaires inférieures, il faut se représenter les denticules ordonnés suivant des courbes dont la convexité est en arrière (fig. 54). Les denticules se groupent en une, deux ou trois rangées qu'on appelle des lobes (fig. 53 et 54). Les lobes des molaires supérieures (fig. 53) sont souvent composés de trois denticules : l'un placé sur le bord externe, l'autre placé sur le bord interne, et, entre eux, un denticule médian ; sur le premier lobe, je désigne par *E.* le denticule externe, par *I.* le

Côté externe.

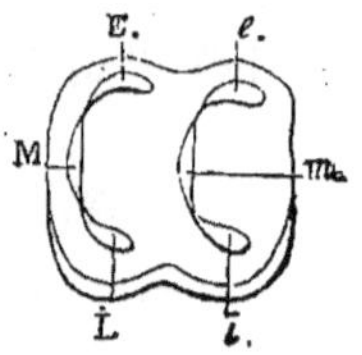

1er lobe. 2e lobe.

FIG. 53. — Représentation idéale d'une arrière-molaire supérieure gauche d'ongulé. — E. denticule externe; M. denticule médian; denticule interne du premier lobe; *e.* denticule externe; *m.* denticule médian; *i.* denticule interne du second lobe.

Côté interne.

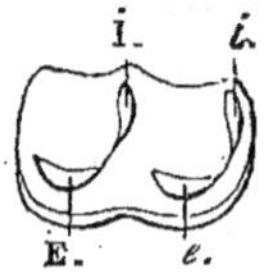

1er lobe. 2e lobe.

FIG. 54. — Représentation idéale d'une arrière-molaire inférieure gauche d'ongulé. — I. denticule interne; E. denticule externe du premier lobe; *i.* denticule interne; *e.* denticule externe du second lobe.

denticule interne, par *M.* le denticule médian; sur le second lobe, j'adopte les mêmes lettres, en mettant des minuscules *e.*, *m.*, *i.* au lieu de majuscules. Les lobes des molaires inférieures (fig. 54) sont le plus souvent composés seulement de deux denticules : je désigne les denticules externes par les lettres *E. e.*, et les denticules internes par les lettres *I'. i'*. Au lobe antérieur ou au lobe postérieur, les denticules internes peuvent être doubles et se relier soit à la partie antérieure, soit à la partie postérieure des denticules externes; lorsque leur union se fait à la partie antérieure, je les marque *I'. i'* pour les distinguer des denticules *I. i.* qui sont médians ou se relient à la partie postérieure. Je note non-seulement les denticules bien caractérisés, mais aussi les parties que je regarde comme leurs homologues. Toutes les molaires isolées que je figure sont des arrière-molaires gauches vues dans la même position, afin qu'on puisse les comparer plus facilement ; celles de la mâchoire inférieure sont dessinées sur la face externe ; celles de la mâchoire supérieure sont dessinées sur la face interne.

Une fois que les dents ont été placées exactement dans la même position, on s'aperçoit que leurs principales modifications se rapportent à trois types : 1° les denticules conservent leur forme ronde primitive et simulent des cônes ou des mame-

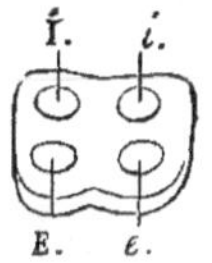

FIG. 55.—Type d'une arrière-molaire inférieure gauche (groupe cochon).

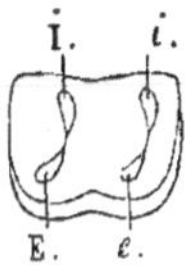

FIG. 56.—Type d'une arrière-molaire inférieure gauche (groupe tapir).

FIG. 57.—Type d'une arrière-molaire inférieure gauche (groupe herbivore).

lons (groupe cochon, fig. 55) ; 2° les denticules s'allongent transversalement, et en se rencontrant ils constituent une crête (groupe tapir, fig. 56) ; 3° les denticules s'allongent et se courbent pour former des croissants disposés longitudinalement (groupe herbivore, fig. 57). Ces changements se font inégalement ; ainsi il arrive souvent que les denticules externes sont allongés longitudinalement, tandis que les autres denticules sont allongés transversalement (rhinocéros) ; un denticule reste quelquefois à l'état de mamelon, alors que les autres se sont allongés (*Anoplotherium*) ; on voit tous les intermédiaires entre le mamelon et le croissant, entre les denticules qui s'allongent longitudinalement et ceux qui s'allongent transversalement ; certains denticules grossissent, d'autres s'atténuent, etc. Les dents des ongulés offrent un exemple de l'apparence de diversité presque infinie que peut obtenir la nature par la modification d'un très-petit nombre d'éléments.

Les molaires des rhinocéros actuels ne diffèrent pas d'une manière essentielle des molaires des animaux que nous supposons avoir été leurs ancêtres : les *Acerotherium* et les *Palæotherium*. Elles sont composées d'éléments homologues ; seu-

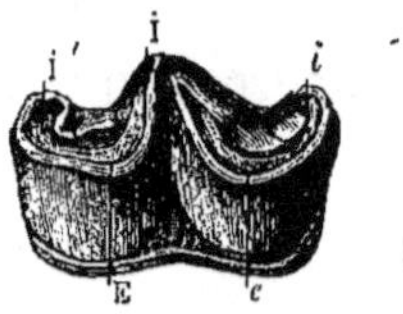

FIG. 58. — Arrière-molaire inférieure gauche de *Palæotherium magnum*, à 1/2 grandeur. — I., I'. denticules internes du lobe antérieur ; E. denticule externe du même lobe ; *i.* denticule interne du lobe postérieur ; *e.* denticule externe du même lobe. — Lignite de l'éocène supérieur de la Débruge.

lement leur degré de développement n'est pas le même. Les molaires inférieures des *Palæotherium* ont deux croissants simples (fig. 58) ; ces croissants sont bien développés ; pour-

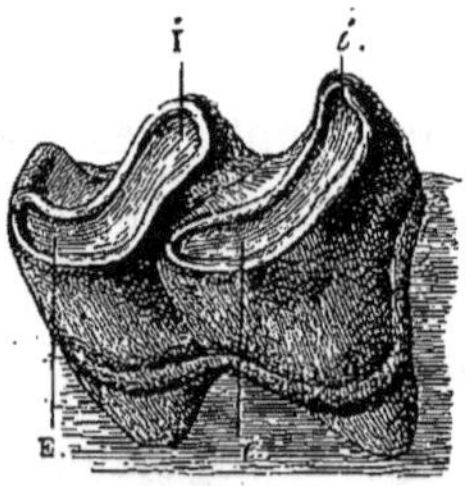

FIG. 59. — Arrière-molaire inférieure gauche d'*Acerotherium lemanense*, à 1/2 grandeur. Mêmes lettres. — Miocène inférieur d'Auvergne.

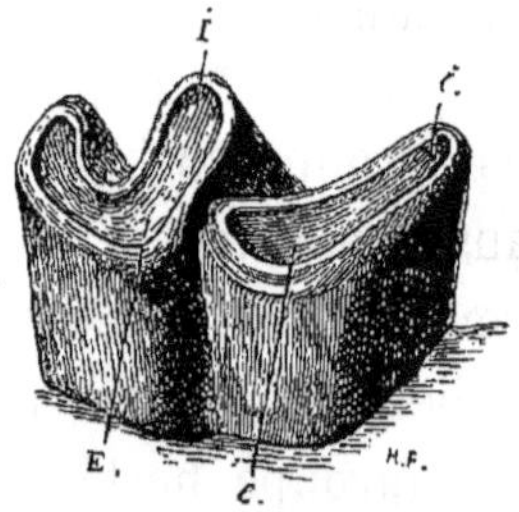

FIG. 60. — Arrière-molaire inférieure gauche de *Rhinoceros pachygnathus*, à 1/2 grandeur. Mêmes lettres. — Miocène supérieur de Pikermi.

tant on peut remarquer que le postérieur *i. e.* l'est un peu moins que l'antérieur *I. E.* Supposons qu'il le soit beaucoup moins, la dent de *Palæotherium* deviendra une dent de rhinocéros (fig. 60). Les molaires inférieures des *Acerotherium* (fig. 59) ne diffèrent de celles des rhinocéros que parce qu'elles ont gardé le bourrelet des *Palæotherium*, au lieu que les rhinocéros l'ont perdu.

La comparaison des molaires supérieures des rhinocéros (fig. 64), des *Acerotherium* (fig. 61) et des *Palæotherium*

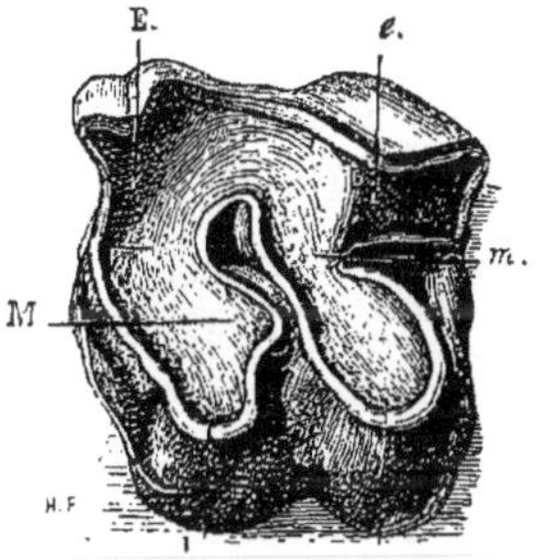

FIG. 61. — Arrière-molaire supérieure gauche d'*Accrotherium lemanense*, à 1/2 grandeur. — E. *e.*, denticules externes ; M.*m.* denticules médians ; I. *i.* denticules internes. — Miocène moyen d'Auvergne.

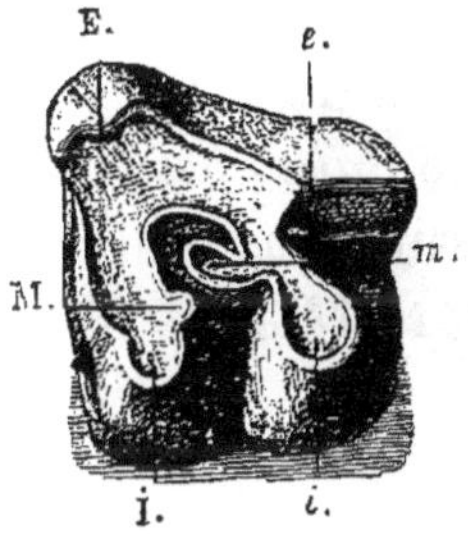

FIG. 62. — Arrière-molaire supérieure gauche d'*Acerotherium incisivum*, à 1/2 grandeur. Mêmes lettres (d'après un moulage du musée de Lyon). — Miocène de Winterthur (Suisse).

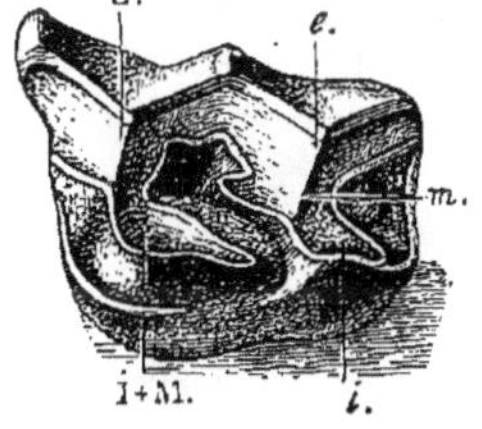

FIG. 63. — Arrière-molaire supérieure gauche de *Palæotherium magnum*, aux 3/4 de grandeur. Mêmes lettres. — Lignite de la Débruge.

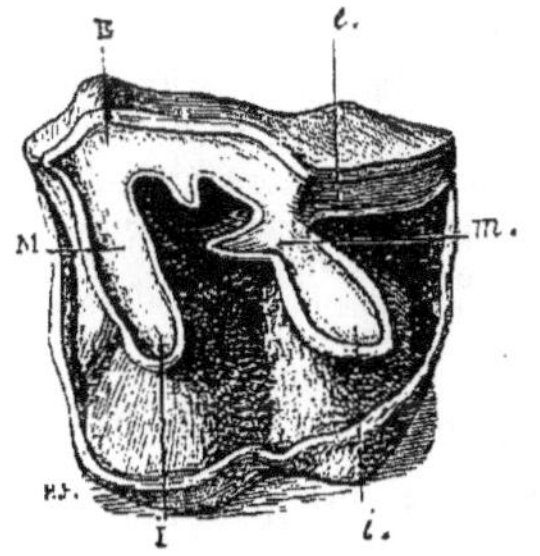

FIG. 64. — Arrière-molaire supérieure gauche de *Rhinoceros brachypus*, à 1/2 grandeur. Mêmes lettres (d'après un moulage du Musée de Lyon). — Miocène moyen de la Grive-Saint-Alban.

(fig. 63) montre combien est variable le développement des denticules dont sont formées les dents qui ont entre elles la plus grande ressemblance. Dans ces trois genres, chaque lobe des arrière-molaires est composé d'un denticule externe *E. e.*, d'un denticule médian *M. m.*, d'un denticule interne *I. i.* En général les denticules internes se courbent plus dans le *Palæotherium* que dans le rhinocéros ; cependant dans le *Paloplotherium codiciense* qui appartient au groupe *Palæotherium*, ils sont moins courbés que dans certains rhinocéros. Le denticule médian fait saillie au lobe antérieur dans l'*Acerotherium lemanense* (fig. 61, *M.*), au lobe postérieur dans la plupart des dents de *Palæotherium* et de rhinocéros (fig. 63 et fig. 64 *m.*); il fait saillie aux deux lobes dans la dent d'*Acerotherium incisivum*, représentée figure 62, *M. m.* Ce sont les denticules ex-

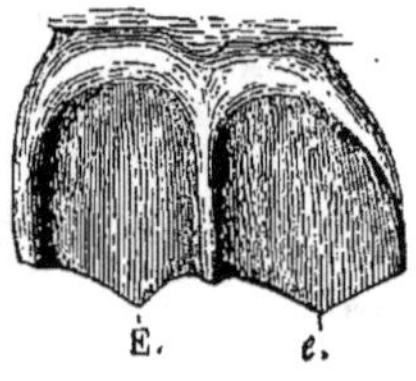

FIG. 65.— Arrière-molaire supérieure gauche de *Palæotherium magnum*, vue sur la face externe aux 3/4 de grandeur. — E. denticule externe du lobe antérieur; *e.*, denticule externe du lobe postérieur. — Lignite de la Débruge.

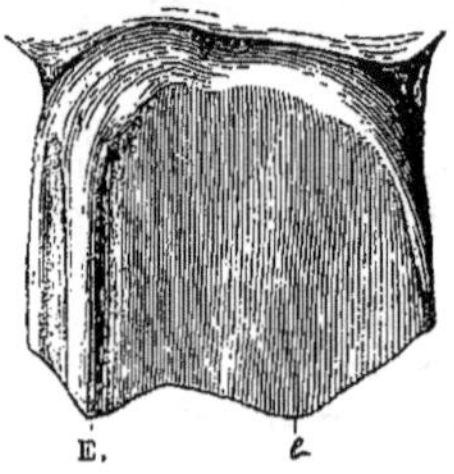

FIG. 66. — Arrière-molaire supérieure gauche de *Rhinoceros brachypus*, vue sur la face externe, à 1/2 grandeur. Mêmes lettres. — Miocène moyen de la Grive-Saint-Alban.

ternes qui établissent la différence la plus constante entre les dents des rhinocéros et celles des *Palæotherium*. Chez les rhinocéros, ils se fondent l'un dans l'autre sur la face externe (fig. 66), tandis que, chez les *Palæotherium* (fig. 65), le denticule *e.* présente en avant une carène qui le distingue nettement du denticule *E.* Mais, comme nous allons le voir, on trouve dans la famille même des rhinocéridés la preuve de la facilité avec laquelle les denticules externes peuvent se fondre l'un dans l'autre.

On a séparé des *Palæotherium* sous le nom de *Paloplotherium*[1] des animaux qui leur ressemblent parfaitement, sauf pour la disposition de leurs prémolaires. Les *Palæotherium*, comme les rhinocéros, ont leurs prémolaires (excepté la première) assez semblables aux arrière-molaires ; elles sont de même composées de deux lobes ; cela apparaît très-bien sur les dents de la figure 67 qui représente un *Palæotherium ;* considérons la quatrième prémolaire *4 p.*, nous voyons qu'elle est formée de deux lobes complets : le premier ayant ses trois

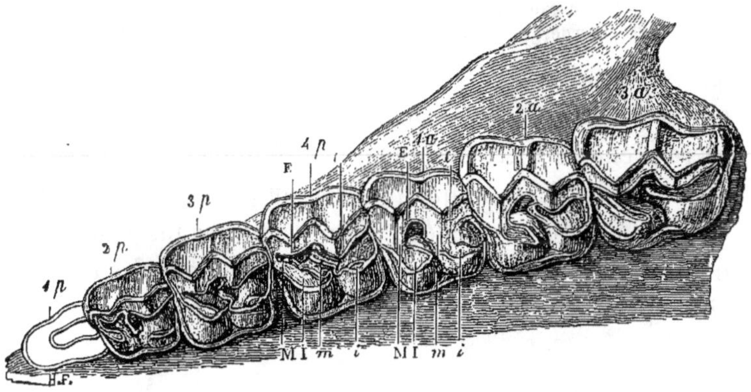

FIG. 67. — Côté gauche de la mâchoire supérieure du *Palæotherium crassum*, vu du côté interne, aux 3/4 de grandeur. — *1p.*, *2p.*, *3p.*, *4p.* les quatre prémolaires ; *1a.*, *2a.*, *3a.* les trois arrière-molaires ; E.*e.* denticules externes ; M.*m.* denticules médians ; I.*i.* denticules internes. — Gypse de Paris.

denticules *E. M. I.*, le second ayant aussi ses trois denticules *e. m. i.* Lorsque nous passons au *Paloplotherium* (fig. 68), nous trouvons un animal tellement voisin du *Palæotherium medium* que Georges Cuvier, après les études les plus approfondies sur les animaux du groupe *Palæotherium*, avait laissé le *Paloplotherium* dans le même genre que le *Palæotherium ;* cependant, si on regarde attentivement la quatrième prémo-

1. Παλαιὸς, ancien ; ὅπλον, arme ; θηρίον, animal, parce qu'on a supposé que les canines des *Paloplotherium* ont pu servir d'armes défensives ; mais leur usure montre qu'elles ont surtout servi à couper les végétaux.

laire du *Paloplotherium minus* (fig. 68, *4 p.*), on s'aperçoit que son second lobe est diminué; son denticule *e.* est plus étroit que le denticule *E.* du premier lobe, et le denticule *i.* est

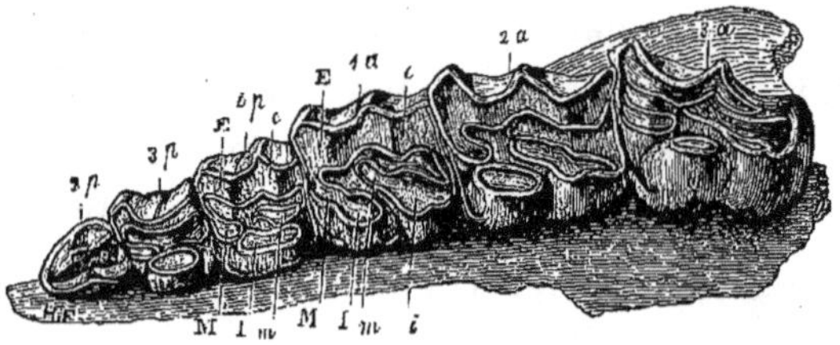

FIG. 68. — Côté gauche de la mâchoire supérieure du *Paloplotherium minus*, vu du côté interne, grandeur naturelle. Mêmes lettres. — Lignite de la Débruge.

atrophié. Dans le *Paloplotherium annectens* (fig. 69), la dernière prémolaire est encore un peu diminuée; la carène antérieure du denticule *e.* que l'on voit au point où sont les lettres *4 p.* est à moitié atrophiée; elle n'arrive pas jusqu'au sommet de la couronne, et sur le côté interne les denticules *i. m.* sont si atrophiés que la dent perd sa forme carrée pour prendre la

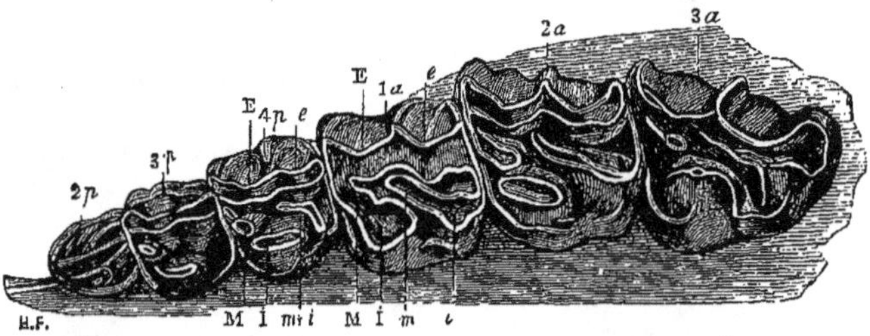

FIG. 69. — Côté gauche de la mâchoire supérieure du *Paloplotherium annectens*, vu du côté interne, grandeur naturelle. Mêmes lettres (d'après M. Owen). — Éocène moyen d'Hordwell.

forme ronde. Enfin dans le *Paloplotherium codiciense* (fig. 70), il n'y a plus de trace de la carène antérieure du denticule *e.* qui se montrait sur le bord externe des dents précédentes, et il n'y a presque aucun vestige des denticules *m. i.*, de sorte que, vues du côté interne, les prémolaires ne semblent avoir qu'un seul lobe ; il en résulte un aspect très-différent.

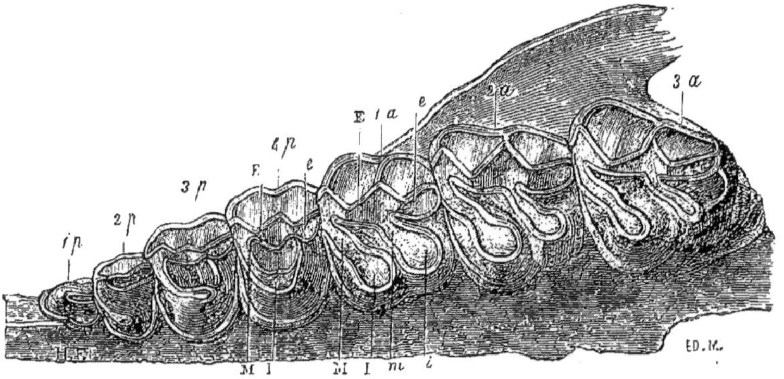

FIG. 70. — Côté gauche de la mâchoire supérieure du *Paloplotherium codiciense*, vu du côté interne, grandeur naturelle. Mêmes lettres que dans les figures précédentes. — Calcaire grossier supérieur de Jumencourt, près Coucy-le-Château (Aisne).

Il est difficile, dans l'état de nos connaissances, de décider si les prémolaires des rhinocéridés ont été d'abord simples et se sont compliquées, ou bien si elles ont été d'abord compliquées et ont peu à peu perdu leurs denticules ; les deux suppositions sont possibles ; la nature a pu procéder par des voies différentes, tantôt en faisant apparaître de nouvelles parties, tantôt en faisant disparaître les anciennes. Cependant, je serais plutôt porté à penser que les prémolaires ont été d'abord simples et se sont compliquées.

Les passages que je viens de signaler me paraissent dignes d'intérêt, parce que d'habiles naturalistes ont remarqué que les prémolaires simples se montrent surtout chez les ongulés à doigts pairs, et que pour cette raison ils ont attaché de l'importance à la forme des prémolaires. Du moment que nous reconnaissons que les denticules diminuent, s'atrophient, se soudent facilement, nous nous expliquons mieux les changements si multiples d'aspects offerts par les dents des ongulés.

Comme les rhinocéros, les tapirs actuels ont été précédés par des espèces qui semblent en avoir été très-voisines ; nous n'avons pas de raisons qui nous empêchent d'admettre leur parenté avec le *Tapirus arvernensis* du pliocène, le *Tapirus priscus* du miocène supérieur (fig. 71), le *Tapirus Poirrieri* du miocène moyen. Le genre tapir n'est pas très-ancien, nous ne le trouvons plus dans le terrain éocène, mais nous voyons une forme qui le représente, c'est le *Lophiodon* [1]. Le peu que l'on connaît des os des membres porte à supposer que cet animal avait de la ressemblance avec le tapir. M. Hébert m'a montré une tête de *Lophiodon* qui a été donnée à la Sorbonne par Édouard de Verneuil ; les os du nez s'avancent beaucoup plus que dans les tapirs [2] ; mais, d'après mes précédentes remarques

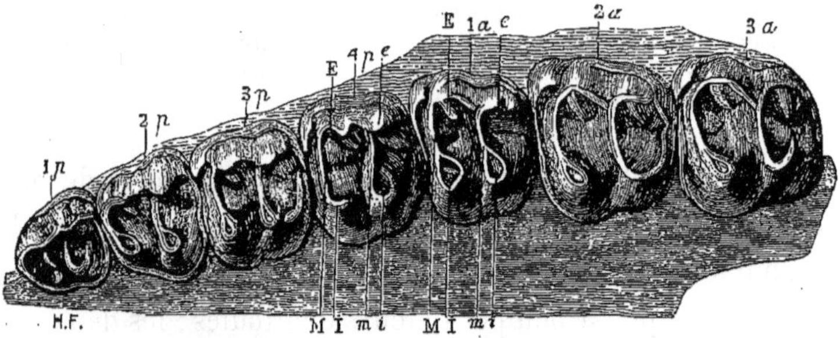

Fig. 71. — Côté gauche de la mâchoire supérieure du *Tapirus priscus*, vu sur la face interne, aux 3/5 de grandeur. — *1p.*, *2p.*, *3p.*, *4p.* prémolaires; *1a.*, *2a.*, *3a.* arrière-molaires; E. denticule externe de la première rangée; M. denticule médian; I. denticule interne; *e.* denticule externe de la seconde rangée; *m.* denticule médian; *i.* denticule interne. — Eppelsheim.

sur les rhinocéridés, je pense que les os du nez ont pu successivement s'agrandir ou s'atténuer. Pour la dentition, il y a quelques différences entre le tapir (fig. 71) et le *Lophiodon* (fig. 72) ; les molaires du premier sont plus rétrécies ; les parties *E. e.* qui représentent les denticules externes sont moins développées,

1. Λοφιά, crête; ὀδών, dent, parce que les denticules des *Lophiodon*, comme ceux des tapirs, se réunissent pour former des crêtes transverses.

2. A Argenton, dans l'Indre, on a trouvé avec des dents de *Lophiodon* et de *Pachynolophus*, un tibia, des astragales, un calcanéum et des métatarses qui font supposer que ces animaux avaient des membres assez semblables à ceux des tapirs.

moins allongées; la troisième et la quatrième prémolaire[1] présentent une différence analogue à celle qui sépare le *Palæotherium* du *Paloplotherium*: chez le *Lophiodon*, ces dents sont simplifiées, et leurs collines médianes aboutissent à un seul denticule interne, au lieu que dans le tapir les collines médianes restent séparées, de sorte que la troisième et la quatrième prémolaire sont semblables aux arrière-molaires. Mais M. Leidy a

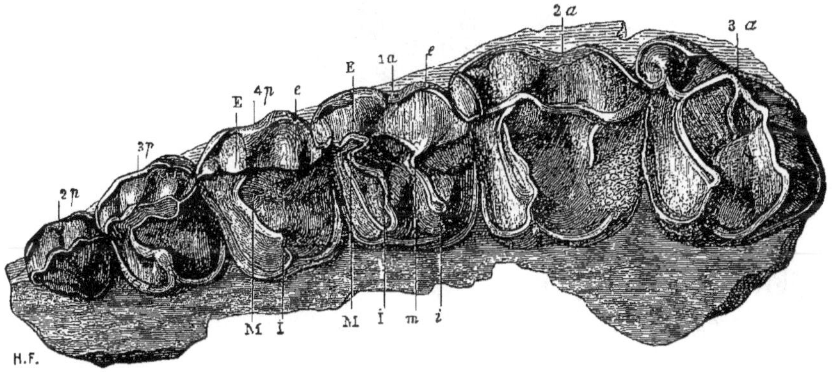

Fig. 72. — Côté gauche de la mâchoire supérieure du *Lophiodon isselensis*, vu du côté interne, aux 3/5 de grandeur. Mêmes lettres. — Éocène moyen d'Issel.

signalé dans l'éocène du Wyoming sous le nom d'*Hyrachyus*[2] un animal qui me paraît former l'intermédiaire entre le *Lophiodon* et le tapir (fig. 73), car ses molaires ont des collines transverses rapprochées et leurs denticules externes *E. e.* sont

1. Dans tout cet ouvrage je donne aux dents et aux doigts les numéros qu'ils devraient avoir s'ils étaient au complet. Ainsi, lorsqu'un animal n'a point de première prémolaire, la seconde dent devient en apparence la première; néanmoins, je lui laisse le n° 2 parce qu'homologiquement elle représente la seconde dent. De même, lorsque le pouce manque, le second doigt devient en apparence le premier du côté interne; cependant je lui conserve le n° 2, parce qu'il représente en réalité le second doigt. Ce mode d'annotation, qui peut avoir des inconvénients dans un ouvrage descriptif, est indispensable dans un travail de la nature de celui-ci, où l'on cherche à suivre les développements ou les diminutions des parties homologues.

2. Ὕραξ, nom donné par les naturalistes modernes au daman, et ὑς, ὑός, cochon.

peu développés, comme chez le tapir ; cependant les prémolaires sont presque aussi simplifiées que chez le *Lophiodon*. On voit la même disposition sur un fossile qui a été recueilli en

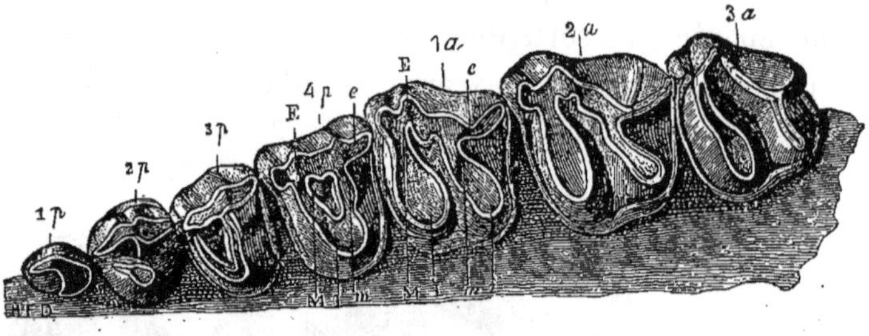

Fig. 73. — Côté gauche de la mâchoire supérieure de l'*Hyrachyus agrarius*, vu du côté interne, aux 9/10 de grandeur. Mêmes lettres (d'après M. Leidy.) — Éocène du Wyoming.

France dans l'étage des phosphorites et qui me semble appartenir également au genre *Hyrachyus* (fig. 74) ; M. Filhol l'a

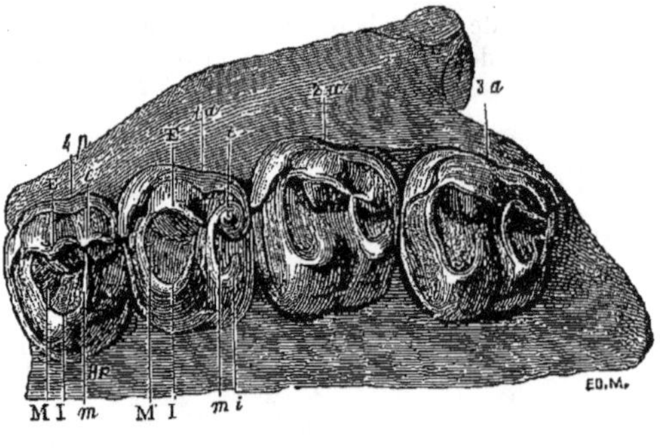

Fig. 74. — Côté gauche de la mâchoire supérieure gauche de l'*Hyrachyus priscus*, vu du côté interne, grandeur naturelle. Mêmes lettres (d'après le moulage d'un échantillon des phosphorites du Quercy communiqué par M. Filhol).

inscrit sous le nom de *Tapirus priscus*. Je ferai d'ailleurs remarquer que, sans sortir du genre *Lophiodon*, on trouve de grandes inégalités dans le développement des prémolaires ; en comparant les prémolaires du *Lophiodon isselensis* (fig. 72) avec celles des *Lophiodon* du sidérolithique dont MM. Rütimeyer[1], Maack[2] et Pictet[3] ont donné d'excellentes figures, on constatera que la colline médiane *m.* est très-inégalement développée.

Non-seulement nous connaissons à l'état fossile des genres qui peuvent être considérés comme les ancêtres de la famille tapiridé et de la famille rhinocéridé, mais il est permis de croire que ces deux familles ont eu entre elles des liens de parenté. Les dispositions de leurs os du crâne et des membres offrent de faibles différences. Leur dentition en présente d'un peu plus grandes. A la mâchoire inférieure, les molaires des animaux de la famille tapiridé ont des crêtes transverses (fig. 75) ; celles des rhinocéridés et surtout des *Palæotherium* ont des collines courbées en forme de croissants (fig. 60). Supposons

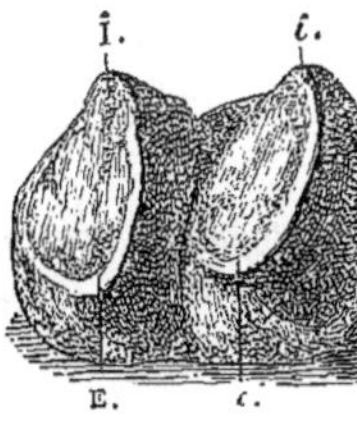

Fig. 75. — Arrière-molaire inférieure gauche du *Lophiodon parisiensis*, aux 3/4 de grandeur. — I.*i.* denticules internes ; E.*e.* denticules externes. — Calcaire grossier de Nanterre, près Paris.

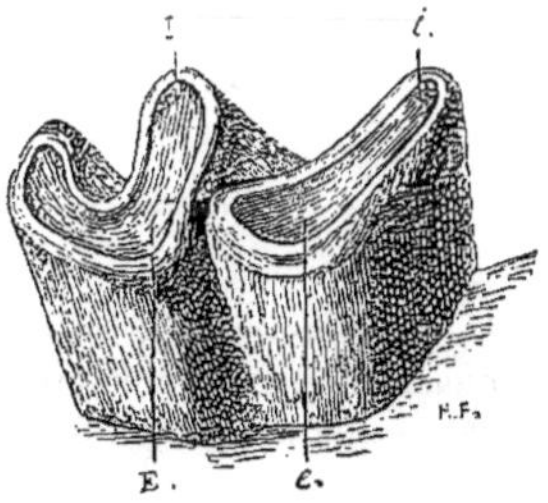

Fig. 60. — Arrière-molaire inférieure gauche du *Rhinoceros pachygnathus*, à 1/2 grandeur. — Mêmes lettres. — Miocène supérieur de Pikermi.

que les collines d'une arrière-molaire inférieure de *Lophiodon* se soient comprimées d'avant en arrière et qu'en se comprimant elles se soient courbées, elles se seront rapprochées de la forme qu'on voit chez les rhinocéridés. Si les molaires in-

1. Rütimeyer, *Eocæne Säugethiere aus dem Gebiet des Schweizerischen Jura*, pl. II, in-4°, 1862.

2. Maack, *Uber noch unbekannte Lophiodonfossilien von Heidenheim*, pl. X et XI, in-8°, 1865.

3. Pictet et Humbert, *Supplément au mémoire sur les animaux vertébrés trouvés dans le terrain sidérolithique du canton de Vaud*, pl. XVII, in-4°, 1869.

férieures que M. Leidy a figurées sous le nom d'*Hyrachyus agrarius*[1] proviennent d'un *Hyrachyus*, cette espèce peut être citée comme exemple d'un tapiridé dont les collines ont eu une tendance à se courber comme dans les rhinocéridés. Les animaux pour lesquels on a créé le nom de *Pachynolophus* [2] présentent véritablement un état intermédiaire entre les molaires inférieures à collines transverses des *Lophiodon* et les dents à croissants des *Palæotherium*, car leur denticule *e.* s'épaissit et se courbe de telle sorte qu'il marque une tendance vers la forme en croissant des *Anchilophus*[3] et des *Palæotherium*. On s'en rendra compte en considérant la dent de la figure 76 ou la mâchoire représentée figure 77.

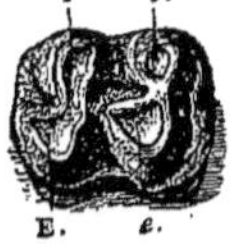

FIG. 76. — Arrière-molaire inférieure gauche du *Pachynolophus (Propalæotherium) isselanus*, de grandeur naturelle. — I.*i.* denticules internes; E.*e.* denticules externes. — Éocène moyen d'Argenton (Indre).

Les molaires supérieures des tapiridés se distinguent par l'union intime de leurs denticules (fig. 78) : *I.* se joint à *M.* pour former une colline continue qui, à son tour, se confond avec *E.*; au lobe postérieur, *e. m. i.* se soudent aussi. Mais cette union

1. Leidy. *Contributions to the Extinct Vertebrata Fauna of the Western Territories*, part. I, pl. IV, fig. 16, et pl. XX, fig. 26. Washington, 1873. Les molaires représentées dans ces figures semblent différer de celles de l'*Hyrachyus nanus* représenté pl. VI, fig. 42 du même ouvrage. Ces dernières rappellent les *Lophiodon*, tandis que les premières rappellent le *Rhinoceros nebrascensis*.

2 Παχύνω, je rends épais ; λόφος, crête. Ce nom a été proposé par M. Pomel à cause de l'épaississement des crêtes transverses des *Pachynolophus*.

3. Le *Pachynolophus* est très-voisin de l'*Anchilophus;* néanmoins, il s'en distingue par ses molaires inférieures dont le lobe antérieur forme une crête transverse au lieu de former un croissant, par ses prémolaires supérieures plus simplifiées où le denticule *i.* est atrophié, et par ses arrière-molaires supérieures où le denticule *e.*, moins confondu avec E., porte en avant une carène qui sépare en deux la muraille externe.

n'est pas également parfaite chez tous les animaux du groupe *Lophiodon;* les molaires supérieures des *Pachynolophus*

Fig. 77. — Molaires inférieures gauches du *Pachynolophus cervulus* (*Lophiotherium*[1]), vues en dessus, de grandeur naturelle. — 1*p*., 2*p*., 3*p*., 4*p*. les prémolaires; 1*a*., 2*a*., 3*a*. les arrière-molaires; I. *i*. denticules internes; E.*e*. denticules externes. — Phosphorites du Quercy. (Collection de M. Filhol).

(fig. 79) ressemblent à des dents de *Lophiodon* (fig. 78) où les denticules externes, médians et internes seraient devenus plus distincts.

Parmi les *Pachynolophus* eux-mêmes, on observe des variations à cet égard; la dent du *Pachynolophus* d'Argenton, dont on verra le dessin figure 213, a son denticule médian *M*. plus séparé que la dent du même genre représentée figure 79. A en juger par les figures données par M. Gervais dans la *Paléontologie française*[2], il y a eu des molaires supérieures de *Pachynolophus* où le denticule *e*. était plus confondu avec le denticule *E*. et ne formait pas une carène au milieu de la muraille externe; ces dents se rapprochent du type *Lophiodon*. Les arrière-molaires de *Pachynolophus* ne sont pas bien différentes de celles de l'*Anchilophus* (fig. 80), qui elles-mêmes ne sont pas très-éloignées de celles de l'*Acerotherium* (fig. 61), et on trouve tous les passages de celles-ci aux dents des rhinocéros (fig. 64). La meilleure preuve que les différences entre la dentition des *Lophiodon* et

1. Λοφίον, petite colline; θηρίον, animal. Ce nom indique un animal dont la dentition rappelle les *Lophiodon*. Le *Lophiotherium* diffère du *Pachynolophus* parce que ses quatrièmes prémolaires sont moins réduites et plus semblables aux arrière-molaires. Cette nuance est si légère que peut-être il vaut mieux réunir le *Lophiotherium* au genre *Pachynolophus*.

2. Pl. 47, fig. 1, et pl. 35, fig. 16. M. Gervais a réservé à ces dents le nom de *Pachynolophus*. Il me semble que le *Propalæotherium* de ce savant naturaliste est un *Pachynolophus* chez lequel le denticule *e*. est bien séparé du denticule E. et forme une carène au milieu de la muraille externe des molaires supérieures.

celle des rhinocéridés ne sont que des nuances, c'est que des

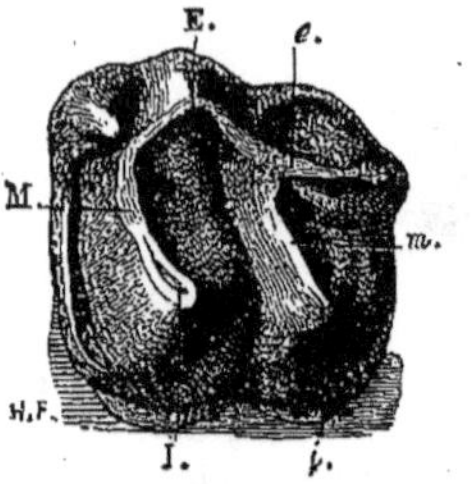

FIG. 78.—Arrière-molaire supérieure gauche de *Lophiodon parisiensis*, aux 3/4 de grandeur.—E.e. denticules externes; M.+I. denticules médian et interne du lobe antérieur réunis dans la même crête; *m.+i.*, denticules médian et interne du lobe postérieur également confondus en une même crête. — Éocène de Cuys, près Épernay.

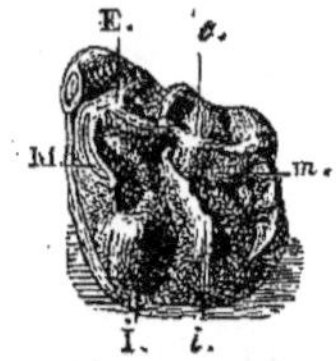

FIG. 79. — Arrière-molaire supérieure gauche de *Pachynolophus* (*Propalæotherium*) *isselanus*[1], de grandeur naturelle : les denticules médians M.*m.* sont moins confondus que dans l'espèce précédente avec les denticules internes I.*i.* — Éocène moyen d'Argenton.

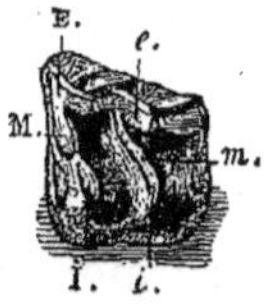

FIG. 80.—Arrière-molaire supérieure gauche d'*Anchilophus radegundensis*, grandeur naturelle. Mêmes lettres. — Recueillie par M. Jean dans la tranchée de Montespieu à Lautrec (Tarn).

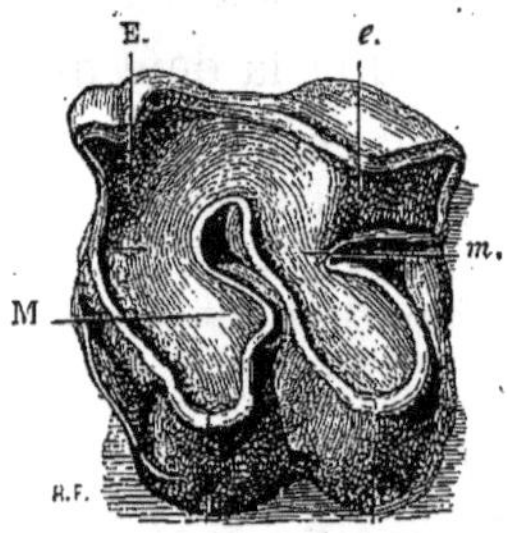

FIG. 81. — Arrière-molaire supérieure gauche d'*Acerotherium lemanense*, à 1/2 grandeur. Mêmes lettres. — Miocène inférieur d'Auvergne.

savants expérimentés sont quelquefois embarrassés pour distinguer certaines dents de *Lophiodon* de celles des *Acerotherium*,

1. Le *Lophiodon minimum*, qu'on trouve également à Argenton, a la même taille que cette espèce; mais, malgré sa petitesse, c'est un vrai *Lophiodon*. M. Gervais l'a judicieusement distingué dans la *Paléontologie française*. Cuvier avait confondu sous le nom de *Lophiodon* des fossiles d'Argenton, dont les uns sont des *Lophiodon* et les autres sont des *Pachynolophus*.

chez lesquels les collines sont peu courbées et où le denticule médian postérieur ne forme pas de crochet [1].

Les pachydermes à doigts pairs qui vivent aujourd'hui ont pu, aussi bien que les pachydermes à doigts impairs, être descendus de leurs prédécesseurs des temps tertiaires. Comme exemples, je citerai les cochons ; la complication des mamelons de leurs dents molaires (fig. 81) est aussi grande que possible ; malgré cette complication, les moindres détails sont reproduits dans les dents des espèces qui se sont succédé pendant

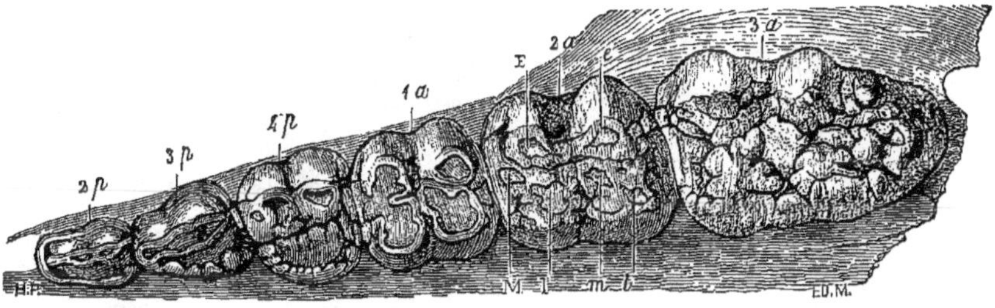

FIG. 81. — Côté gauche de la mâchoire supérieure du *Sus erymanthius*, vu du côté interne, aux 2/3 de grandeur. — *2p.*, *3p.*, *4 p.* prémolaires ; *1a.*, *2a.*, *3a.* arrière-molaires ; E.*e.* denticules externes ; M.*m.* denticules médians ; I.*i.* denticules internes. — Miocène supérieur de Pikermi.

les âges géologiques ; tout naturaliste qui déterminera ces dents sera sans doute frappé de tant de ressemblances et admettra volontiers qu'il est en présence de débris d'espèces dérivées les unes des autres. Quand nous voyons, avant le *Sus scropha*, le *Sus arvernensis* du pliocène supérieur, avant celui-ci le *Sus provincialis* du pliocène inférieur, avant celui-ci les *Sus antiquus*, *palæochœrus*, *erymanthius* et *major* du miocène supérieur, et enfin les *Sus chœroides* et *Lockarti* du miocène moyen, nous pouvons croire qu'il y a eu entre ces animaux des liens de parenté. Le *Sus Lockarti* n'est pas bien éloigné de l'*Hyotherium* [2]

1. Les dents qui ont été figurées sous le nom de *Lophiodon rhinocerodes*, pl. I, fig. 1, 2, 3, 4 du beau mémoire de M. Rütimeyer *sur le sidérolithique d'Egerkingen*, ressemblent plus aux dents des rhinocéros qu'à celles des *Lophiodon*.

2. Ὗς, ὑὸς, cochon, et θηρίον, animal.

(fig. 82), et l'*Hyotherium* est si voisin du *Palæochœrus*[1] (fig. 83) qu'un habile paléontologiste, M. Péters[2], a proposé de réunir

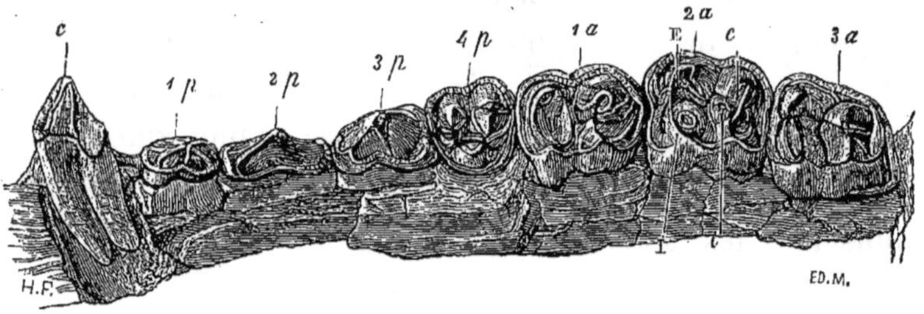

FIG. 82. — Côté gauche de la mâchoire supérieure de l'*Hyotherium Sœmmeringi* vu du côté interne, aux 3/4 de grandeur. Mêmes lettres (d'après M. Péters.) — Miocène moyen d'Eibiswald, dans le Steiermark.

ces deux genres ; en général le *Palæochœrus* a ses denticules moins confus, mieux circonscrits ; il incline vers les pécaris,

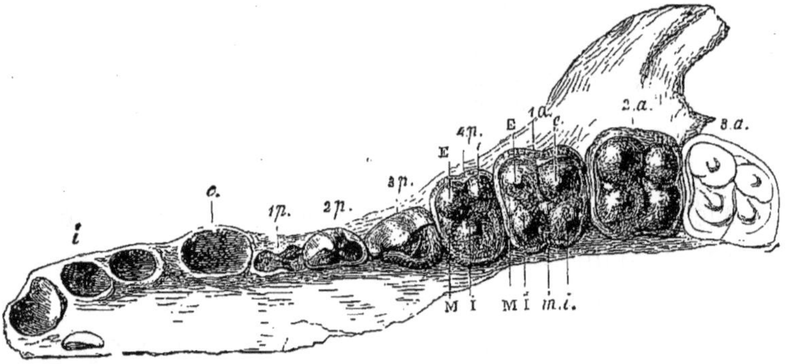

FIG. 83. — Côté gauche de la mâchoire supérieure du *Palæochœrus typus*, vu du côté interne, grandeur naturelle. Mêmes lettres. — Calcaire lacustre miocène de Billy (Allier).

c'est-à-dire les cochons du nouveau continent, au lieu que l'*Hyotherium* penche davantage vers les cochons de l'ancien continent. J'ai donné ici les figures des types les plus accentués

1. Παλαιὸς, ancien ; χοῖρος, cochon.
2. Karl F. Peters, *Zur Kenntniss der Wirbelthiere aus den Miocänschichten* (*Denkschriften der kaiserlichen Akademie der Wissenschaften*, in-4, Wien, 1868).

de l'*Hyotherium* et du *Palæochœrus* ; on voit que, outre leurs mamelons moins confus, les dents de *Palæochœrus* se distinguent par leur élargissement transversal ; mais M. Nouel m'a envoyé des dents de *Palæochœrus* trouvées dans les sables de l'Or-

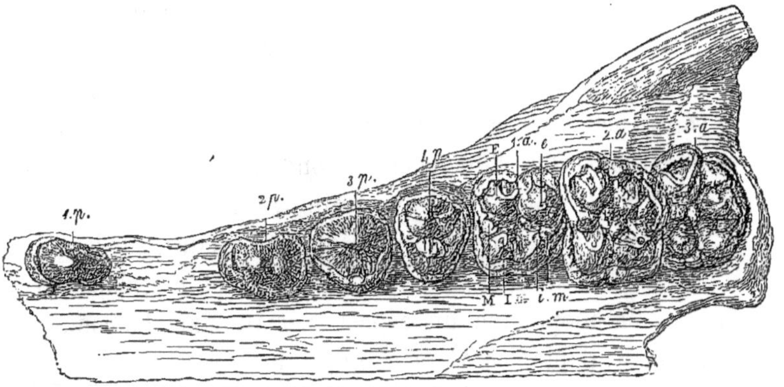

Fig. 84. — Côté gauche de la mâchoire supérieure du *Chœropotamus parisiensis*, vu du côté interne, aux 2/3 de grandeur. Mêmes lettres. — Gypse de Paris.

léanais qui sont allongées comme dans l'*Hyotherium*[1]. Du *Palæochœrus* à l'animal du gypse de Paris que Cuvier a nommé

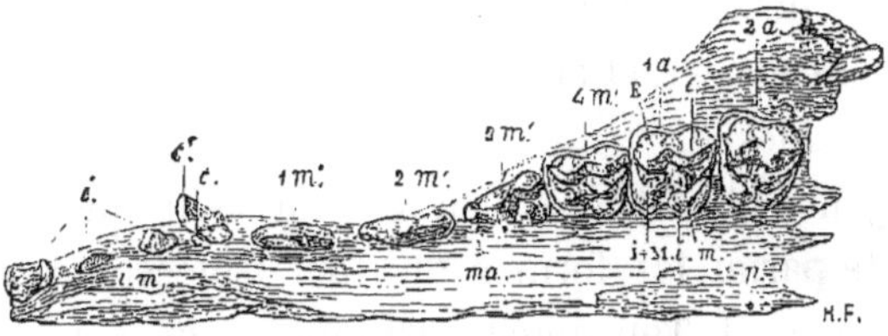

Fig. 85. — Côté gauche de la mâchoire supérieure du *Dichobune leporinum*, de grandeur naturelle.— *i.* incisives ; *c'.* canine de lait ; *c.* canine de seconde dentition ; *1m'.*, *2m'.*, *3m'.*, *4m'.* molaires de lait ; *1a.*, *2a.* arrière-molaires ; *i.m.* inter-maxillaire ; *ma.* maxillaire ; *p.* palatin. Les denticules sont marqués par les mêmes lettres que dans les figures précédentes. — Gypse de Paris.

Chœropotamus[2] (fig. 84) la distance n'est pas grande ; la différence consiste surtout en ce que les denticules du *Chœropotamus*

1. Elles appartiennent, je crois, à l'espèce que M. Pomel a appelée *Palæochœrus suillus*.

2. Χοῖρος, cochon ; ποταμὸς, fleuve.

sont un peu moins arrondis. Il n'y a pas loin non plus du *Chœropotamus* au petit pachyderme qui a été son contemporain, le *Dichobune*[1] (fig. 85) ; ses arrière-molaires diffèrent principalement parce que leur denticule médian se développe en arrière plus qu'en avant, au lieu que chez le *Chœropotamus* le denticule médian se développe en avant plus qu'en arrière.

L'hippopotame est un des animaux les plus aberrants dans la nature actuelle. Sa gueule d'une largeur énorme, ses grandes canines couvertes d'un émail profondément cannelé, ses puissantes incisives dont le fût très-allongé est tout d'une venue et qui, à chaque mâchoire, sont réduites à quatre, sur lesquelles il y en a deux beaucoup plus fortes que les autres, donnent à la face de l'hippopotame un aspect spécial. Mais Falconer dans l'Inde et M. Papier en Algérie ont trouvé des restes d'hippopotames fossiles qui diminuent un peu l'intervalle entre ces animaux et les cochons, car leurs dents de devant sont plus petites comparativement aux molaires, leurs canines n'ont pas de fortes cannelures, leurs incisives sont au nombre de trois paires à la mâchoire inférieure[1], leurs premières incisives sont à peine plus grosses que les autres, et même, dans l'*Hippopotamus hipponensis* découvert par M. Papier, les pointes des incisives s'aplatissent un peu et ainsi s'éloignent moins de celles des autres pachydermes.

Le genre phacochère a pu, comme celui des hippopotames, être cité parmi les formes qui sont isolées dans la nature actuelle, mais M. Tournouër m'a montré dernièrement des molaires d'un sanglier fossile recueilli en Afrique dans la province de Constantine, où les denticules se multiplient et se séparent

1. Δίχα, en deux parties ; βουνὸς, colline, à cause de ses mamelons disposés par paires dans les arrière-molaires inférieures. On devra faire attention que dans la pièce figurée ici, les dents placées en avant des arrière-molaires sont des dents de lait et non des prémolaires.

2. Falconer a proposé le nom d'*Hexaprotodon* (ἕξ, six ; πρῶτος, premier ; ὀδὼν, dent) pour les hippopotames qui ont six incisives ; dans une note sur l'*Hippopotamus hipponensis*, j'ai rappelé que chez les hippopotames vivants, on observe quelquefois deux incisives d'un côté et trois de l'autre côté, de sorte que ces animaux sont *Hexaprotodon* à gauche, hippopotames à droite.

les uns des autres, de manière à indiquer une tendance vers la forme singulière des phacochères.

On voit par là que les paléontologistes commencent à retrouver les parents de plusieurs pachydermes qui semblaient isolés dans la nature actuelle. Il importe de remarquer que, si l'exploration des couches du globe doit faire successivement découvrir les ancêtres des différents animaux qui existent maintenant, la réciproque ne saurait être vraie ; nous ne pouvons pas espérer rencontrer à l'état vivant les descendants de tous les êtres anciens. Les pachydermes ayant été autrefois bien plus nombreux qu'ils ne le sont de nos jours, plusieurs d'entre eux ont dû s'éteindre sans laisser de descendants qui soient arrivés jusqu'à nous. Par exemple, personne ne saurait dire quelles espèces de

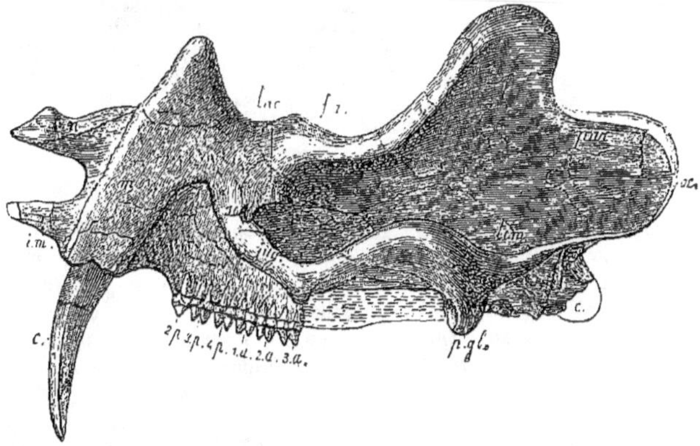

Fig. 86. — Crâne du *Dinoceras mirabilis*, vu de profil, à 1/10 de grandeur : *i.m.* inter-maxillaire ; *m.* maxillaire ; *s. o,* trou sous-orbitaire ; *jug.* jugal ; *n.* nasal ; *lac.* lacrymal ; *fr.* frontal ; *par.* pariétal ; *temp.* temporal ; *p. gl.* apophyse post-glénoïde ; *oc.* occipital ; *c.oc.* condyle occipital ; *c.* canine ; *p.* prémolaires ; *a.* arrière-molaires (d'après M. Marsh). — Éocène du Wyoming.

la nature actuelle sont dérivées de quelques-uns des fossiles du Nébraska, du Niobrara, du Wyoming, du Colorado, que les courageuses explorations de MM. Hayden, Marsh et Cope nous ont révélés. Nulle bête vivante ne peut réclamer pour ancêtre le gigantesque *Dinoceras* [1] (fig. 86) des temps éocènes, dont le

1. Δεινὸς, redoutable ; κέρας, corne.

crâne portait trois paires de protubérances : une sur le nez, une au-dessus des maxillaires et la troisième en arrière de la région frontale ; c'est l'animal le plus cornu que l'on ait jamais découvert. Son successeur des temps miocènes, encore plus gros que lui, le *Brontotherium*[1], semble aussi s'être éteint sans postérité ; on voit figure 87 le dessin de son crâne emprunté, comme la figure précédente, à de beaux mémoires de M. Marsh[2] ; il

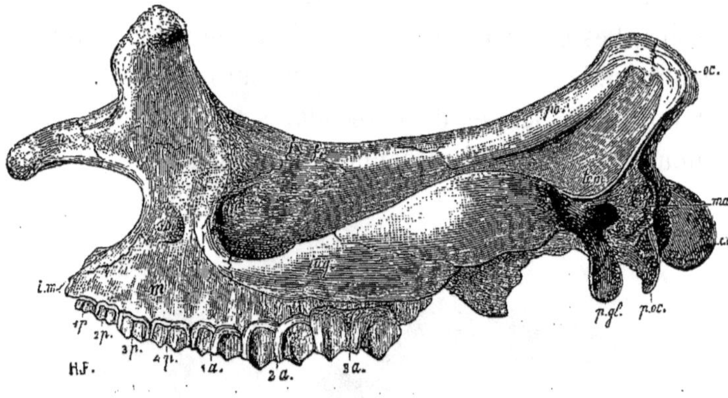

Fig. 87. — Crâne du *Brontotherium ingens*, vu de profil, à 1/10 de grandeur. — *oc.* occipital ; *c.oc.* condyle occipital ; *p.oc.* para-occipital ; *mas.* mastoïde ; *par.* pariétal ; *tem.* temporal ; *p.gl.* apophyse post-glénoïde ; *fr.* frontal ; *jug.* jugal ; *n.* nasal ; *m.* maxillaire ; *s.o.* trou sous-orbitaire ; *i.m.* intermaxillaire ; 1*p.*, 2*p.*, 3*p.*, 4*p.* les quatre prémolaires ; 1*a.*, 2*a.*, 3*a.* les trois arrière-molaires (d'après M. Marsh). — Miocène du Colorado.

était moins bizarre que le *Dinoceras ;* cependant il avait une forte protubérance de chaque côté de la face. Il y a déjà longtemps, M. Duvernoy avait signalé des protubérances ana-

1. Βροντή, tonnerre ; θηρίον, animal ; cette expression a été imaginée pour indiquer un être redoutable.

2. Quelques-unes des étranges créatures éocènes et miocènes découvertes près des Montagnes Rocheuses par M. Marsh ont déjà été figurées ; on pourra notamment consulter avec grand intérêt les notes suivantes, qui ont paru dans l'*American Journal of Sciences and Arts :*

Principal characters of the Dinocerata (vol. XI, février 1876) ;
Principal characters of the Tillodontia (vol. XI, mars 1876) ;
Principal characters of the Brontotheridæ (vol. XI, avril 1876) ;
Principal characters of the Coryphodontidæ (vol. XIV, juillet 1877).

logues sur un rhinocéros miocène de France [1]; des rhinocéros pareils ont été retrouvés à l'état fossile dans les régions voisines des Montagnes Rocheuses [2]. Vainement chercherions-nous dans la nature actuelle des descendants de ces bêtes cornues. On pourrait citer beaucoup d'autres exemples tirés soit de l'ordre des pachydermes, soit d'autres ordres. Tout en croyant que l'ensemble du monde organique a été régi par des lois harmoniques qui lient les créatures des anciens jours du monde aux créatures actuelles, je pense impossible d'admettre que les manifestations de la vie des divers âges géologiques aient eu uniquement pour but d'amener la nature à l'état dans lequel nous la voyons maintenant. Chaque époque de l'histoire du monde a eu quelques êtres qui ont été faits pour elle et lui ont donné une physionomie propre; après leurs épanouissements, ils ont disparu. Ainsi a été produite cette perpétuelle diversité qui charme les géologues en leur révélant une infinie puissance d'activité.

1. Duvernoy a très-bien décrit cette espèce dans ses *Nouvelles études sur les rhinocéros fossiles :* « *Nous la désignerons,* a-t-il dit, *sous le nom de Rhinoceros pleuroceros ou de rhinocéros à cornes latérales. Elle porte en effet un tubercule conique qui s'élève de la partie la plus saillante de la convexité de chaque os nasal. Ce tubercule est dirigé un peu obliquement en dehors. Sa surface est assez rugueuse pour indiquer qu'il supportait une petite corne.* »

2. M. Marsh a cru pouvoir créer pour ces espèces le nom de *Diceratherium* (δὶς, deux fois; κέρας, corne; θηρίον, animal).

CHAPITRE IV

LES RUMINANTS ET LEURS PARENTS

L'histoire géologique des ruminants est très-différente de celle des pachydermes. Ceux-ci ont eu leur règne dans nos con-

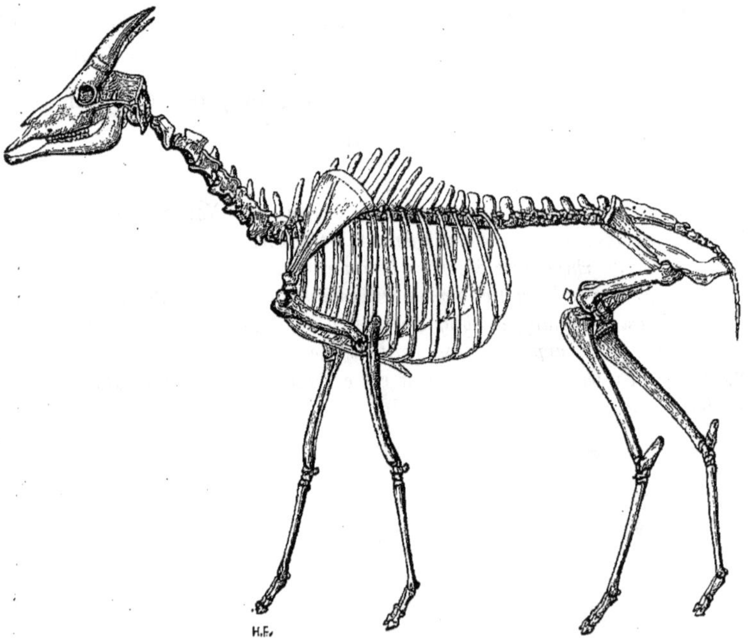

FIG. 88. — Restauration du squelette du *Tragocerus amaltheus*, à 1/16 de grandeur — Miocène supérieur de Pikermi.

trées pendant la première moitié des temps tertiaires, et on n'en voit plus aujourd'hui que des reliquats isolés. Au contraire, les ruminants ont eu leur règne dans la seconde moitié des temps tertiaires, et de nos jours encore leur ordre est très-florissant.

Les plus anciens ruminants qui ont été trouvés en Europe sont le *Xiphodon*[1], le *Dichodon*[2] et l'*Amphimeryx*[3]; les deux derniers sont imparfaitement connus; quant au *Xiphodon*, on peut dire qu'il a autant de titres à être classé parmi les pachydermes qu'à être rangé parmi les ruminants. En Amérique, les ruminants paraissent s'être multipliés plus tôt qu'en Europe; cependant, à la fin des temps éocènes, ou même au commencement de l'époque miocène, la plupart de leurs espèces avaient conservé quelques caractères de pachydermes.

Dans le miocène inférieur de nos pays, les ruminants cités comme les plus caractéristiques sont le *Gelocus*[4] et le *Dremotherium*[5]; ils ont retenu certaines particularités qui rappellent les pachydermes. L'époque du miocène moyen a vu se multiplier les ruminants dont l'évolution est complétement achevée; les antilopes et les cerfs sont devenus nombreux, mais ils étaient encore pour la plupart petits et peu variés. C'est seulement à l'époque du miocène supérieur que les ruminants sont arrivés à leur apogée; alors ont apparu des bêtes majestueuses telles que les girafes (fig. 129), le *Bramatherium*[1] et le *Sivatherium*[2], qui

1. Ξίφος, épée; ὀδὼν, dent; Cuvier a donné ce nom pour rappeler la disposition tranchante des prémolaires du *Xiphodon*.

2. Δίχα, en deux parties, et ὀδὼν.

3. Ἀμφὶ, aux environs de; μήρυξ, ruminant. Ce nom, proposé par M. Pomel, semble exprimer l'idée que l'*Amphimeryx* n'est pas encore tout à fait un ruminant, mais qu'il va le devenir.

4. Γῆ, terre; οἰκέω, j'habite. Suivant M. Aymard, les animaux de Ronzon ont pour la plupart vécu dans des marais; le *Gelocus* devait avoir des habitudes plus terrestres; c'est à cela que son nom fait allusion.

5. Δρέμω, je cours; θηρίον, animal. Le *Dremotherium* a été un des premiers animaux de nos pays qui ont présenté le type le plus parfait d'un quadrupède coureur.

6. Bramah, divinité de l'Inde, et θηρίον, animal.

7. Siva, autre divinité de l'Inde. En employant les noms de *Bramatherium* et *Sivatherium*, Falconer a voulu rappeler l'origine indienne de ces étranges et gigantesques animaux.

ont laissé leurs débris dans l'Inde ; l'*Helladotherium* [1], dont les restes se rencontrent dans l'Inde, en Grèce et en France ; on voit

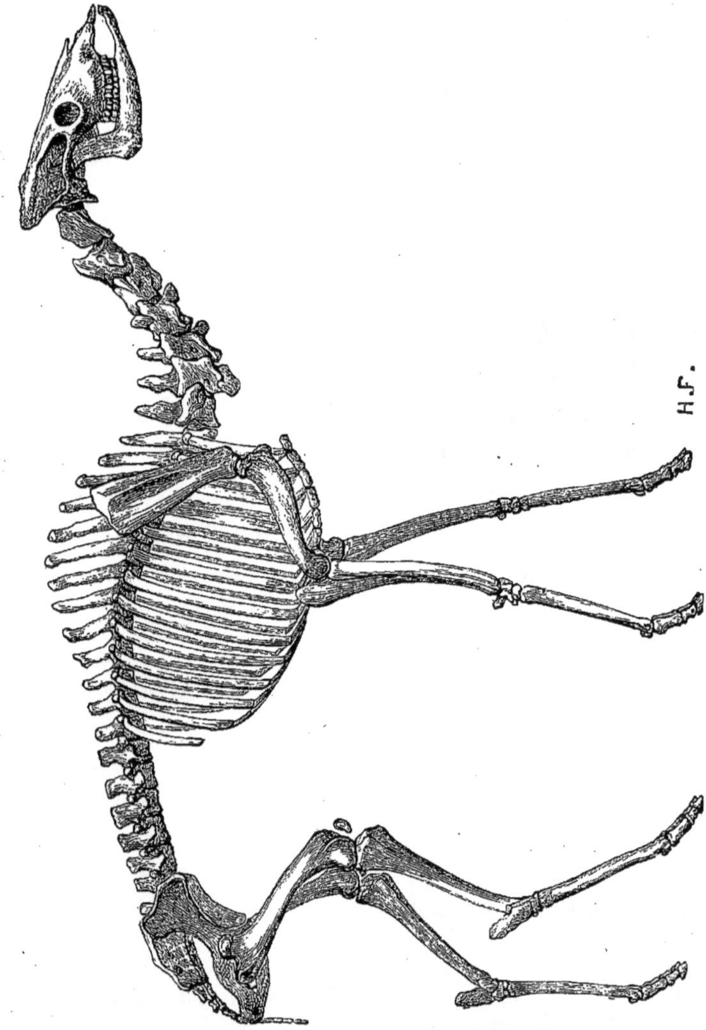

Fig. 89. — Restauration du squelette de l'*Helladotherium Duvernoyi*, à 1/25 de grandeur. — Pikermi.

ici le dessin du squelette de ce gros ruminant (fig. 89). Les anti-

1. Ἑλλὰς, άδος, Grèce ; θηρίον, animal. Ce grand ruminant peut être cité comme un des genres les plus caractéristiques de l'ancienne faune de la Grèce.

lopes sont devenues très-variées : il y avait des *Palæotragus*[1], des *Palæoreas*[2], des *Palæoryx*[3], des *Tragocerus*[4] (fig. 88), des gazelles. Plusieurs espèces ont formé des troupeaux ; en France, dans un petit espace du Mont Léberon, j'ai recueilli les cornes de près d'une centaine de gazelles ; j'ai trouvé à Pikermi un grand nombre de *Palæoreas*, une cinquantaine de *Tragocerus* et autant de gazelles.

Les ruminants ont laissé aussi d'abondants débris dans les couches formées pendant l'époque pliocène ; aujourd'hui encore ces animaux jouent un rôle considérable : au nord les cerfs, au sud les antilopes comptent parmi les mammifères les plus nombreux.

L'apparition tardive des ruminants ne saurait être considérée comme une objection à la doctrine de l'évolution ; elle lui est au contraire favorable, car ces animaux représentent un rameau très-divergent qui témoigne d'une évolution prolongée. La complication des quatre estomacs (le bonnet, la panse, le feuillet, la caillette) et aussi celle du placenta indiquent un type qui est loin d'être inférieur ; chacun sait combien une chèvre venant au monde est avancée ; la richesse des cotylédons placentaires permet un développement très-complet dans le sein maternel. La simplicité de plusieurs parties du squelette n'est pas une simplicité primitive, mais une simplicité laborieusement conquise par une suite de soudures destinées à donner

1. Παλαιὸς, ancien ; τράγος, bouc. J'ai eu tort de proposer ce nom, car il est probable que le *Palæotragus* ne ressemblait guère à un bouc. La planche XLVI de mon ouvrage sur la Grèce représente les membres d'une antilope qui devait par ses formes grêles avoir l'aspect d'une petite girafe, mais qui en différait parce que la longueur de l'avant-bras ne dépassait pas beaucoup celle de la jambe. Ces membres s'accordent si bien avec la tête du *Palæotragus* que je suis disposé à supposer qu'ils proviennent du même animal.

2. Ancien *Oreas ;* par ses cornes, le *Palæoreas* se rapprochait de l'antilope de l'Afrique australe que l'on nomme *Oreas canna*.

3. Ancien *Oryx ;* le *Palæoryx* avait de longues cornes fortement arquées, comme les grandes antilopes du genre *Oryx* qui vivent dans les montagnes du Cap.

4. Τράγος, bouc ; κέρας, corne. Cette antilope ressemble tellement aux chèvres par ses cornes qu'elle a été d'abord décrite par Wagner sous le nom de chèvre amalthée ; par ses pattes et ses dents, elle s'éloigne des chèvres.

aux membres plus de légèreté et de force; le cubitus réduit et immobilisé de la plupart des ruminants et surtout de la girafe révèle une évolution plus prolongée que le grand cubitus libre des pachydermes; on peut en dire autant des os des pattes qui sont bien moins compliqués chez les ruminants que chez les pachydermes.

Lorsque nous voyons les ruminants se développer pendant l'époque tertiaire, au fur et à mesure que les pachydermes diminuent, il est naturel de penser qu'ils pourraient être des pachydermes modifiés. Assurément les types extrêmes de ces animaux présentent un grand contraste; cependant, si nous

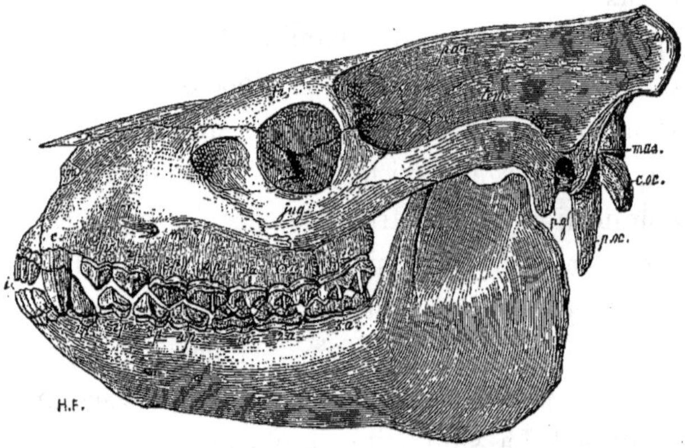

Fig. 90. — Crâne de l'*Oreodon Culbertsoni*, aux 2/5 de grandeur. — *i.m.* intermaxillaire; *m.* maxillaire; *n.* nasal; *lac.* lacrymal; *fr.* frontal; *par.* pariétal; *oc.* occipital; *c.oc.* condyle occipital; *p.oc.* par-occipital; *mas.* mastoïde; *tem.* temporal; *p. gl.* apophyse post-glénoïde; *jug.* jugal; *i.* incisives; *c.* canines; 1*p.*, 2*p.*, 3*p.*, 4*p.* les prémolaires; 1*a.*, 2*a.*, 3*a.* les arrière-molaires (d'après M. Leidy). — Miocène du Nébraska.

considérons les genres nombreux que l'on a déjà exhumés des couches terrestres, les transitions entre les pachydermes et les ruminants deviennent faciles à concevoir [1].

1. M. Rütimeyer est un des savants qui ont le plus contribué à appeler l'attention des naturalistes sur les évolutions des ongulés fossiles. On trouvera des aperçus ingénieux dans toutes les publications paléontologiques de l'éminent professeur de Bâle et surtout dans ses ouvrages sur les bœufs : *Beiträge zu einer palæontologischen Geschichte der Wiederkauer zunächst an Linné's Genus Bos* (*Mit-*

Une des différences les plus apparentes par lesquelles les ruminants se distinguent des pachydermes consiste dans le prolongement singulier des os frontaux sous forme de cornes ou de bois. Mais tous les ruminants qui vivent aujourd'hui n'ont point ces appendices, et, quand on suit le développement de ceux qui en sont pourvus, on voit que, dans les premiers temps de leur vie, ils en sont privés ; de même, lorsqu'on suit le développement de l'ordre des ruminants dans les âges géolo-

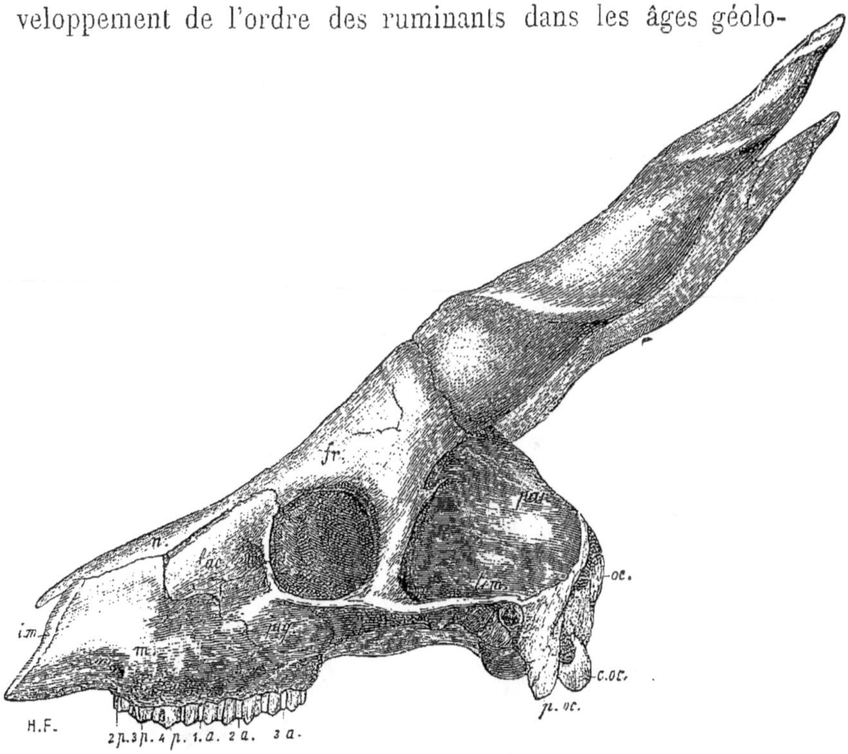

FIG. 91. — Crâne du *Palæoreas Lindermayeri*, vu de profil, aux 2/5 de grandeur. Mêmes lettres que dans la figure précédente. — Miocène supérieur de Pikermi.

giques, on constate qu'à l'origine les os frontaux ne portaient pas de cornes. Le *Xiphodon* de l'éocène, le *Gelocus*, le *Dremotherium* du miocène inférieur n'en avaient pas. L'*Oreodon*[1]

theilungen der Naturforschenden Gesellschaft in Basel, IV Theil, 1865). — *Versuch einer natürlichen Geschichte des Rindes in seinen Beziehungen zu den Wiederkauern im Allgemeinen*, in-4°, 1866.

1. Ὄρος, εος-ους, colline ; ὀδών, dent.

du Nébraska (fig. 90) en était également dépourvu. C'est seulement à partir du miocène moyen que les ruminants à cornes apparaissent; les premières antilopes (*Antilope clavata* et *martiniana* de Sansan) avaient de petites cornes; plusieurs antilopes du miocène supérieur de Pikermi, telles que *Gazella*, *Palæoreas* (fig. 91), *Palæoryx*, *Tragocerus* (fig. 88), ont eu au contraire des cornes considérables, comparativement à la dimension totale du corps. On en voit aussi de fort grandes chez l'*Antilope recticornis* du pliocène inférieur de Montpellier et chez les animaux des époques récentes, tels que les bœufs, les moutons, les chèvres et les bouquetins.

Le développement des bois semble avoir été graduel comme celui des cornes. On sait que le premier bois de nos cerfs élaphes est dépourvu d'andouillers; c'est une simple dague; le deuxième bois a deux pointes ; le troisième bois en a trois ; le quatrième

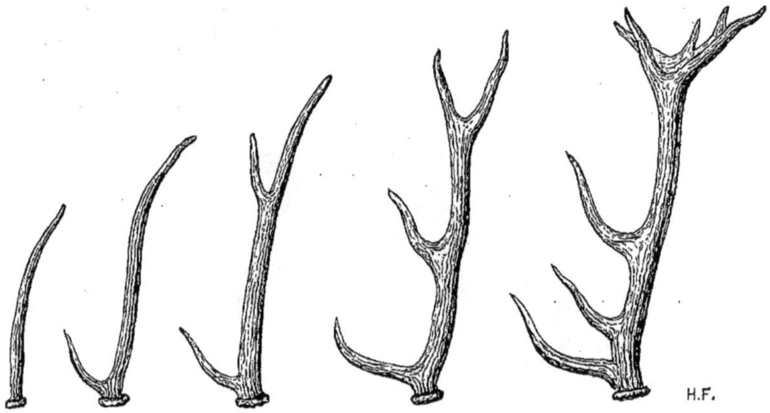

FIG. 92. — Croquis de bois du *Cervus elaphus* à différents âges.

en a quatre, et les bois des animaux plus âgés en ont un plus grand nombre; cela est marqué dans les croquis ci-dessus (fig. 92). On n'a pas encore trouvé à l'état fossile des cerfs adultes dont les bois eussent une seule pointe comme dans les jeunes cerfs (daguets). Mais les bois rencontrés jusqu'à ce jour dans le miocène moyen représentent le second état de la croissance des bois chez nos cerfs élaphes; en général ils ont seulement deux pointes. Les cerfs si nombreux qui ont été découverts à Sansan par MM. Lartet, Laurillard, Merlieux, Alphonse Milne Edwards et à Steinheim par M. Fraas, appartiennent tous au groupe dont les bois à deux pointes ont fait imaginer le nom de *Dicrocerus* [1] (fig. 93). Les bois de cerf qui ont été recueillis

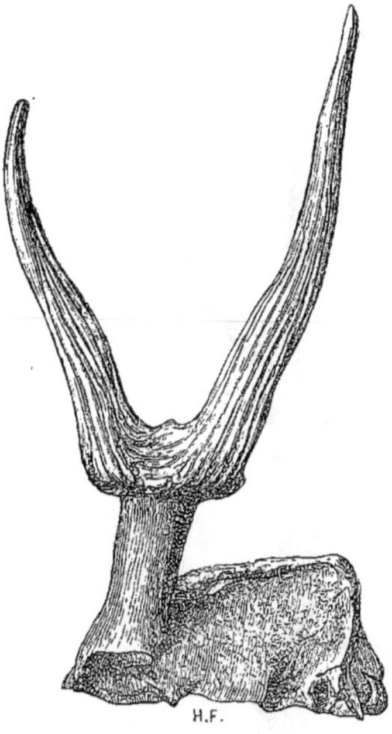

FIG. 93. — Crâne de *Dicrocerus elegans* (*Cervus furcatus*), vu de profil, à 1/4 de grandeur. — Miocène moyen de Sansan.

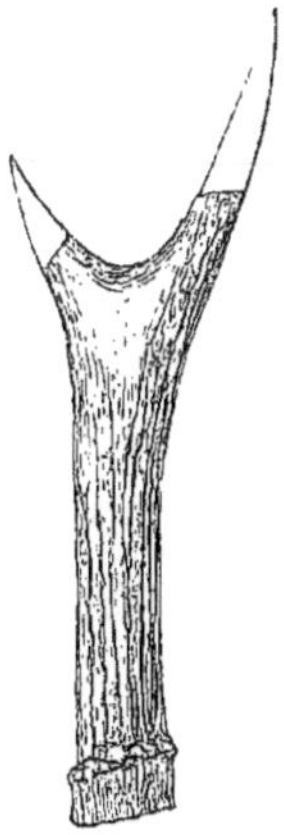

FIG. 94. — Bois de *Dicrocerus anocerus*, à 2/5 de grandeur. — Falun de l'Anjou. (Collection de M. Farge).

FIG. 95. — Bois de *Dicrocerus anocerus*, à 2/5 de grandeur (d'après M. Kaup). — Miocène supérieur d'Eppelsheim.

dans le falun de l'Anjou par M. Farge et à Eppelsheim par M. Kaup, proviennent aussi de *Dicrocerus* (fig. 94 et 95). Les bois de cerf du miocène supérieur (fig. 96) et d'une grande partie du pliocène (fig. 97) sont surtout des bois à trois pointes;

1. Δίκροος-οῦς, à deux pointes; κέρας, corne.

ils représentent donc le troisième état de la croissance des bois chez les cerfs élaphes. Enfin c'est à la fin de l'époque pliocène et pendant les temps quaternaires que les bois de cerf ont atteint le maximum de dimension et de complication ; on en jugera par les figures 98 et 99, qui sont réduites au 1/15 de la grandeur naturelle.

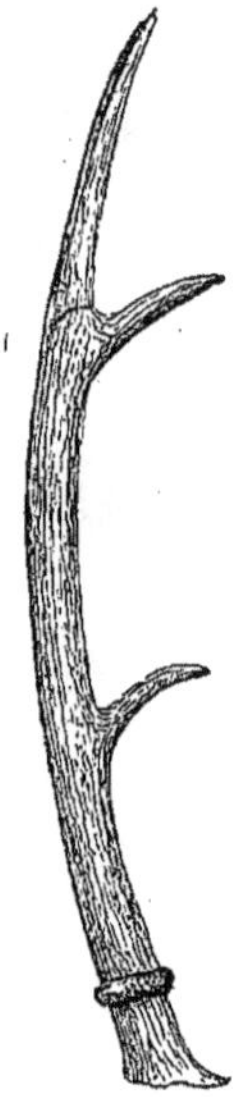

FIG. 96. — Bois de *Cervus (Axis) Matheronis*, à 1/5 de grandeur. — Miocène supérieur du Mont Léberon.

FIG. 97. — Bois de *Cervus (Axis) pardinensis*, à 1/8 de grandeur (d'après Croizet et Jobert). — Pliocène d'Issoire.

En apparence, les appendices frontaux des ruminants forment deux catégories bien tranchées, et on leur a attaché beaucoup d'importance pour la distinction des familles : les ruminants à bois ont été séparés des ruminants à cornes par tous les naturalistes. Les bois sont simplement couverts d'une peau qui tombe bientôt, les laissant à nu, tandis que les cornes sont revêtues d'un étui corné permanent. En outre, les bois ont, ainsi que plusieurs organes des végétaux, l'étrange particularité d'être caducs et renouvelables, tandis que les cornes sont persistantes. Comme la peau des bois des cerfs et les étuis cornés des antilopes, des bœufs, des moutons, des chèvres ne sont pas

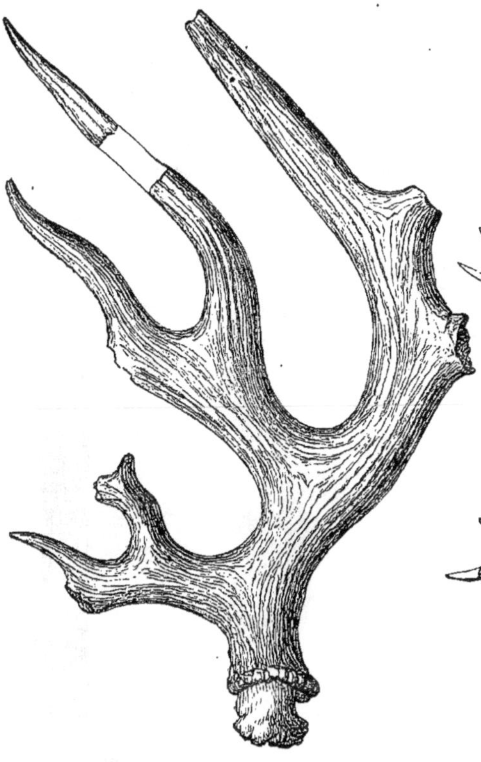

FIG. 98. — Bois de *Cervus Sedgwickii*, à 1/15 de grandeur (d'après les dessins qui m'ont été communiqués par M. Gunn et M. Boyd Dawkins). — Forest-bed du Norfolk.

FIG. 99. — Essai de restauration d'un bois de *Cervus martialis*, à 1/15 de grandeur (d'après des fragments figurés par M. Gervais, d'après l'examen des pièces de la faculté des sciences de Montpellier et de la collection de M. de Grasset à Pezénas). — Sables volcaniques pliocènes de Saint-Martial.

de nature à se conserver par la fossilisation, ce n'est pas la paléontologie qui nous apprendra si la peau dont est couverte le bois de cerf peut se changer en étui corné d'antilope. Mais, puisque la partie osseuse des bois et des cornes persiste parfaitement à l'état fossile, nous devons demander à la paléontologie si les cornes permanentes ont pu se changer en bois caducs. Or, en visitant les belles collections que M. l'abbé Bourgeois et M. l'abbé Delaunay ont réunies dans le collége de Pont-Levoy, j'ai été frappé de voir les bois dépourvus de cercle de pierrures chez la plupart des cerfs trouvés dans les sables de l'Orléanais, c'est-à-dire chez les premiers animaux dont la tête a été ornée de bois (fig. 100). C'est le cercle de pierrures qui marque l'endroit où le merrain du bois de cerf se détache de son pédi-

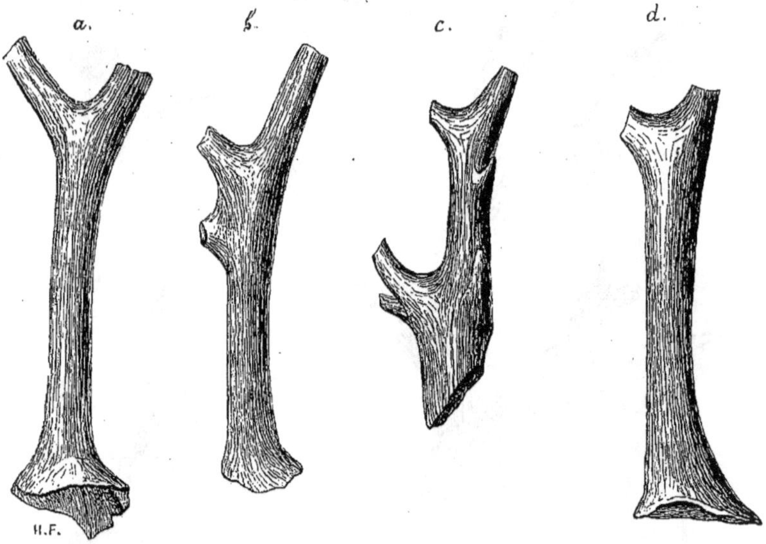

Fig. 100. — Bois de *Procervulus aurelianensis*[1], aux 2/5 de grandeur; on ne distingue pas de cercles de pierrures sur ces bois, bien qu'ils soient déjà bifurqués.—*a.* est de la collection de M. Delaunay; *b.*, *c.* et *d.* sont de la collection de M. Bourgeois. Je ne voudrais pas affirmer que *b.* et *c.* appartiennent à la même espèce que *a.* et *d.* — Sables de l'Orléanais à Thenay, près Pont-Levoy (Loir-et-Cher).

cule; puisque le plus souvent il manque sur les échantillons de l'Orléanais, je suppose qu'à l'époque où les cerfs ont commencé à porter des bois, la séve ossifiante (s'il est permis de parler ainsi) n'a pas été assez abondante pour que les bois aient pu se

1. J'ai adopté ce nom spécifique pour les cerfs de l'Orléanais, parce que quelques personnes ont appelé *Cervus aurelianensis* le cerf de l'Orléanais dont Cuvier a figuré un fragment de bois.

renouveler. Il faut penser cependant qu'elle a été plus abondante que chez la plupart des antilopes[1], car on voit figure 100 en *a.* et en *d.* des bois qui ont une bifurcation ; en *b.* un bois qui a trois pointes, et en *c.* un bois dans lequel il y a, outre les andouillers bien développés, des rudiments d'andouillers, comme si la substance osseuse avait commencé à être en excès sur les bois qui ne se renouvelaient pas. On pourrait indiquer par le nom de Procervulus[2] cet état dans lequel le cerf a eu déjà assez de force ossifiante pour bifurquer son bois, pas assez pour en faire un nouveau chaque année. Lorsque le bois du *Procervulus* (fig. 100, *a.* et *d.*), par suite d'une nourriture plus abondante ou par toute autre cause, est devenu caduc, il a passé à l'état appelé *Dicrocerus anocerus* (fig. 94). Le *Dicrocerus elegans* de Sansan et de Steinheim (fig. 93), qui était très-voisin de ce dernier[3], traversait dans sa jeunesse une phase analogue à celle que présente le *Procervulus*, et cette phase ressemble tellement à l'état de certaines antilopes qu'un éminent paléontologiste a décrit le bois d'un jeune *Dicrocerus* sous le nom d'*Antilope dichotoma*[4]. Il est curieux de noter que la caducité paraît ne s'être produite d'abord que dans une partie du bois ; chez les premiers cervidés à bois caducs, comme les *Dicrocerus anocerus* (fig. 94) et *elegans* (fig. 93), il y avait une longue portion (le pédicule) qui ne changeait point et rappelait ainsi le souvenir du *Procervulus ;* mais plus tard la caducité a atteint le bois entier et le pédicule a été tout à fait raccourci : c'est ce qu'on voit dans la plupart des cervidés depuis l'époque pliocène jusqu'à nos jours (fig. 97, 98). A ces faits, qui nous révèlent les lentes progressions de la nature, il faut ajouter

1. L'*Antilope furcifera* présente aussi une bifurcation.

2. *Pro* et *Cervulus*, c'est-à-dire prédécesseur du *Cervulus Muntjac*. Le *Muntjac* actuel peut être considéré comme le descendant des *Dicrocerus* miocènes ; il a comme eux un long pédicule au-dessous de la meule.

3. Le *Dicrocerus elegans* se distingue du *D. anocerus* parce que la bifurcation de son bois est auprès de la meule, au lieu que dans ce dernier elle en est éloignée.

4. *Zoologie et paléontologie françaises*, 1re édition, pl. XXIII, fig. 4 et 4*a*. Dans la seconde édition, M. Gervais a rapporté à un jeune *Dicrocerus* la pièce figurée d'abord sous le nom d'*Antilope dichotoma*.

que le *Dicrocerus elegans* changeait de bois plus lentement et plus rarement que nos cerfs ordinaires[1]. On voit par là que l'histoire du genre cerf nous montre d'abord des cerfs sans bois (*Dremotherium*), puis des bois à peine ramifiés et persistants qui se rapprochaient du type antilope (*Procervulus*), ensuite des bois dont la partie supérieure seule se renouvelait (*Dicrocerus*), et enfin des bois qui se renouvelaient entièrement dès leur base (*Cervus* proprement dit). En 1855, dans son *Histoire naturelle des mammifères*, M. Gervais a dit que le *Muntjac* ressemble presque autant à certaines antilopes qu'aux cervidés ordinaires; si au *Muntjac* nous ajoutons le *Dicrocerus* et le *Procervulus*, nous devons reconnaître que le grand intervalle entre les ruminants à bois et les ruminants à cornes commence à diminuer.

En même temps que les ruminants diffèrent des pachydermes par leurs cornes, ils en diffèrent le plus souvent par l'absence d'incisives supérieures; en général leurs incisives et leurs canines inférieures ne servent plus aujourd'hui qu'à cueillir des herbes ou des feuillages tendres. La plupart des pachydermes actuels ont soit des incisives, soit des canines très-fortes qui sont des instruments de défense, ainsi qu'on l'observe chez l'hippopotame et le sanglier. Il y a eu des pachydermes encore bien mieux armés, car ils avaient à la fois des incisives et des canines tranchantes; l'*Antracotherium*, dont le museau est représenté figure 32, page 42, en fournit un exemple; on a vu que ses canines ne servaient pas à couper les végétaux et devaient être des instruments de défense. Mais tous les pachydermes n'ont pas eu des dents aussi fortes; il est probable que les canines du *Paloplotherium minus* étaient employées surtout à couper les végétaux, car on en trouve fréquemment qui sont très-usées; l'*Anoplotherium* n'avait que de petites canines. Les premiers ruminants, tels que le *Dichodon*, le *Xiphodon*, l'*Oreodon*, avaient

1. M. Fraas a bien décrit les changements de bois du *Dicrocerus* dans son excellent *Mémoire sur la faune de Steinheim*. Il paraît que le *Muntjac* actuel change plus rarement de bois que les cerfs de nos pays.

des canines et des incisives supérieures, ainsi que chez les pachydermes; et même, en considérant la figure 90, que j'ai empruntée à un des importants ouvrages de M. Leidy, on verra que dans l'*Oreodon* les premières prémolaires inférieures 1 *p.* prenaient la forme de canines, de sorte que ce ruminant avait une paire de dents de plus pour mordre. Le *Gelocus*, le *Dremotherium* et l'*Hyœmoschus*[1], dont les restes se trouvent dans le miocène inférieur, n'avaient plus d'incisives ; en compensation leurs canines étaient d'une grandeur démesurée ; on peut dire, en employant les expressions de M. Richard Owen, que *la puissance formative a été transférée des petites incisives supérieures aux canines contiguës*[2]. Lors de la formation du miocène moyen, c'est-à-dire à l'époque où les ruminants ont pris des cornes, presque tous ces animaux ont perdu leurs incisives supérieures ; leurs canines se sont peu développées. La plupart des ruminants actuels qui ont conservé des canines sont dépourvus de cornes comme les *Hyœmoschus*, les tragules, les chevrotains, les chameaux et les lamas ; la forme des pariétaux, dans quelques-uns d'entre eux, indique un grand développement des muscles temporaux, c'est-à-dire des muscles qui servent le plus pour mordre ; chez les chameaux, les prémolaires sont portées en avant afin d'augmenter la force des morsures. D'après ces observations sur les bêtes vivantes et fossiles, on ne peut guère douter que les cornes et les dents présentent une application de la loi qu'on a appelée loi de balancement des organes ; les cornes sont une compensation apportée à la faiblesse des animaux qui ont perdu leurs dents de devant. Mais il est possible que la compensation n'ait pas toujours été égale et que la disparition d'un moyen de défense ait eu lieu avant l'apparition d'un autre moyen ; ainsi certains ruminants se seront trouvés, à un moment donné, dans des conditions défavorables pour soutenir la concurrence vitale ; c'est peut-être là un des procédés dont s'est servi l'Auteur de la

1. Ὗς, ὑὸς, cochon, et μόσχος, animal qui donne le musc.
2. Owen, *Palæontology*, 2e édition, p. 372, 1861.

nature pour amener l'extinction d'une partie des animaux qui sont enfouis dans les couches du globe, et c'est peut-être ainsi qu'il faut expliquer comment les dicrocères et les antilopes du miocène moyen ont si rapidement conquis l'empire que les *Gelocus* et les *Dremotherium* privés de cornes avaient eu pendant l'époque du miocène inférieur.

Les ruminants ont des dents molaires très-différentes en apparence de celles de plusieurs pachydermes et notamment des animaux du groupe cochon. Les dents de cochon présentent le type parfait de l'omnivore; leurs denticules forment des mamelons peu élevés (page 43, fig. 33, I. E. *i. e.*); lorsqu'on en fait une coupe (fig. 101), on voit que leur ivoire *iv.* est revêtu

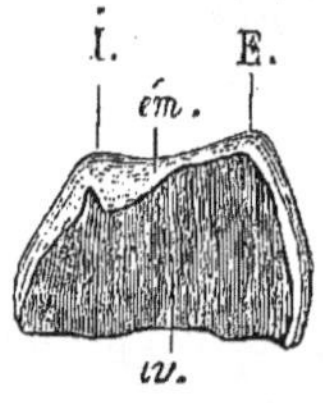

FIG. 101. — Coupe verticale d'une arrière-molaire supérieure de *Sus erymanthius*, grandeur naturelle : — *iv.* ivoire; *ém.* émail ; *I.* denticule interne ; *E.* denticule externe. — Pikermi.

d'une épaisse couche d'émail, *ém.* Cette disposition est bonne pour briser les corps durs, mais elle serait désavantageuse chez les ruminants qui sont des mangeurs d'herbe, car leurs molaires éprouvent beaucoup de frottement ; si elles étaient faites sur le modèle de celles des cochons, elles perdraient bien vite leur émail. C'est pourquoi les molaires de ces animaux sont construites d'après un autre type ; les denticules, au lieu de rester à l'état de mamelons bas et épais, se compriment, s'allongent et se courbent de manière à former des croissants (fig. 110). Si on fait une coupe verticale d'une dent de ruminant qui est un peu usée (fig. 102), on compte successivement une lame d'émail, *ém.*, un croissant d'ivoire moins dur, *iv.*, une lame d'émail, *ém.*, un vide laissé entre les deux denticules, *I.*, *E.*, puis une lame d'émail un croissant d'ivoire moins dur, une lame d'émail ;

quelquefois il y a en plus, sur le bord interne, une colonne également formée d'ivoire bordé d'émail. Une telle alternance de lames plus ou moins dures avec un creux au milieu forme une râpe merveilleusement disposée pour triturer les herbes. Cette râpe s'use assez promptement; mais chez les animaux qui se nourrissent spécialement d'herbages, le fût des molaires devient très-élevé, sa croissance se continue longtemps, et, comme on

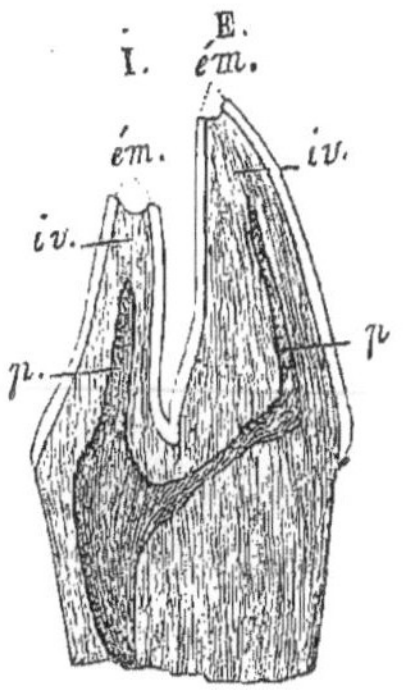

FIG. 102. — Coupe verticale d'une arrière-molaire supérieure de *Tragocerus amaltheus*, grandeur naturelle. — *ém.* émail ; *iv.* ivoire ; *I.* denticule interne ; *E.* denticule externe ; *p.* vide occupé par la pulpe. — Pikermi.

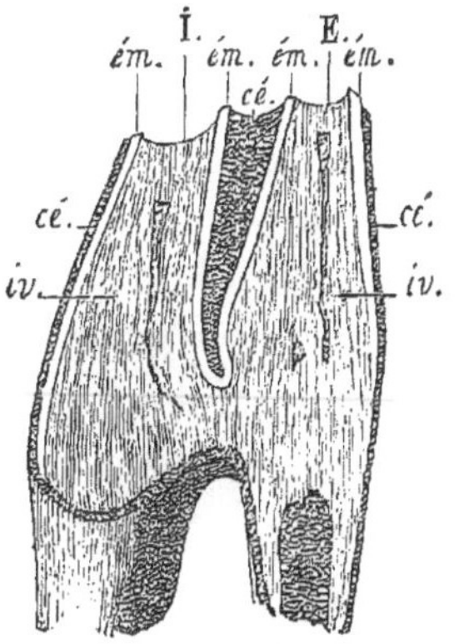

FIG. 103. — Coupe verticale d'une arrière-molaire supérieure d'un bœuf actuel (*Bos taurus*), grandeur naturelle. — *iv.* ivoire ; *ém.* émail ; *cé.* cément ; *I.* denticule interne ; *E.* denticule externe.

le voit dans la figure 103 où est représentée la coupe d'une dent de bœuf, il se recouvre de cément, *cé.*, qui le met à l'abri des sucs acides des végétaux ; ainsi les dents ont une durée considérable.

Si grandes que soient les différences de ces molaires et de celles des pachydermes omnivores, on trouve entre elles des transitions. Choisissons comme type extrême d'omnivore une dent inférieure d'*Entelodon*[1] (fig. 104), ou de *Palæochærus*

1. M. Aymard, qui a proposé ce nom, l'a fait dériver de ἐντελεῖς ὀδόντες (dents complètes), afin de rappeler que les dents sont au complet dans l'*Entelodon* (*Annales de la Société académique du Puy*, vol. XV, p. 92, 1851). Comme

(fig. 105) ; les denticules ont tous la forme de mamelons ; néan-

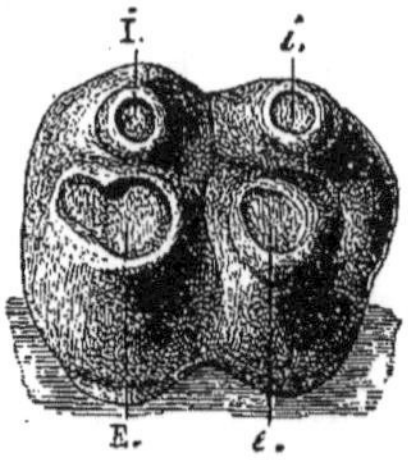

FIG. 104. — Arrière-molaire inférieure gauche d'*Entelodon magnus*, aux 3/5 de grandeur. — *I.i.* denticules internes ; *E. e.* denticules externes. — Calcaire de Ronzon, près du Puy-en-Velay.

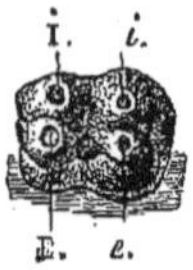

FIG. 105. — Arrière-molaire inférieure gauche de *Palæochœrus suillus*, grandeur naturelle. Mêmes lettres. — Graviers de l'Orléanais.

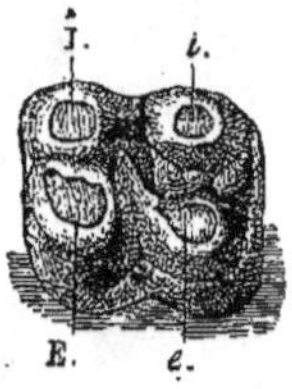

FIG. 106. — Arrière-molaire inférieure gauche de *Chœropotamus parisiensis*, grandeur naturelle. Mêmes lettres. — Lignite de la Débruge.

FIG. 107. — Arrière-molaire inférieure gauche de *Dichobune leporinum*, grandeur naturelle. Mêmes lettres. — Gypse de Paris.

FIG. 108. — Arrière-molaire inférieure gauche d'*Amphimeryx murinus*, grandeur naturelle. Mêmes lettres. — Gypse de Paris.

FIG. 109. — Arrière-molaire inférieure gauche de la même espèce, dont les denticules sont un peu usés. Mêmes lettres. — Lignite de la Débruge.

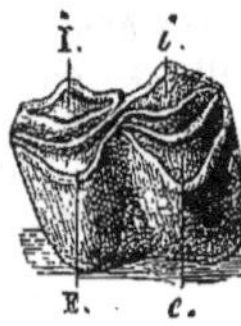

FIG. 110. — Arrière-molaire inférieure gauche de *Dicrocerus elegans*, grandeur naturelle. — Miocène moyen de Sansan.

moins ceux du bord externe se compriment souvent un peu,

M. Owen l'a fait observer (*Palæontology*, p. 361), la plupart des anciens mammifères ont eu quarante-quatre dents, tandis que de nos jours il n'y a qu'un très-petit nombre de mammifères dont les dents atteignent ce chiffre.

marquant une très-faible tendance vers la disposition en croissant ; pour peu que cette tendance s'accentue, la dent prendra l'aspect de celles des *Chœropotamus* (fig. 106) et des *Dichobune* (fig. 107). Si les denticules se compriment davantage, il en résultera l'*Amphimeryx;* quand les denticules internes *I.*, *i.* de l'*Amphimeryx* sont un peu usés (fig. 109), ils ont une forme ronde qui rappelle les *Dichobune;* mais, lorsque les molaires sont fraîches (fig. 108), elles s'éloignent du type cochon pour prendre le type ruminant. Entre les dents de l'*Amphimeryx* et celles des ruminants ordinaires, tels que les cervidés (fig. 110), la différence est très-peu sensible ; elle consiste en ce que les denticules se sont de plus en plus comprimés et allongés de telle sorte que, leurs extrémités se réunissant, ils laissent entre eux des vallons complétement fermés.

L'inspection des dents que je viens de citer montre que les changements des denticules se sont produits d'une manière inégale ; ceux du bord interne *I. i.* se sont transformés plus lentement que ceux du bord externe *E. e.* ; ils conservent plus longtemps le souvenir des ancêtres du groupe cochon ; même dans les dents qui présentent le type le plus parfait des ruminants, il est rare que les denticules internes forment des croissants aussi accusés que les denticules externes. L'*Anthracotherium* (fig. 111) fournit un exemple remarquable de l'inégalité de changement des denticules ; tandis que ses denticules externes *E. e.* sont en croissant, ses denticules internes *I. i.* ont gardé la forme de petits mamelons. Dans l'*Hyopotamus*[1] (fig. 113), les denticules internes *I. i.* ont pris la forme de cônes très-pointus, au lieu que les croissants des denticules externes *E. e.* ont été tellement comprimés et courbés qu'ils ont passé à l'état d'angles aigus. Supposons que les denticules internes de l'*Anthracotherium* et de l'*Hyopotamus* aient été également comprimés, ce dernier sera devenu *Merycopotamus*[2] ou

1. Ὗς, ὑὸς, cochon ; ποταμὸς, fleuve ; l'*Hyopotamus* est un fossile d'Europe.
2. Μήρυξ, υκος, ruminant ; ποταμὸς ; le *Merycopotamus* est un fossile de l'Inde.

Dichodon, tandis que le premier aura tourné à l'*Agriochœrus*[1] (fig. 112) ; ces trois formes sont bien rapprochées de celles des

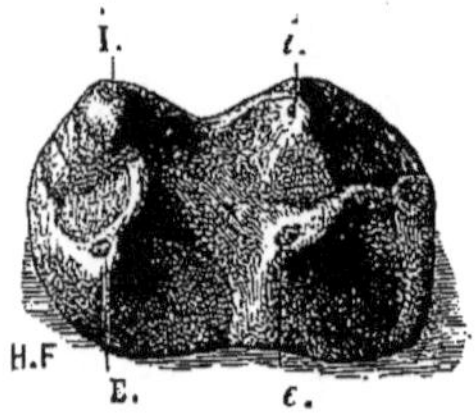

Fig. 111. — Arrière-molaire inférieure gauche de l'*Anthracotherium magnum*, aux 3/5 de grandeur. — *I.,i.* denticules internes; *E.,e.* denticules externes. — Miocène inférieur de Cadibona.

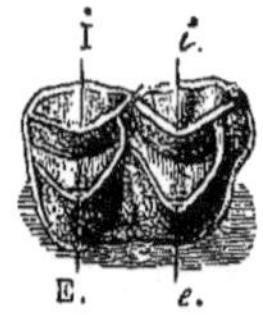

Fig. 112. — Arrière-molaire inférieure gauche d'*Agriochœrus latifrons*, grandeur naturelle. Mêmes lettres (d'après M. Leidy). — Miocène du Dakota.

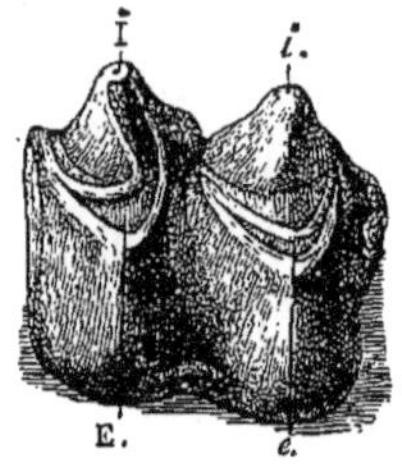

Fig. 113. — Arrière-molaire inférieure gauche d'*Hyopotamus velaunus*, grandeur naturelle. Mêmes lettres. — Miocène inférieur de Ronzon.

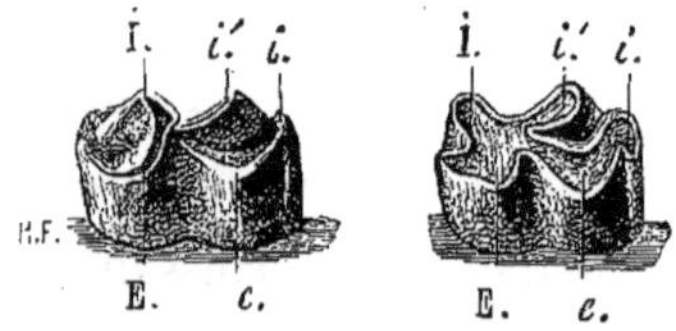

Fig. 114. — Arrière-molaires inférieures gauches de *Lophiomeryx Chalaniati*, grandeur naturelle. — L'une est une dent non usée ; l'autre est une dent usée.—*I.i'. i.* denticules internes ; *E. e.* denticules externes.— Phosphorites du Quercy.

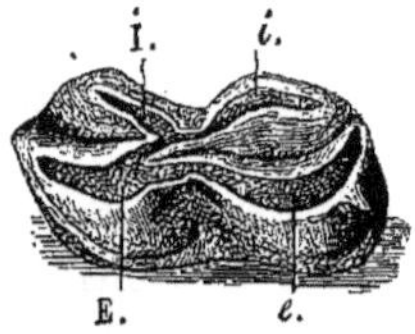

Fig. 115. — Arrière-molaire inférieure gauche de *Dorcatherium Naui*, grandeur naturelle. Mêmes lettres que dans la figure 114 (d'après M. Kaup). — Miocène supérieur d'Eppelsheim.

véritables ruminants. Il a pu arriver aussi que des animaux aient eu le denticule interne de leur premier lobe *I.* disposé

1. Ἄγριος, sauvage ; θηρίον, animal ; c'est un fossile du Nébraska dont on doit la connaissance à M. Leidy. Ce ruminant a des rapports avec les pachydermes, non-seulement par sa dentition, mais aussi par son orbite non séparée de la fosse temporale.

comme dans l'*Anthracotherium*, mais que le denticule du second lobe, au lieu de se porter en arrière, se soit porté en avant; c'est ce qui s'est vu chez le *Lophiomoryx*[1] (fig. 114); pour peu que ses denticules *I. i.* se soient allongés, le *Lophiomoryx* du miocène inférieur s'est confondu avec le ruminant du miocène supérieur appelé *Dorcatherium*[2] (fig. 115). On voit par là que la forme ruminant a dû être obtenue par plusieurs procédés : la nature pour arriver à des résultats semblables paraît avoir employé des moyens différents.

Les dents supérieures, aussi bien que les dents inférieures, ont présenté de nombreuses variations qui montrent comment le type cochon a pu passer au type ruminant. Prenons pour point de départ une dent de *Palæochærus* (fig. 116); nous voyons qu'elle a six denticules en forme de mamelons, mais que ses denticules médians *M. m.* sont plus petits que les autres. Supposons que le denticule *m.* ait diminué encore ou se soit confondu avec *i.*, il a dû en résulter une dent qui ressemblait beaucoup à celle du *Chæropotamus*. Dans le *Chæropotamus* (fig. 117), les denticules sont encore en forme de mamelons; cependant on peut distinguer dans ces mamelons une légère compression qui marque une tendance vers le type en croissant des ruminants; il a suffi qu'ils se soient comprimés un peu plus fortement pour que les arrière-molaires aient pris l'aspect de dents d'*Anthracotherium* (fig. 118). Si le denticule médian *M.* s'est atténué, les arrière-molaires d'*Anthracotherium* sont devenues des dents de *Rhagatherium*[3] (fig. 119). Si ce denticule s'est confondu avec le denticule in-

1. Λοφίον, crête; μήρυξ, ruminant. Par ces mots, M. Pomel a voulu faire entendre que le *Lophiomeryx* était un ruminant chez lequel le lobe antérieur des molaires inférieures marquait quelque tendance vers la crête transversale des *Lophiodon*.

2. Δορκὰς, chevreuil ou peut-être gazelle; θηρίον, animal. M. Kaup a donné ce nom à un ruminant d'Eppelsheim.

3. Ῥαγὰς, crevasse; θηρίον, animal. Ce nom rappelle que les dépôts sidérolithiques du Mauremont sont des remplissages de crevasses où sont tombés les ossements des animaux qui vivaient dans cette localité.

terne *I.*, l'arrière-molaire du *Rhagatherium* a dû se rapprocher du type ruminant (fig. 120 et 121).

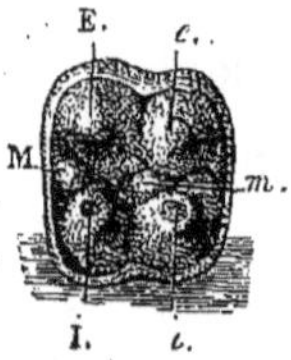

FIG. 116. — Arrière-molaire supérieure gauche de *Palæochœrus typus*, grandeur naturelle. — *E. e.* denticules externes; *M. m.* denticules médians; *I. i.* denticules internes. — Miocène de Billy (Allier).

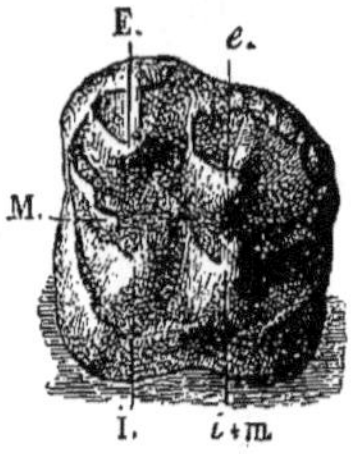

FIG. 117. — Arrière-molaire supérieure gauche de *Chœropotamus parisiensis*, grandeur naturelle. Mêmes lettres. — Lignite éocène de la Débruge (Vaucluse).

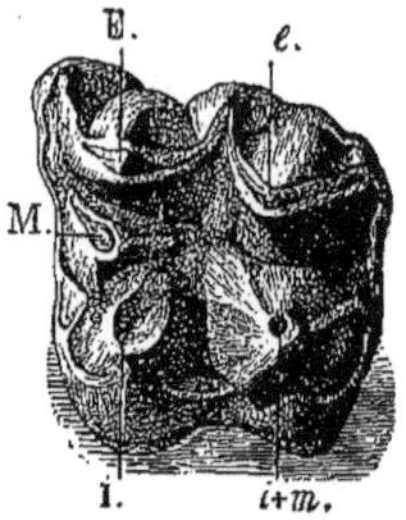

FIG. 118. — Arrière-molaire supérieure gauche d'*Anthracotherium alsaticum*, aux 3/4 de grandeur. Mêmes lettres. — Cette pièce a été découverte par M. Tournouër dans le miocène inférieur de Villebramar (Lot-et-Garonne).

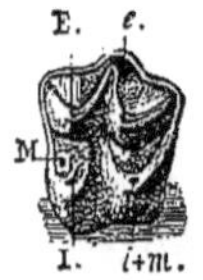

FIG. 119. — Arrière-molaire supérieure gauche de *Rhagatherium valdense*, grandeur naturelle (d'après Pictet). — Sidérolithique du Mauremont.

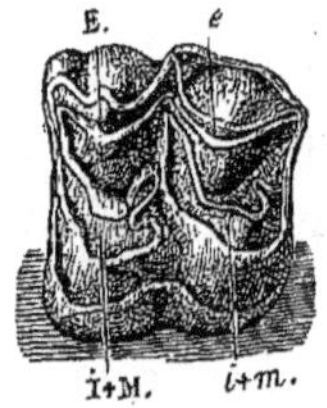

FIG. 120. — Arrière-molaire supérieure gauche de *Dicrocerus elegans*, grandeur naturelle. Mêmes lettres. — Miocène moyen de Sansan.

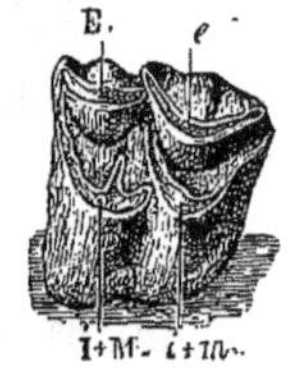

FIG. 121. — Arrière-molaire supérieure gauche de *Cervus Matheronis*, grandeur naturelle. Mêmes lettres. — Miocène supérieur du mont Léberon.

Il est également facile de concevoir une dent d'*Anthracotherium* devenant une dent d'*Hyopotamus* (fig. 122), car les différences ne consistent que dans le degré de compression des denticules. Une arrière-molaire supérieure d'*Hyopotamus* où le denticule médian *M.* se serait confondu avec le denticule interne *I.* ressemblerait aux dents de l'*Agriochœrus* (fig. 123) et du *Merycopotamus* (fig. 124), qui elles-mêmes ressemblent bien à celles des ruminants proprement dits.

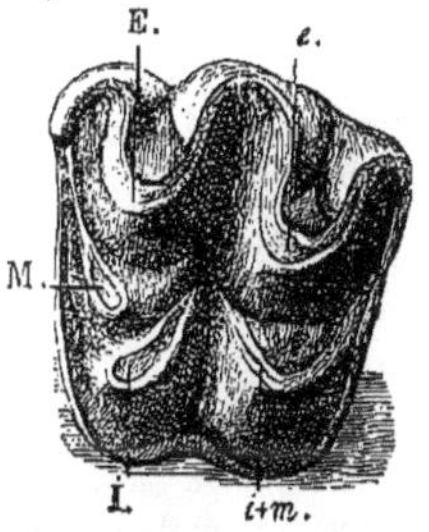

FIG. 122. — Arrière-molaire supérieure gauche d'*Hyopotamus velaunus*, grandeur naturelle. — *E.e.* denticules externes; *M.m.* denticules médians; *I.* denticule interne. — Miocène inférieur de Ronzon.

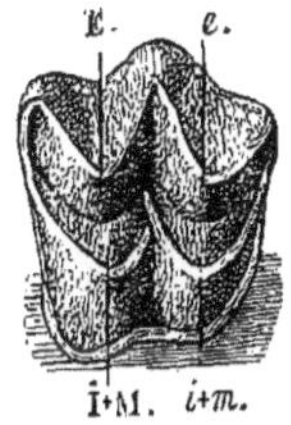

FIG. 123. — Arrière-molaire supérieure gauche d'*Agriochœrus latifrons*, grandeur naturelle. Mêmes lettres (d'après M. Leidy). — Miocène du Dakota.

FIG. 124. — Arrière-molaire supérieure gauche de *Merycopotamus dissimilis*, aux 5/6 de grandeur. Mêmes lettres (d'après M. Falconer). — Miocène des monts Sewalik.

Dans les cas que je viens de citer, je suppose que le croissant interne des ruminants a été formé par la fusion du denticule médian très-atténué et du denticule interne. Mais le contraire a pu avoir lieu; dans le *Xiphodon* (fig. 125), le denticule médian *M.* a pris de l'importance et le denticule interne *I.* a été très-réduit. Il est possible que plusieurs ruminants, par exemple des antilopes (fig. 126), soient descendus des *Xiphodon;* alors, comme l'ont dit MM. Owen et Rütimeyer, leur colonnette médiane *I.* ne serait que le reliquat du denticule interne. Ainsi des denticules qui auraient la même apparence ne seraient pas des parties homologues dans tous les ruminants; chez les uns (fig. 126), le croissant interne serait le denticule médian et il faudrait le marquer *M.*, tandis que chez d'autres (fig. 123), le croissant interne proviendrait de la fusion du denticule médian avec le denticule interne et devrait être marqué *I.* + *M.* Mais dans l'état actuel de nos connaissances, il est bien difficile de discerner les modes d'origine, car rien ne prouve que la nature s'est astreinte à procéder uniquement par atrophie ou soudure; elle peut avoir produit des parties nouvelles, et, de même que

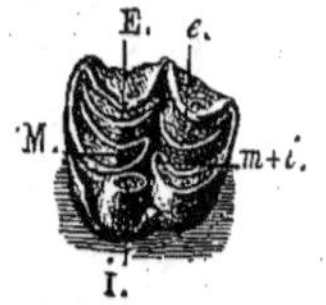

Fig. 125. — Arrière-molaire supérieure gauche de *Xiphodon gracilis*, grandeur naturelle — *E.e.* denticules externes; *M.* denticule médian du lobe antérieur; *I.* denticule interne du même lobe; *m.+i.* denticules médian et interne du lobe postérieur soudés ensemble. — Lignite éocène de la Débruge.

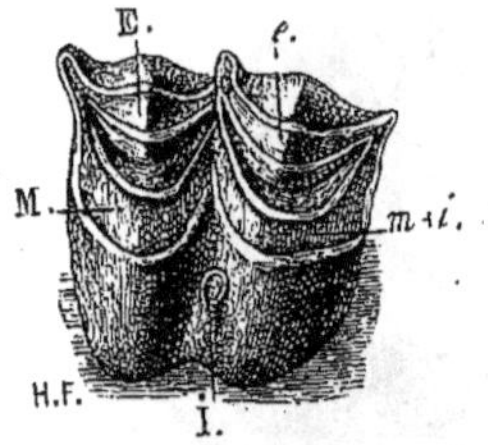

Fig. 126. — Arrière-molaire supérieure gauche de *Tragocerus amaltheus*, grandeur naturelle. Mêmes lettres. — Pikermi.

les colonnettes inter-lobaires des molaires inférieures de plusieurs ruminants et des jeunes hipparions ne sont pas des denticules modifiés, mais des organes supplémentaires, les

Fig. 127. — Arrière-molaire supérieure gauche de *Dichobune leporinum*, grandeur naturelle.— *E.e.* denticules externes; I.+M. denticules médian et interne du lobe antérieur fondus ensemble; *m.* denticule médian du lobe postérieur; *i.* denticule interne du même lobe. — Gypse de Paris.

Fig. 128. — Arrière-molaire supérieure gauche de *Cainotherium laticurvatum*, grandeur naturelle. Mêmes lettres. — Calcaire miocène de Saint-Gérand-le-Puy (Allier).

colonnettes des molaires supérieures ont pu être également, ainsi que le prétend M. Kowalevsky, des parties supplémentaires.

J'ai parlé des modifications qui auraient eu pour point de départ un *Palæochœrus*, dans lequel les denticules *i. m.* du lobe postérieur se sont confondus; il a dû arriver aussi que ces denticules se sont développés séparément et qu'au contraire les denticules *I. M.* du lobe antérieur se sont confondus; il en sera résulté un *Dichobune* (fig. 127) au lieu d'un *Chœropotamus* (fig. 117). De même que nous avons vu les denticules du *Chœropotamus* se comprimer pour donner lieu d'abord à à la forme *Anthracotherium*, puis à la forme *Hyopotamus*, nous pouvons admettre que les denticules du *Dichobune* se sont comprimés pour produire la forme appelée *Cainotherium*[1] (fig. 128). Une molaire supérieure de *Cainotherium*, dans laquelle les denticules médian et interne du lobe postérieur se seraient confondus, ressemblerait bien à une dent de ruminant (*Amphimeryx*).

On voit que l'étude des molaires permet de concevoir comment s'est fait le passage des pachydermes aux ruminants. La difficulté n'est pas de savoir comment des dents de pachydermes ont pu devenir des dents de ruminants. Notre embarras n'est au contraire que l'embarras du choix; à en juger par la dentition, tant de pachydermes se lient aux ruminants que nous n'osons dire quels sont les genres de pachydermes qui ont le plus de titres à être regardés comme les ancêtres des ruminants.

En même temps que les ruminants et les pachydermes actuels diffèrent par leur dentition, ils diffèrent par la forme de leurs membres, car ils ont un tout autre genre de vie. J'ai rappelé déjà que les pachydermes ont des membres lourds, des pattes composées de plusieurs doigts. Leurs larges pattes sont en proportion avec leur corps massif; elles les empêchent d'enfoncer dans la vase des marécages, où leur

[1] Καινὸς, nouveau; θηρίον, animal. Ce nom, donné par Bravard à un des fossiles les plus caractéristiques du terrain tertiaire moyen, semble faire opposition à celui de *Palæotherium* (animal ancien) donné à un fossile du terrain tertiaire inférieur.

genre de nourriture les attire souvent; en outre, elles leur donnent la facilité de traverser à la nage les étangs et les rivières. Leurs lourdes allures ne leur sont point préjudiciables, car, armés de cornes ou de dents qui sont des armes redoutables, ils ne sont pas obligés de chercher leur salut dans la fuite; comme le plus souvent ils sont omnivores et vivent en troupes peu nombreuses, ils sont faciles à nourrir, de sorte qu'ils n'ont point besoin de beaucoup voyager pour trouver leur subsistance.

Les ruminants sont au contraire des animaux essentiellement coureurs; ce ne sont plus des omnivores, mais des herbivores qui réclament des aliments spéciaux : des herbages ou des feuillages tendres. Sans doute la nature est prodigue; les brins d'herbes ne manquent pas dans les prairies, ni les feuillages dans les forêts; mais plusieurs espèces de ruminants composent des troupes si immenses qu'elles ont bientôt dévoré les produits des plus riches cantons; alors il leur faut courir à la recherche des oasis ; on dit qu'un des spectacles les plus magnifiques qui soit offert aux regards humains, c'est le défilé d'un troupeau de plusieurs milliers d'antilopes émigrant d'une contrée dans une autre : rien n'égale la rapidité de leur course, la vivacité de leurs allures. Il suffit de considérer la complication et la grandeur de leurs estomacs pour reconnaître que ce sont des quadrupèdes voyageurs; leur panse est une sorte de sac de voyage où ils emportent leurs provisions de nourriture; une fois qu'elle est bien garnie, ils traversent sans souffrir les déserts. Quelquefois on les voit aller au loin cueillir en toute hâte des herbes succulentes sur les bords des ruisseaux fréquentés par les carnivores et retourner en un lieu sûr pour ruminer, tranquillement couchés. Il faut que ces animaux soient très-agiles, car ce sont des créatures d'ornementation, faites pour charmer, non pour se défendre; ils sont si peu armés qu'ils ne peuvent trouver leur salut que dans la fuite. Aussi leurs membres, merveilleux instruments de locomotion, sont très-différents de ceux des pachydermes; il est difficile

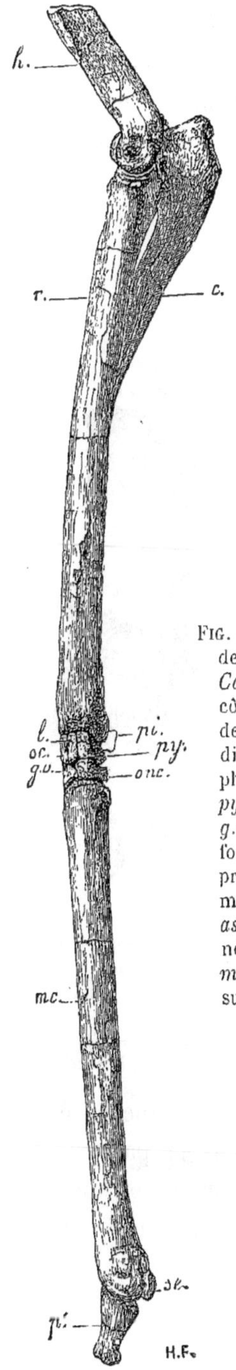

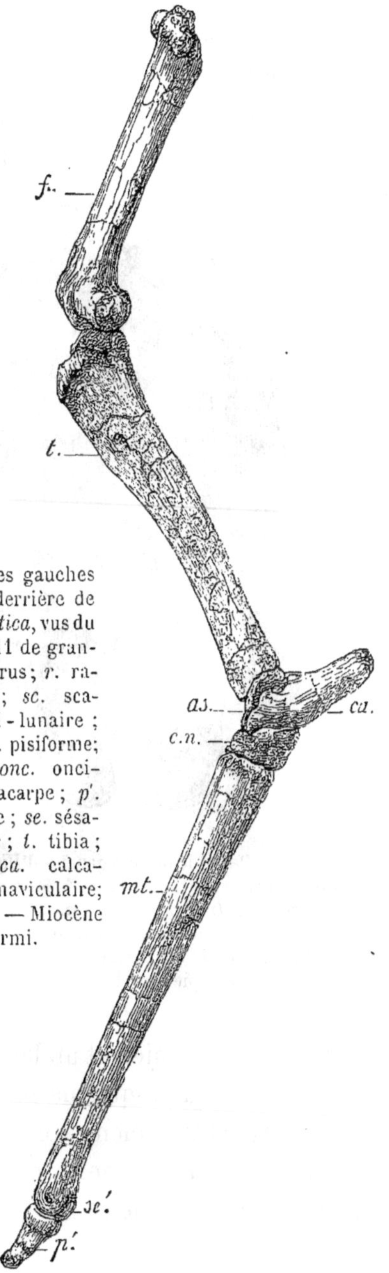

Fig. 129. — Membres gauches de devant et de derrière de *Camelopardalis attica*, vus du côté externe, à 1/11 de grandeur. — *h.* humérus ; *r.* radius ; *c.* cubitus ; *sc.* scaphoïde ; *l.* semi-lunaire ; *py.* pyramidal ; *pi.* pisiforme ; *g.o.* grand-os ; *onc.* onciforme ; *m.c.* métacarpe ; *p'.* première phalange ; *se.* sésamoïdes : *f.* fémur ; *t.* tibia ; *as.* astragale ; *ca.* calcanéum ; *c.n.* cubo-naviculaire ; *m.t.* métatarsien. — Miocène supérieur de Pikermi.

de voir des pattes plus dissemblables en apparence que celle de l'hippopotame représentée dans la figure 130 et celle de la girafe (*Camelopardalis*[1], fig. 129). La première comprend quatre grands métacarpiens qui portent tous des doigts; il y a un petit trapèze *t.*, un trapézoïde *tr.* en rapport avec le second métacarpien, un grand-os *g. o.* qui s'appuie sur le

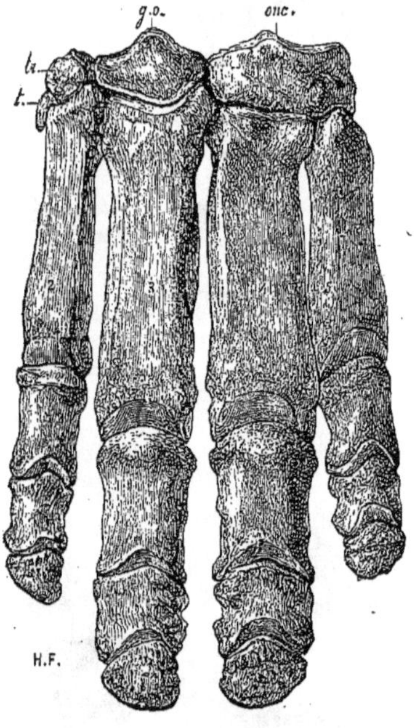

FIG. 130. — Patte de devant gauche d'*Hippopotamus amphibius*, vue en avant, à 1/4 de grandeur. — *t.* trapèze; *tr.* trapézoïde; *g.o.* grand-os; *onc.* onciforme; 2. deuxième métacarpien; 3. troisième métacarpien; 4. quatrième métacarpien; 5. cinquième métacarpien. — Époque actuelle, Sénégal.

FIG. 131. — Patte de devant gauche de *Sus scropha*, vue en avant, à 1/3 de grandeur. Mêmes lettres. — Époque actuelle, France.

troisième métacarpien et un large onciforme *onc.* superposé au quatrième et au cinquième métacarpien. Dans la patte de la girafe, les métacarpiens sont représentés par un os unique appelé le canon, qui porte deux doigts, et la seconde rangée du carpe n'a que deux os.

[1] Κάμηλος, chameau; πάρδαλις, panthère.

Si grandes que soient ces différences, on peut concevoir comment s'est opéré le passage de la patte des pachydermes à celle des ruminants, car la nature actuelle semble elle-même nous offrir des exemples de transition. Plaçons des pattes de cochon (fig. 131) ou de pécari à côté de celle de l'hippopotame (fig. 130) ; nous voyons diminuer l'importance

FIG. 132. — Patte de devant gauche d'*Hyœmoschus aquaticus*, vue en avant, aux 3/4 de grandeur. Mêmes lettres. — Époque actuelle, Gabon.

FIG. 133. — Patte de devant gauche de *Tragulus napu*, vue en avant, aux 3/4 de grandeur. Mêmes lettres. — Époque actuelle, Sumatra.

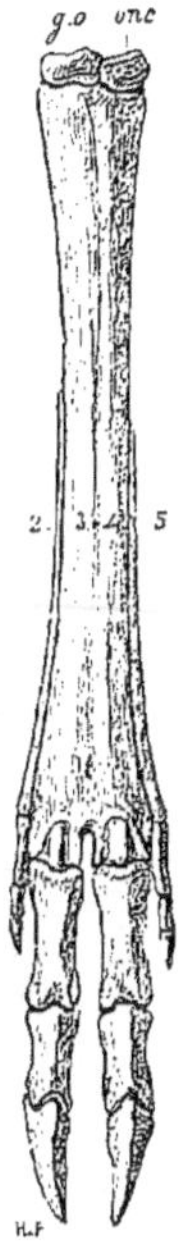

FIG. 134. — Patte de devant gauche de *Cervus capreolus*, vue en avant, aux 2/5 de grandeur. Mêmes lettres. — Époque actuelle, France.

des doigts latéraux 2. 5. et par là même l'importance des os du carpe qui leur correspondent, c'est-à-dire du trapézoïde *tr.* et de l'onciforme *onc.* Dans l'*Hyœmoschus* (fig. 132), les doigts latéraux se rétrécissent encore ; le trapézoïde *tr.* ne servant plus à soutenir le second doigt n'a plus sa raison d'être indépendant et se soude avec le grand-os $g.o$[1]. Dans le tragule (fig. 133), le troisième et le quatrième métacarpien 3. *et* 4. se soudent; le deuxième et le cinquième doigt sont extrêmement réduits.

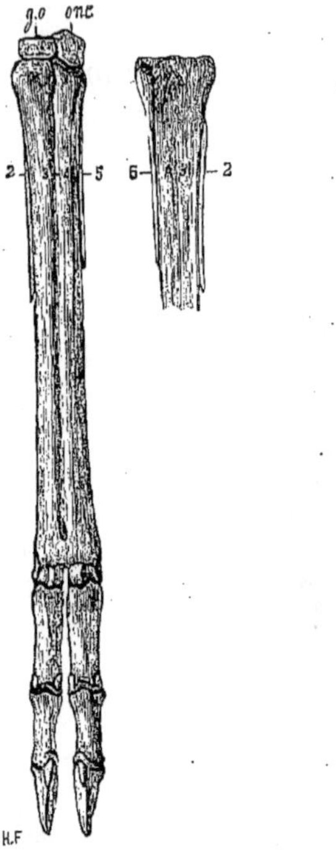

FIG. 135. — Patte de devant gauche du *Steinbock* (*Calotragus campestris*) vue sur la face antérieure, aux 2/5 de grandeur; on a dessiné à côté la partie supérieure du métacarpien vue par derrière, à la même échelle. — *g.o.* grand-os; *onc.* onciforme; 3. et 4. troisième et quatrième métacarpien soudés ensemble; 2. et 5. second et cinquième métacarpien rudimentaires. — Époque actuelle.

FIG. 136. — Patte de devant gauche de mouton (*Ovis aries*) vue sur la face antérieure, au 1/3 de grandeur; on a dessiné à côté la partie supérieure du métacarpien vue par derrière et en dessus à la même échelle. Mêmes lettres. — Époque actuelle.

Chez le chevrotain et plusieurs cervidés, tels que l'élan, le renne, le chevreuil (fig. 134), les doigts latéraux 2. *et* 5. persistent; seulement leurs métacarpiens sont en partie atrophiés.

1. Dans le chameau, le trapézoïde reste distinct.

Plusieurs antilopes, notamment le *Steinbock* (fig. 135), n'ont plus de doigts latéraux, leur deuxième et leur cinquième métacarpien sont très-grêles. Chez un grand nombre de ruminants actuels, comme le bœuf, le mouton (fig. 136), les pattes sont encore plus simples ; les métacarpiens semblent au premier abord n'être représentés que par un os unique, le canon ; mais, si on étudie cet os à l'état fœtal, on constate qu'il a commencé par être formé de deux os séparés, le troisième et le quatrième métacarpien. Cela se voit bien sur le squelette d'un fœtus de bœuf qui fait partie de la collection de la Sorbonne et que M. Milne Edwards a eu la bonté de mettre à ma disposition. J'ai fait dessiner ici (fig. 137) une de ses pattes de devant;

FIG. 137. — Patte de devant gauche d'un fœtus de bœuf, vue de face, grandeur naturelle. — 3. et 4. troisième et quatrième métacarpien : *p'*. *p''*. *p'''*. phalanges. — Époque actuelle. (Collection de la Sorbonne.)

on croirait voir en miniature une patte de quelque pachyderme tertiaire du groupe *Anoplotherium*. Même chez les ruminants adultes, les rudiments du deuxième et du cinquième métacarpien se reconnaissent facilement ; ils sont situés en arrière du canon, tantôt libres, tantôt soudés. On sait aussi que l'os en apparence unique du carpe placé au-dessus du troisième métacarpien est en réalité composé par le trapézoïde et le grand-os soudés ensemble ; la coupe (fig. 138) d'un carpe de jeune mouton que M. Goubaux a bien voulu me communiquer, montre que le trapézoïde est bien distinct du grand-os [1].

1. M. Rosenberg, professeur d'anatomie à l'École vétérinaire de Dorpat, a publié une intéressante notice accompagnée de figures où il a fait voir que plusieurs os

Personne sans doute ne trouvera invraisemblable qu'une bête ayant des pattes de devant dans la forme de celles de l'hippopotame soit devenue un animal qui avait des pattes de cochon, que celui-ci soit devenu un animal qui avait des pattes de pécari, que celui-ci soit devenu un animal qui avait

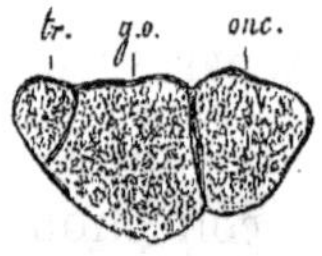

FIG. 138.— Section d'un carpe de jeune mouton, grandeur naturelle.— *tr.* trapézoïde; *g.o.* grand-os; *onc.* onciforme. — Collection de M. Goubaux, à l'École d'Alfort.

des doigts d'*Hyœmoschus*, que celui-ci soit devenu un animal qui avait des doigts de tragule, que celui-ci soit devenu un animal qui avait des pattes de *Steinbock*, que celui-ci soit devenu un animal qui avait des pattes de mouton. Néanmoins, tant que l'on considère seulement des êtres des temps actuels, on peut objecter qu'ils appartiennent à la même époque de création et que par conséquent rien ne prouve qu'ils soient descendus les uns des autres. Mais, si on découvre les formes que je viens d'indiquer dans des couches de différentes époques géologiques, on n'a plus les mêmes raisons de contester qu'elles ont été dérivées les unes des autres. Or, on commence à trouver dans les assises tertiaires des fossiles qui sont à divers degrés de développement. Ainsi l'*Hyopotamus* (fig. 139), à en juger par les figures données par M. Kowalevsky, a dû avoir le deuxième et le cinquième métacarpien proportionnément moins forts que dans l'hippopotame, plus forts que dans le cochon.

des pattes des moutons, des chevaux et des oiseaux, qui sont confondus à l'état adulte, sont distincts à l'état fœtal (*Ueber die Entwicklung des Extremitäten-Skeletes bei einigen durch Reduction ihrer Gliedmassen characterisirten Wirbelthieren*, in-8°, Leipzig, 1872). Ce savant anatomiste vient de donner au laboratoire de paléontologie du Muséum une série de préparations microscopiques d'os de fœtus qui mettent en relief les ressemblances des développements paléontologiques et des développements embryogéniques.

Les pattes de *Palæochœrus* (fig. 140) ont eu le même degré de développement que celles du cochon (fig. 131). Les métacarpiens de l'*Hyæmoschus* de Sansan et de Steinheim parais-

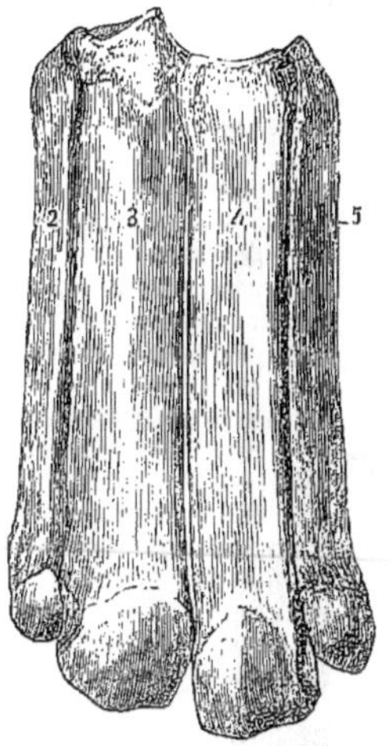

FIG. 139. — Patte de devant gauche d'*Hyopotamus velaunus*, vue en avant, à 1/2 grandeur.—2. 3. 4. 5. les métacarpiens (d'après M. Kowalevsky). — Miocène inférieur du Puy-en-Velay.

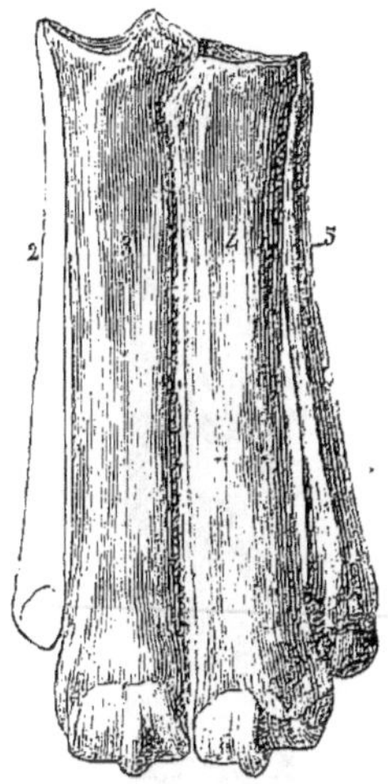

FIG. 140. — Patte de devant gauche de *Palæochœrus typus*, vue en avant, grandeur naturelle. Mêmes lettres.—Miocène de Saint-Gérand-le-Puy. (Collection de M. Alphonse Milne Edwards).

sent avoir été peu différents de ceux de l'*Hyæmoschus* vivant; MM. Filhol et Javal ont recueilli dans les phosphorites du Quercy des métacarpiens (fig. 141) qui en sont aussi très-rapprochés[1]. Le Muséum de Paris possède un morceau de calcaire blanc venant de l'Auvergne et recueilli par Bouillet, dans lequel est engagé un canon de ruminant bordé par deux filets osseux dont l'un représente le deuxième métacarpien et l'autre représente le cinquième métacarpien (*Dremotherium*

1. Je ne voudrais pas assurer qu'ils proviennent de l'*Hyæmoschus*, car on trouve dans les mêmes gisements des mâchoires de *Lophiomeryx* qui s'accordent très bien avec eux pour la dimension.

ou *Amphitragulus*[1], fig. 142) ; à en juger par le prolonge-

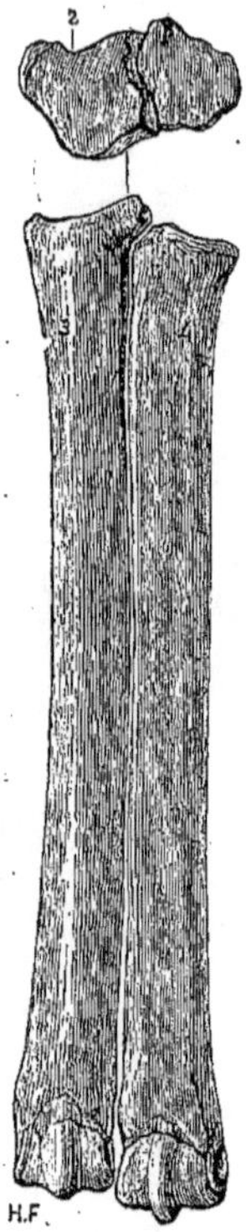

FIG. 141. — Métacarpiens gauches qui se rapprochent de ceux des *Hyæmoschus*. Ils sont vus en dessus et en avant, aux 3/4 de grandeur. Le troisième et le quatrième métacarpiens 3. et 4. sont séparés. Le deuxième et le cinquième métacarpien sont encore inconnus. On voit en 2. la place du second métacarpien. (Collection de M. Filhol). — Phosphorites du Quercy.

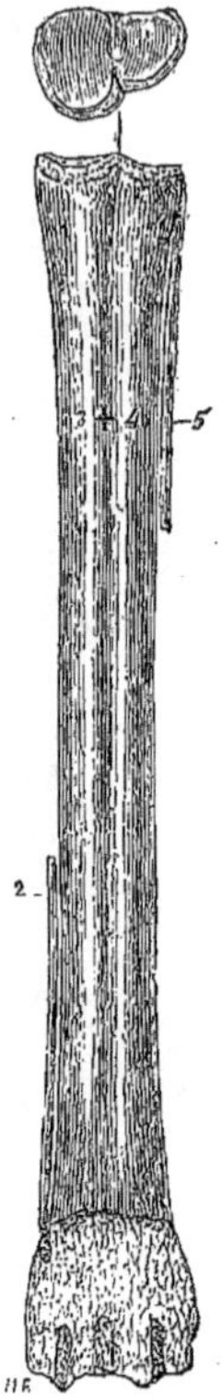

FIG. 142. — Canon antérieur gauche d'un *Dremotherium*, vu en dessus et en avant, aux 3/4 de grandeur. Le troisième et le quatrième métacarpien 3 + 4 sont soudés ; le second et le cinquième 2. et 5. ont la forme de minces filets osseux. — Trouvé par Bouillet dans le calcaire miocène de la Limagne, et inscrit sous le nom d'*Elaphtherium*.

ment et l'élargissement inférieur du second métacarpien, je suppose qu'il y avait des petits doigts latéraux comme chez les

1. 'Αμφὶ, auprès de, et *Tragulus*. Le nom d'*Amphitragulus* a été proposé par M. Pomel pour des *Dremotherium* qui semblent dans un état d'évolution un peu moins avancé que les *Dremotherium* ordinaires.

tragules. Parmi les canons des nombreux ruminants découverts par M. Filhol dans les phosphorites, j'en ai remarqué sur lesquels il y a du côté interne une entaille qui correspond

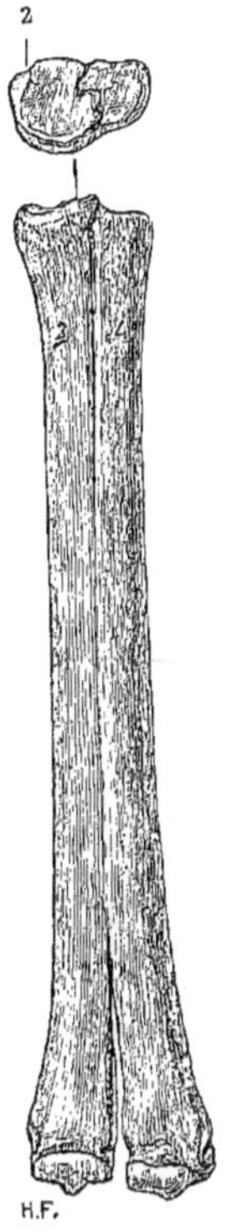

FIG. 143. — Canon antérieur gauche d'un *Prodremotherium*, vu en avant et en dessus, aux 3/4 de grandeur. — 3. et 4. troisième et quatrième métacarpien soudés ensemble. On distingue en 2. une entaille qui représente la place du second métacarpien. — Phosphorites du Quercy. (Collection de M. Filhol.)

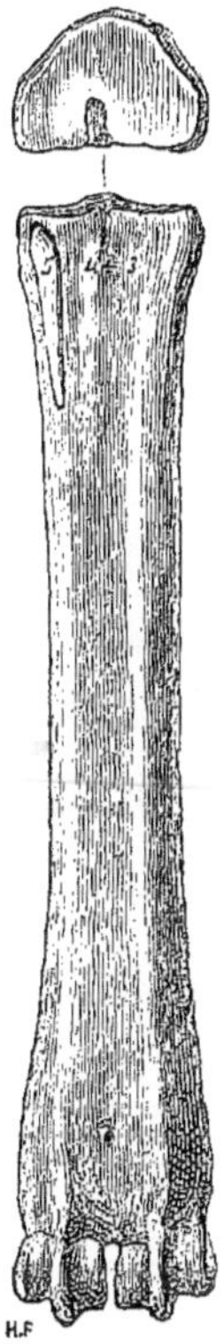

FIG. 144. — Canon antérieur gauche de *Tragocerus amaltheus*, vu en dessus et en arrière, à 1/3 de grandeur. Mêmes chiffres.—On remarque en 5. un stylet qui représente le cinquième métacarpien rudimentaire. — Miocène supérieur de Pikermi.

à la place où devait être logé le deuxième métacarpien (*Prodremotherium*[1] (?), fig. 143); du côté externe on aperçoit quelquefois une facette sur laquelle pouvait s'appuyer le cinquième

1. *Pro*, devant et *Dremotherium*. M. Filhol désigne sous ce nom des *Dremotherium* à prémolaires tranchantes.

métacarpien. A partir de l'époque du miocène moyen, la plupart des ruminants paraissent avoir eu leur deuxième et leur cinquième métacarpien à l'état rudimentaire. Si, par exemple, on regarde le canon antérieur du *Tragocerus* (fig. 144), on

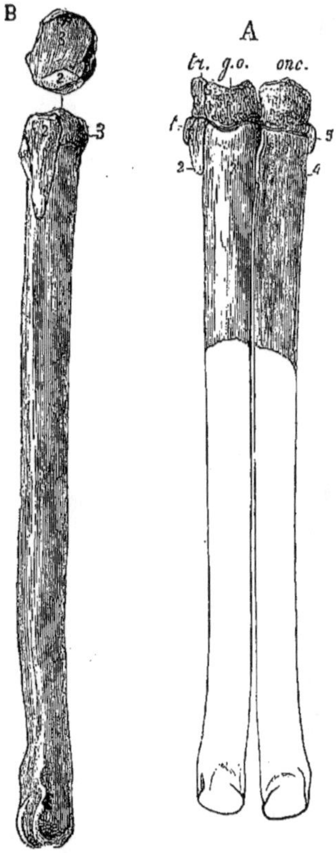

FIG. 145.—Métacarpiens du *Xiphodon gracilis*, aux 2/3 de grandeur.—*A*. pièce du gypse de Paris qui a été décrite par Cuvier, vue sur la face antérieure.—*B*. pièce des phosphorites du Quercy, vue sur la face interne et en dessus.—*t*. trapèze ; *tr*. trapézoïde ; *g.o.* grand-os ; *onc.* onciforme ; 2. deuxième métacarpien rudimentaire ; 3. troisième métacarpien ; 4. quatrième métacarpien ; 5. rudiment du cinquième métacarpien.

cherchera vainement leurs indices dans la face supérieure, mais parfois les vestiges de l'un ou l'autre de ces os se montrent à la face postérieure (voir le petit os allongé qui porte le numéro 5).

On voit par là comment les pattes de devant composées de

quatre doigts ont pu successivement se transformer en pattes où les métacarpiens constituent un canon. L'étude des fossiles nous apprend que cette simplicité a été obtenue, non-seulement par la diminution du second métacarpien, mais aussi

FIG. 146.— Métacarpiens du *Gelocus curtus*, grandeur naturelle. — *A*. les troisième et quatrième métacarpiens vus de face et en dessus; ils ne sont pas soudés; on aperçoit en 2. le deuxième métacarpien déjà bien soudé au troisième.— *B*. le troisième métacarpien vu sur le côté interne et en dessus pour montrer le deuxième métacarpien 2. — *C*. quatrième métacarpien auquel est soudé un cinquième métacarpien rudimentaire; il est vu sur la face postérieure. — Phosphorites du Quercy. (Collection de M. Filhol.)

par sa fusion dans le troisième métacarpien. En effet, considérons une patte de *Xiphodon* (fig. 145), nous remarquons en *B* un deuxième métacarpien soudé si intimement au troisième qu'il semble en faire partie. Les *Gelocus* des phosphorites du Quercy avaient des pattes de devant (fig. 146, *A*.) dans lesquelles le deuxième métacarpien était soudé au troisième, bien que celui-ci ne fût pas soudé au quatrième, et l'union était si parfaite qu'il faut une extrême attention pour découvrir la présence de deux os (fig. 146, *B.*); quant au cinquième métacarpien, tantôt il était soudé, comme on le voit (fig. 146, *C.*), tantôt il était libre; son absence sur la pièce de la figure 146, *A*. en est la preuve.

Il est impossible de n'être pas frappé de la ressemblance qui existe entre l'assemblage des deuxième, troisième et quatrième métacarpiens de la figure 146 et le canon de la plupart des ruminants, notamment du mouton (fig. 136); aussi on pourrait être, au premier abord, disposé à croire que la face proximale du canon antérieur des ruminants ordinaires résulte de la soudure, non pas de deux os, mais de trois. Une telle hypothèse paraît très-rationnelle : 1° parce qu'aux pattes de derrière, ainsi que nous le dirons bientôt, le canon est composé généralement de plusieurs os soudés ensemble; 2° parce que le canon antérieur d'un ruminant ressemble beaucoup à la réunion des deuxième, troisième et quatrième métacarpiens des chevaux; 3° parce que le trapézoïde se soudant avec le grand-os, il n'y a pas de raison pour que le deuxième métacarpien, placé normalement au-dessous du trapézoïde, ne se soude pas au troisième métacarpien, qui est placé sous le grand-os; 4° parce que la partie du canon qui correspond au troisième métacarpien présente souvent à son bord interne une avance qui correspond au trapézoïde, et que, si on supposait l'enlèvement de cette avance, le troisième métacarpien reprendrait la forme ordinaire qu'il a dans les solipèdes et dans plusieurs pachydermes où il y a séparation du deuxième et du troisième métacarpien. Malgré toutes ces raisons, il semble que, dans la plupart des ruminants actuels, le deuxième métacarpien ne contribue point à former le canon. A mesure qu'il est devenu inutile, il s'est rapetissé; il a été un peu plus mince dans le *Gelocus* (fig. 146) que dans le *Xiphodon* (fig. 145); et, dans les successeurs du *Gelocus*, ou bien il a été tellement atrophié qu'il ne formait plus qu'une faible saillie, quelquefois à peine discernable au coin postéro-interne du canon (*Helladotherium*, fig. 147) ; ou bien, comme nous l'avons vu dans le mouton (fig. 136), il a glissé plus bas que la face proximale du canon. D'où provient donc la trompeuse ressemblance qui existe entre la face proximale du mouton, composée seulement de deux os, et la face proximale, soit du *Xiphodon*, soit des pachydermes, soit des solipèdes, composée de trois os? Voici, je crois, la réponse. Lorsque le deuxième métacarpien, bien développé chez les espèces ancêtres, s'est atrophié et s'est porté en arrière, le trapézoïde qui était posé sur lui s'est confondu avec le grand-os ; mais il avait beau être soudé, il aurait fait saillie et n'aurait plus eu de soutien, si le troisième métacarpien ne se fût avancé du côté interne en même temps que le deuxième métacarpien s'atrophiait. Le troisième os a pris la place du deuxième, et il l'a prise si parfaitement qu'on hésite à l'en distinguer. On peut dire que le bord interne du canon antérieur des ruminants ordinaires est l'analogue du deuxième métacarpien du *Gelocus*, des chevaux, des pachydermes, mais non pas leur homologue [1].

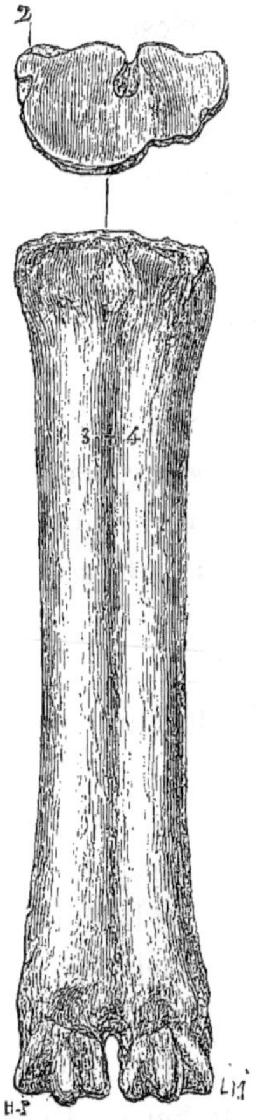

FIG. 147. — Canon antérieur d'*Helladoterium Duvernoyi*, vu devant et en dessus, à 1/5 de grandeur. — 3., 4. troisième et quatrième métacarpien ; 2. rudiment du deuxième métacarpien. — Miocène supérieur de Pikermi.

Sous l'apparence de la minutie, ces remarques me semblent

1. Tous les naturalistes savent qu'on appelle homologues les organes qui représentent les mêmes parties, et analogues les organes qui remplissent les mêmes fonctions.

mériter l'attention des naturalistes philosophes. Ce qui fait l'essence de l'être, c'est la force ; la fonction, c'est-à-dire la manifestation de la force, a une importance majeure ; l'organe, c'est-à-dire le façonnement de la matière, n'a qu'une importance secondaire. Voici, dans les temps géologiques, des animaux qui d'abord étaient lourds et qui doivent devenir d'élégants et rapides coureurs ; pour qu'ils remplissent bien leurs nouvelles fonctions, il faut que les os de leurs pattes s'amincissent et se simplifient : mais il n'importe pas que ce soit tel ou tel os qui produise ce résultat ; ce qui importe, c'est que le résultat soit obtenu ; les organes sont les moyens variables ; le but est la fonction[1]. Cela n'a rien qui doive surprendre les personnes qui ont étudié l'embryogénie, car dans cette science on voit souvent des organes se substituer à d'autres pour remplir des fonctions analogues, comme si la question de procédé était une question secondaire dans l'histoire du développement de la vie.

Les pattes de derrière des ruminants présentent des exemples de modifications encore plus grandes que les pattes de devant ; ce sont elles qui ont le suprême degré de la finesse ; non-seulement les doigts latéraux s'amincissent, mais aussi ils se portent en arrière, de manière à former une patte très-comprimée latéralement. Cependant, si fines que soient les pattes de derrière chez la plupart des ruminants, on peut concevoir qu'elles aient été dérivées des pattes massives et compliquées des pachydermes. Le miocène inférieur a été caractérisé par un animal qui avait des pattes très-lourdes, l'*Anthracotherium ;* je donne ici le dessin d'une de ses pattes, emprunté à un des beaux mémoires de M. Kowalevsky (fig. 148). La patte d'*Hyopotamus* (fig. 149), figurée par le même auteur, n'en a pas été fort différente, mais elle a été plus allongée et

1. Ce n'est pas ici le lieu de traiter avec détail cette proposition ; je me permettrai seulement de dire que les sarcodaires, qui ont des fonctions, sans qu'ils aient des organes apparents, sont incompréhensibles, si l'on n'admet pas que les fonctions ont précédé les organes.

par conséquent moins éloignée de la forme habituelle aux ruminants. Dans le *Palæochœrus* (fig. 150), il y a eu un acheminement vers la disposition des pattes des ruminants, car les doigts latéraux se sont amincis et portés en arrière ; dans le *Cainotherium*, tous les doigts se sont allongés (fig. 151) ; chez l'*Hyœmoschus* (fig. 153), le troisième métatarsien s'est soudé

Fig. 148. — Métatarsiens gauches d'*Anthracotherium magnum*, vus sur la face antérieure, à 1/2 grandeur. — 2. second métatarsien; 3. troisième, 4. quatrième, 5. cinquième (d'après M. Kowalevski). — Miocène inférieur de Rochette (Suisse).

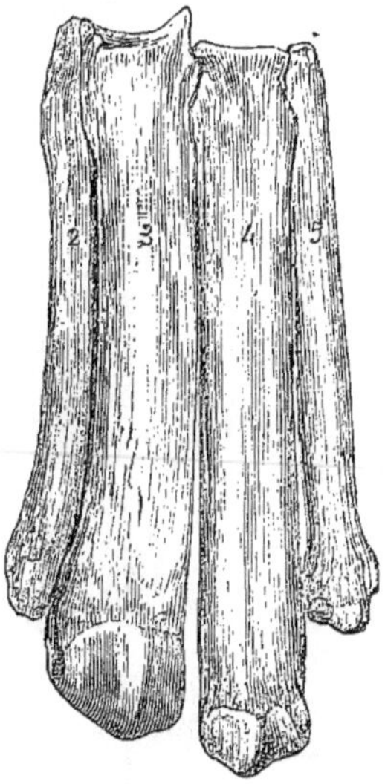

Fig. 149. — Métatarsiens gauches d'*Hyopotamus velaunus*, vus sur la face antérieure, à 1/2 grandeur. Mêmes chiffres (d'après M. Kowalevski). — Miocène inférieur du Puy-en-Velay.

avec le quatrième, de manière à former un os analogue au canon des ruminants ; le deuxième métatarsien a dû aussi se souder quelquefois au troisième, comme le montre la figure *B*. Il est vraisemblable que ces changements se sont opérés progressivement, car on rencontre dans les phosphorites du Quercy des pattes de ruminants qui ressemblent beaucoup à celles des *Hyœmoschus*, mais où tous les métatarsiens avaient encore leur liberté (fig. 152) ; les deuxième et cinquième métatarsiens manquent ; de là il faut conclure qu'ils n'étaient pas soudés.

Dans le *Dremotherium* (fig. 154), le troisième et le quatrième métatarsien ont été soudés intimement ; en outre, le deuxième et le cinquième métatarsien étaient très-réduits ;

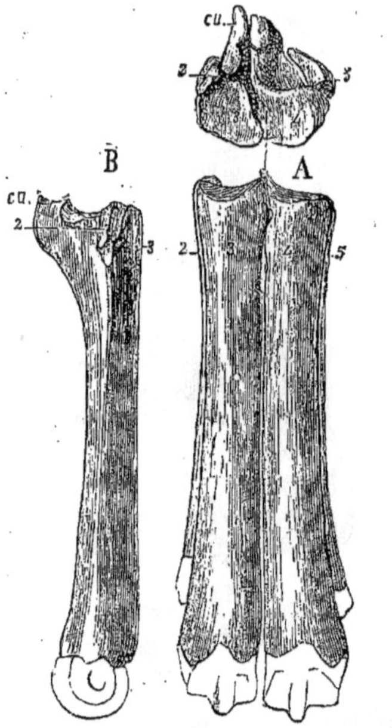

FIG. 150. — Métatarsiens gauches de *Palæochœrus typus*, aux 3/4 de grandeur. — A. vus de face, et en dessus. — B. est le troisième métatarsien, du côté interne. On voit en *cu.* un prolongement qui ne présente aucune facette capable de porter un cunéiforme. — Saint-Gérand-le-Puy, Allier. (Collection de M. Alphonse Milne Edwards.)

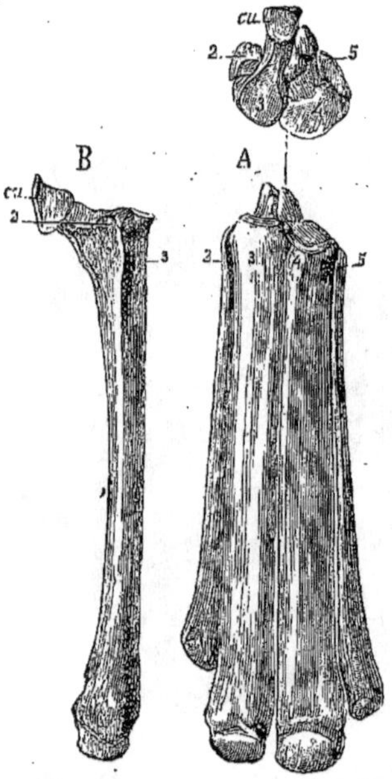

FIG. 151. — Métatarsiens gauches de *Cainotherium laticurvatum*, grandis une moitié en plus de la grandeur naturelle. Mêmes chiffres que dans les figures précédentes. On voit en *cu.* une petite facette très-oblique pour soutenir le premier cunéiforme. — Saint-Gérand-le-Puy. (Collection de M. Alphonse Milne Edwards.)

le deuxième métatarsien se soudait très-tard ; aussi on le trouve bien plus rarement que le cinquième ; ces os se voient dans les figures 154, *A.*, *B.*, *C.*, *D.*, *E.*

A partir de l'époque du miocène moyen, la plupart des ruminants ont eu leur deuxième métatarsien uni au troisième ;

cependant ils ont fréquemment gardé quelques vestiges de séparation qui rappellent l'état des espèces ancêtres ; j'en donne comme exemple (fig. 155) le canon d'un animal du miocène supérieur, l'*Helladotherium ;* les chiffres 2 et 5 repré-

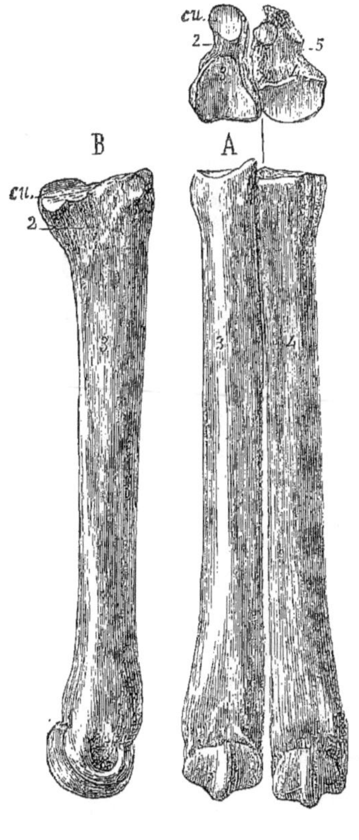

Fig. 152. — Métatarsiens d'herbivores trouvés dans les phosphorites du Quercy, aux 3/4 de grandeur. — *A*. vus de face et en dessus. — *B*. troisième métatarsien vu du côté interne. La facette *cu.* est moins oblique que dans la figure précédente. (Collection de M. Filhol.)

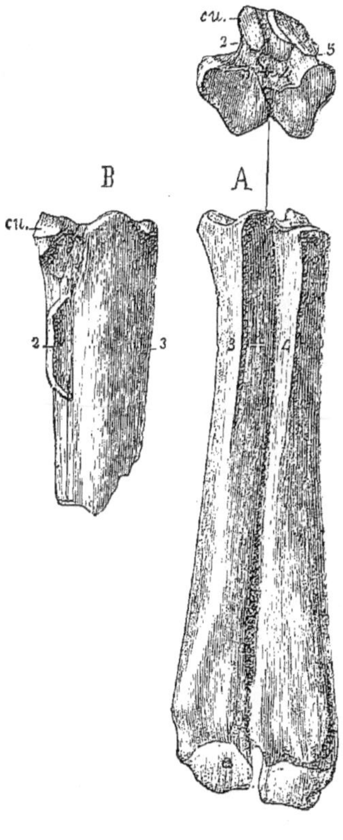

Fig. 153. — Métatarsiens d'*Hyæmoschus crassus*, aux 3/4 de grandeur. — *A*. vus de face. — *B*. vus de côté pour montrer le deuxième métatarsien soudé au troisième. La facette *cu.* est encore moins oblique que dans la figure précédente. — Miocène moyen de Sansan.

sentent les rudiments du deuxième et cinquième métatarsien. Même dans les canons des ruminants actuels, dont les parties sont les mieux soudées, tels que ceux des bœufs et des moutons, on aperçoit parfois des traces de la séparation primitive du deuxième ou du cinquième métatarsien. Quant au premier métatarsien, il ne se soude pas ; il est représenté par un petit os qui a une apparence de sésamoïde et est attaché en haut de la face postérieure du canon.

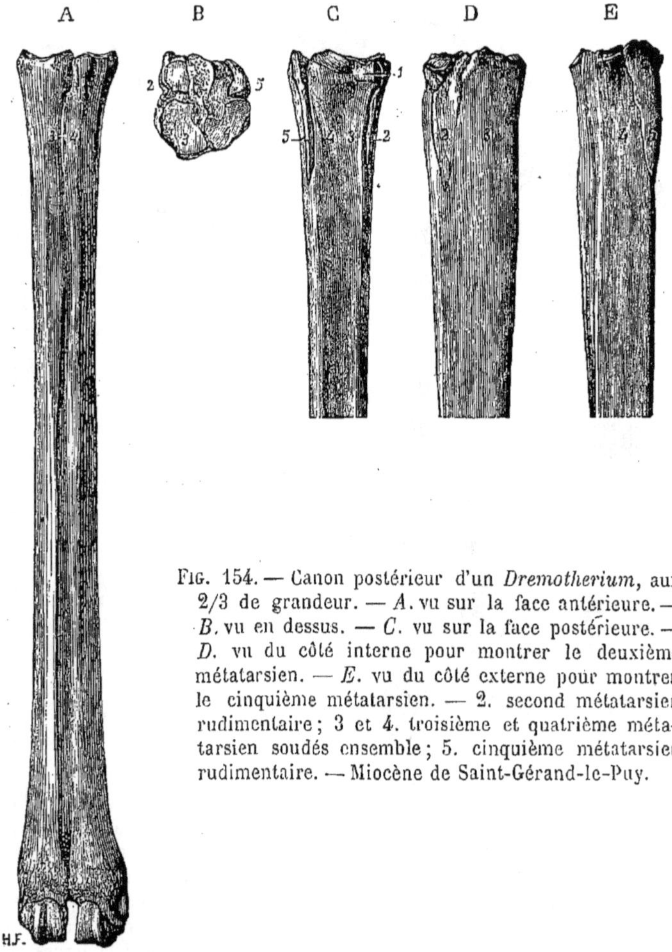

Fig. 154. — Canon postérieur d'un *Dremotherium*, aux 2/3 de grandeur. — *A*. vu sur la face antérieure. — *B*. vu en dessus. — *C*. vu sur la face postérieure. — *D*. vu du côté interne pour montrer le deuxième métatarsien. — *E*. vu du côté externe pour montrer le cinquième métatarsien. — 2. second métatarsien rudimentaire ; 3 et 4. troisième et quatrième métatarsien soudés ensemble ; 5. cinquième métatarsien rudimentaire. — Miocène de Saint-Gérand-le-Puy.

Les os du tarse qui portent sur les métatarsiens se sont nécessairement modifiés en même temps qu'eux. A mesure que le cinquième métatarsien a diminué, le cuboïde qui reposait sur lui n'a plus eu le même appui, et, pour se soutenir, il a dû se souder au naviculaire. Lorsque le deuxième métatarsien s'est aminci, le deuxième cunéiforme a également perdu son appui, et il a pris de la force en se soudant au troisième cunéiforme ; le premier cunéiforme a dû aussi chercher une compensation à l'abandon dans lequel le laissait l'amoindrissement du deuxième métatarsien, sur lequel ses ligaments pouvaient s'appuyer ; en général il ne s'est pas soudé[1], mais il s'est porté en arrière sur le troisième métatarsien. Il est difficile de voir rien de plus frap-

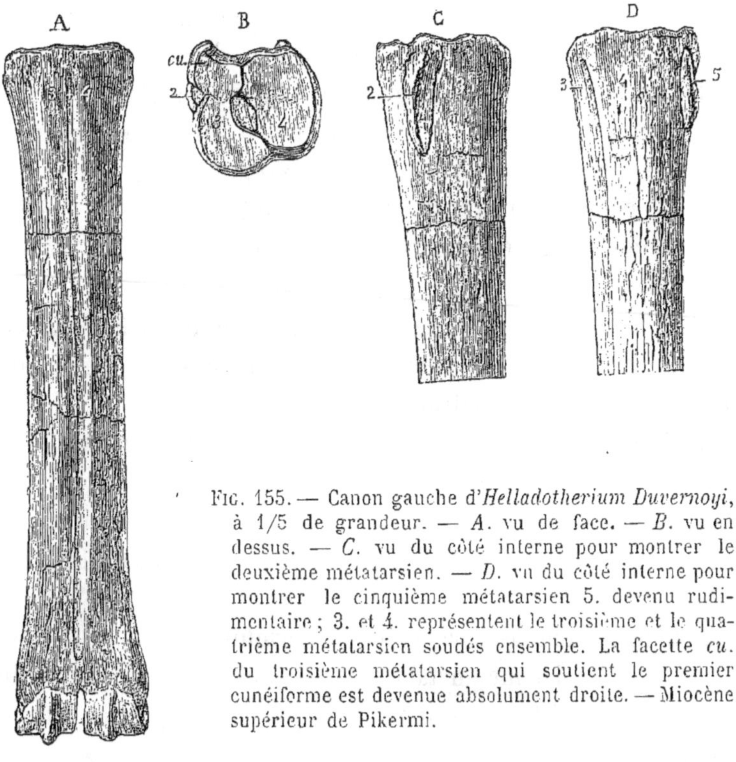

Fig. 155. — Canon gauche d'*Helladotherium Duvernoyi*, à 1/5 de grandeur. — *A*. vu de face. — *B*. vu en dessus. — *C*. vu du côté interne pour montrer le deuxième métatarsien. — *D*. vu du côté interne pour montrer le cinquième métatarsien 5. devenu rudimentaire ; 3. et 4. représentent le troisième et le quatrième métatarsien soudés ensemble. La facette *cu.* du troisième métatarsien qui soutient le premier cunéiforme est devenue absolument droite. — Miocène supérieur de Pikermi.

pant que les modifications successives dont cet os nous offre le témoignage : dans les pachydermes, où les doigts latéraux sont bien développés, le troisième métatarsien ne soutient que le troisième cunéiforme ; c'est ce qui s'observe encore chez le *Palæochœrus* (fig. 150) et les cochons, où cependant les doigts latéraux sont moins larges que ceux du milieu ; le troisième métatarsien a en arrière un prolongement étroit *cu.*, sur lequel

1. Chez la girafe, il s'est soudé avec le deuxième et le premier cunéiforme.

on ne distingue aucune facette. Si au contraire nous regardons le *Cainotherium* (fig. 151), nous voyons que la partie postérieure du troisième métatarsien s'est un peu aplatie et a présenté une facette sur laquelle le troisième cunéiforme a pu s'appuyer; mais cette facette encore très-oblique a dû fournir un appui insuffisant. Dans les pattes de certains ruminants des phosphorites (fig. 152), cette facette est devenue moins oblique et s'est élargie, de sorte que le troisième cunéiforme a trouvé un meilleur soutien. Chez l'*Hyœmoschus* du miocène moyen de Sansan (fig. 153), la facette du troisième métatarsien sur laquelle repose le premier cunéiforme a eu encore un peu moins d'obliquité. Chez le *Dremotherium* (fig. 154), elle est devenue presque droite, et elle a été tout à fait droite chez la plupart des ruminants à partir de l'époque du miocène moyen (fig. 155).

D'après les remarques des pages précédentes, il me semble bien naturel de penser que les pattes si fines des ruminants ont pu provenir de la transformation des lourdes pattes des pachydermes. Quatre moyens paraissent avoir été employés pour arriver à produire leur simplification :

1° Déplacement des os; exemple : le premier, le deuxième, le cinquième métatarsien et le premier cunéiforme se sont portés en arrière.

2° Changement de forme des os; exemple : la partie postérieure du troisième métatarsien s'est élargie pour soutenir le premier cunéiforme qui ne pouvait plus s'appuyer sur le deuxième métatarsien.

3° Atrophie des os ; exemple : le premier et le deuxième cunéiforme, le deuxième et le cinquième métatarsien, le trapèze[1] sont devenus très-petits.

4° Soudure des os. Je pense que le plus souvent les soudures se sont opérées dans l'ordre suivant :

1. Le trapèze existe très-souvent chez les ruminants; seulement il est tellement réduit qu'il passe en général inaperçu. M. Rosenberg m'a fait voir sa trace sur plusieurs espèces.

Soudure du deuxième cunéiforme avec le troisième.
Soudure du trapézoïde avec le grand-os.
Soudure du deuxième métacarpien avec le troisième.
Soudure du deuxième métatarsien avec le troisième.
Soudure du cuboïde avec le naviculaire.
Soudure du troisième métatarsien avec le quatrième.
Soudure du troisième métacarpien avec le quatrième.
Soudure du cinquième métatarsien avec le quatrième.

Tout en admettant les phénomènes de l'évolution, nous devons avouer qu'ils se sont produits avec une inégalité dont il nous est difficile de donner l'explication, car, tandis que de nos jours il y a encore des tragules, des *Hyœmoschus*, des chevreuils, des rennes, etc., chez lesquels les doigts latéraux sont conservés, il y avait déjà à l'époque éocène des animaux, tels que le *Diplopus* [1], l'*Anoplotherium* [2], le *Xiphodon*, où les métacarpiens et les métatarsiens latéraux étaient à l'état rudimentaire ; ils étaient donc à un degré d'évolution plus avancé que plusieurs des ruminants de l'époque actuelle. Une si grande inégalité dans l'évolution des êtres nous montre combien la science paléontologique est complexe et nous apprend qu'il est impossible de déterminer l'âge d'un terrain, si, au lieu de considérer l'ensemble de sa faune, on n'en possède que quelques espèces isolées.

Je me suis attaché ici à l'étude des os des pattes, parce que ce sont eux qui présentent les modifications les plus grandes ; mais je crois qu'on pourra citer aussi des exemples de transition pour les autres os des membres ; il sera notamment curieux d'étudier les phases par lesquelles le péroné, bien développé chez les pachydermes à pattes larges, a dû passer pour devenir le petit os appelé chez les ruminants l'os malléolaire.

1. Διπλόος-οῦς, double ; ποῦς, pied. Ce nom a été donné par M. Kowalevsky à un *Hyopotamus* qui n'avait que deux doigts à chaque pied, au lieu de quatre comme les autres *Hyopotamus*.

2. A privatif ; ὅπλον, arme ; θηρίον, animal. Cuvier a proposé le nom d'*Anoplotherium*, afin de rappeler que les canines de cet animal étaient trop petites pour pouvoir servir d'armes comme celles de son contemporain, le *Palæotherium*.

Les découvertes qui se font en ce moment dans les territoires de l'ouest des États-Unis vont permettre d'ajouter d'utiles indications sur les filiations des ruminants ; par exemple, elles ont déjà mis au jour de nombreux débris de la famille des chameaux, sur laquelle la paléontologie européenne n'avait jeté aucune lumière. M. Leidy a montré que le *Procamelus* [1] du pliocène était un chameau qui avait encore toutes ses incisives supérieures, au lieu que les chameaux et les lamas actuels n'ont plus qu'une paire d'incisives supérieures à l'état adulte. M. Cope a prétendu qu'en s'appuyant sur l'étude des dents et des pattes on établit le passage du *Pœbrotherium* [2] au *Procamelus*, de celui-ci au *Pliauchenia* [3] et du *Pliauchenia* aux lamas modernes de l'Amérique [4].

1. Πρὸ, avant ; κάμηλος, chameau.
2. Πόα, herbe ; βρώσκω, je broute ; θηρίον, animal.
3. Πλεῖον, plus ; *Auchenia*, nom générique de l'animal américain du groupe des chameaux, qui est habituellement appelé lama.
4. *The Phylogeny of the Camels* (*Proceedings of the Academy of natural sciences of Philadelphia*, 1875, p. 261).

CHAPITRE V

LES SOLIPÈDES ET LEURS PARENTS

Ainsi que les ruminants, les solipèdes[1] semblent de nouveaux venus sur la terre. Quelques-uns des animaux de l'époque éocène révèlent une tendance vers eux. Cette tendance s'accentue dans les *Anchitherium* du miocène moyen et encore davantage dans les *Hipparion* du miocène supérieur (fig.156). Ces quadrupèdes se sont rapidement développés. A Pikermi, j'en ai recueilli dix-neuf cents pièces qui sont réparties entre quatre-vingts individus ; à Eppelsheim en Allemagne, à Baltavar en Hongrie, dans le mont Léberon en Provence, à Concud en Espagne, dans l'Amérique du Nord et dans l'Inde, leur abondance a frappé tous les naturalistes ; ils ont formé de grands troupeaux sur une partie considérable de la surface de la terre. Mais ils n'étaient pas tout à fait semblables à nos chevaux actuels, et, dans le langage rigoureux, on pourrait leur refuser le nom de solipèdes, car leurs pattes n'étaient pas réduites à un seul doigt ; ils avaient un petit doigt de chaque côté de leur doigt médian. C'est seulement à partir du pliocène moyen (volcan du Coupet) que des restes incontestables de

1. *Solus*, seul, et *pes*, pied, pour indiquer qu'ils ont un seul doigt à chaque pied. Dans le dictionnaire de Littré, le mot solipède est tiré de *solidus* et de *pes*.

chevaux ont été découverts dans notre pays[1]; à l'époque quaternaire et de nos jours, l'ordre des solipèdes est dans tout son épanouissement.

La tardive extension des herbivores, soit solipèdes, soit ruminants, est un fait très-digne d'être noté; elle favorise la doctrine du développement progressif. Comme ce sont les herbivores qui forment les grands troupeaux, leur

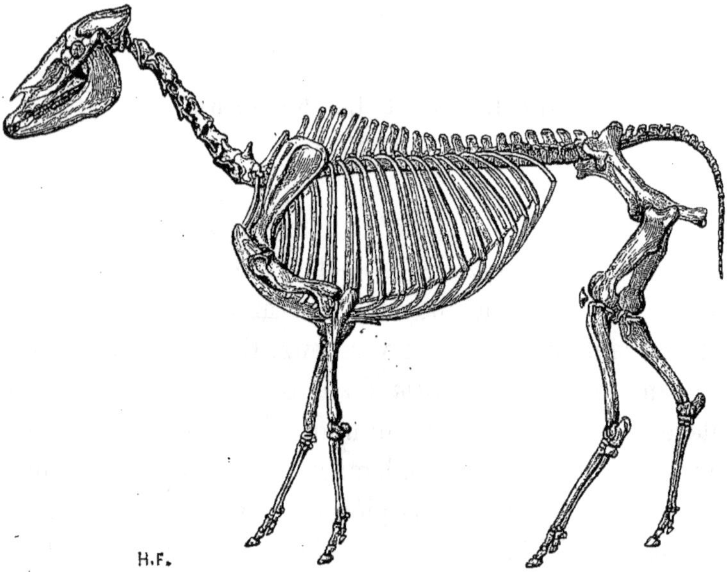

FIG. 156. — Restauration du squelette de l'*Hipparion gracile*, à 1/20 de grandeur. — Miocène supérieur de Pikermi.

arrivée indique un accroissement de fécondité dans la nature. Ce n'est pas seulement par leur nombre, c'est aussi par la vivacité de leurs allures, la rapidité de leur course qu'ils donnent de l'animation aux campagnes. Pour s'en emparer, les carnivores sont obligés de mettre en jeu toute leur intelligence et leur force. Du contraste des efforts que font les herbivores et les carnivores pour assurer leur vie, les uns en

1. Dans l'Inde, les chevaux ont paru plus tôt que dans nos contrées.

évitant les attaques, les autres en poursuivant leur proie, il résulte une somme d'activité que le monde n'avait pas eue dans les anciennes époques. Les herbivores constituent aussi un progrès au point de vue esthétique, car les solipèdes rivalisent de beauté avec les ruminants; plusieurs d'entre eux, comme le zèbre, le daw, le couagga, ont des robes magnifiques; quelques-uns ont une allure particulièrement noble; tous sont élancés et de formes gracieuses.

Lorsque nous avons vu les ruminants succéder aux pachydermes paridigités, nous nous sommes demandé s'ils n'en étaient pas les descendants. De même, quand nous voyons les solipèdes succéder aux pachydermes imparidigités, nous devons chercher s'ils n'en sont pas dérivés [1].

Examinons d'abord la dentition. Considérons une dent de lait inférieure de *Paloplotherium minus* (fig. 157); l'extrémité postérieure de son croissant antérieur est formée de deux petites pointes *I. i'*. Les mêmes pointes se montrent distinctement sur la dent de *Pachynolophus*, représentée dans la figure 158. Elles augmentent chez l'*Anchitherium* [2] (fig. 159). Supposons qu'elles s'accroissent encore plus, il en résultera une dent qui se rapprochera de celle de l'*Hip-*

1. Plusieurs naturalistes ont fait des recherches sur la filiation des solipèdes européens; je citerai notamment :

Hensel, *Uber Hipparion mediterraneum* (*Abhandl. der Königl. Akad. der Wissens.* zu Berlin, in-8, 1861).

Rütimeyer, *Beiträge zur Kenntniss der fossilen Pferde und zur vergleichenden Odontographie der Hufthiere überhaupt* (*Verhand. der Naturfors. Gesells.*, in Basel, 1863).

Huxley, *Address delivered at the anniversary Meeting of the geological Society* (*Proceedings of the geol. soc.*, 1870).

Kowalevsky, *Sur l'*Anchitherium aurelianense *et sur l'histoire paléontologique des chevaux* (*Mém. de l'Acad. impér. des sciences de Saint-Pétersbourg*, VIIe série, vol. XX, in-4°, 1873).

2. Ἄγχι, auprès; θηρίον animal. L'*Anchitherium* est près des *Palæotherium* par ses dents, près des *Hipparion* et des *Paloplotherium* par ses membres. Le terme d'*Anchitherium* nous paraît aujourd'hui bien vague, car nous supposons qu'il n'y a pas d'animal qui ne soit voisin d'autres animaux; mais une telle croyance n'était pas généralement admise lorsque Hermann de Meyer proposa le nom d'*Anchitherium*.

parion[1] (fig. 160 et 161). La dent du cheval (fig. 162) ne diffère de celle de l'*Hipparion* que parce que les denticules *I.i'.* sont moins arrondis et se projettent en dehors; cette distinction est si variable et si légère que, lorsqu'on trouve

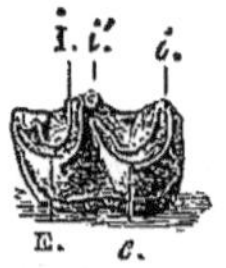

FIG. 157. — Molaire de lait inférieure gauche de *Paloplotherium minus*, grandeur naturelle. — *I.i'. i.* denticules internes; *E.e.* denticules externes. — Lignite de la Débruge.

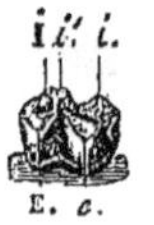

FIG. 158. — Molaire inférieure gauche de *Pachynolophus siderolithicus*, grandeur naturelle. Mêmes lettres. — Sidérolithique du Mauremont.

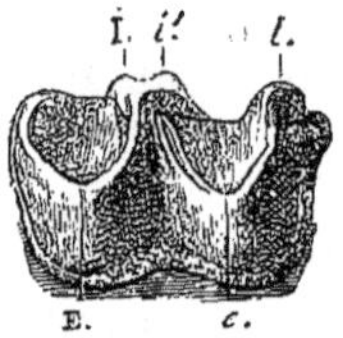

FIG. 159. — Molaire inférieure gauche d'*Anchitherium aurelianense*, grandeur naturelle. Mêmes lettres. — Sansan.

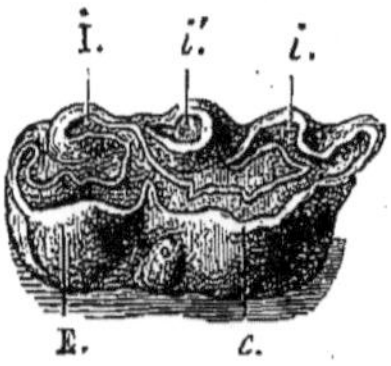

FIG. 160. — Molaire de lait inférieure gauche d'*Hipparion gracile*, aux 3/4 de grandeur. Mêmes lettres. — Pikermi.

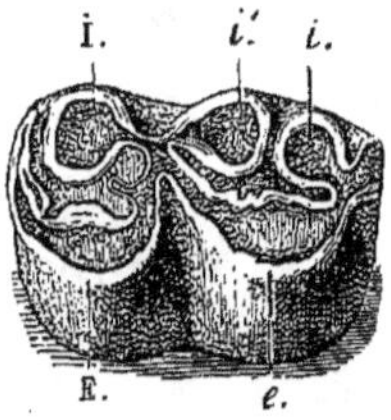

FIG. 161. — Molaire inférieure gauche d'*Hipparion gracile* adulte qui est entamée par l'usure, aux 3/4 de grandeur. Mêmes lettres. — Pikermi.

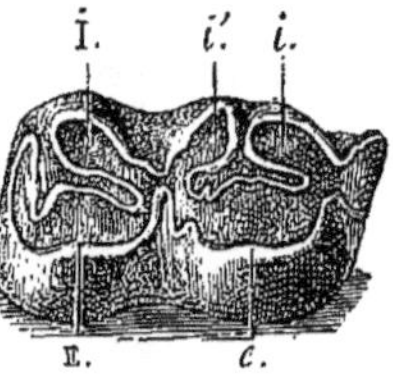

FIG. 162. — Molaire inférieure gauche d'un cheval actuel, aux 3/4 de grandeur. Mêmes lettres.

des dents isolées, on est souvent embarrassé pour décider si elles proviennent d'un cheval ou d'un *Hipparion*.

Ainsi que les molaires inférieures, les molaires supérieures des pachydermes ont les mêmes éléments que celles des soli-

1. Ἱππάριον, petit cheval. Christol, auquel on doit le nom de *Hipparion*, est le premier naturaliste qui a reconnu les caractères de ce curieux genre.

pèdes ; seulement ces éléments n'ont pas une disposition semblable. Dans l'*Anchitherium* (fig. 163), les denticules internes

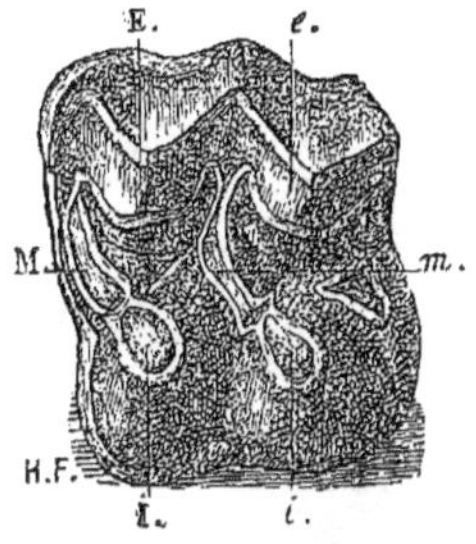

Fig. 163. — Arrière-molaire supérieure gauche d'*Anchitherium aurelianense*, grandeur naturelle. — *E.e.* denticules externes ; *M.m.* denticules médians ; *I.i.* denticules internes. — Sansan.

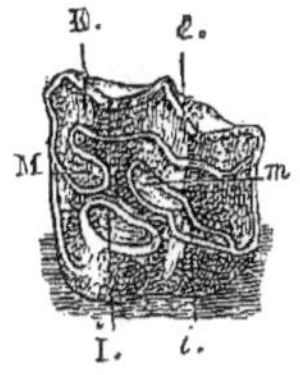

Fig. 164. — Arrière-molaire supérieure gauche de *Paloplotherium minus*, grandeur naturelle. Mêmes lettres. — La Débruge.

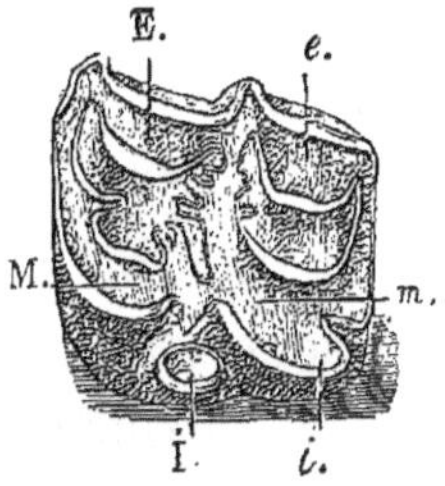

Fig. 165. — Arrière-molaire supérieure gauche d'*Hipparion gracile*, grandeur naturelle. Les denticules internes se présentent sous la forme d'îles. — Mont Léberon.

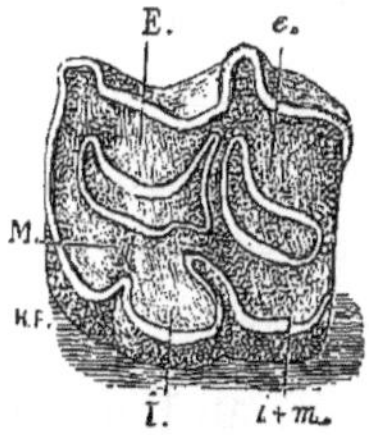

Fig. 166. — Arrière-molaire supérieure gauche d'*Hipparion gracile* qui est usée ; grandeur naturelle. Les denticules internes se présentent sous forme de presqu'îles. — Mont Léberon.

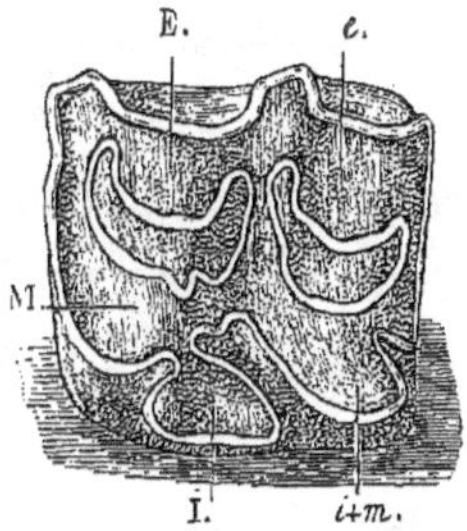

Fig. 167. — Arrière-molaire supérieure gauche d'*Equus Stenonis*, aux 5/6 de grandeur. Mêmes lettres. — Volcan du Coupet (pliocène moyen).

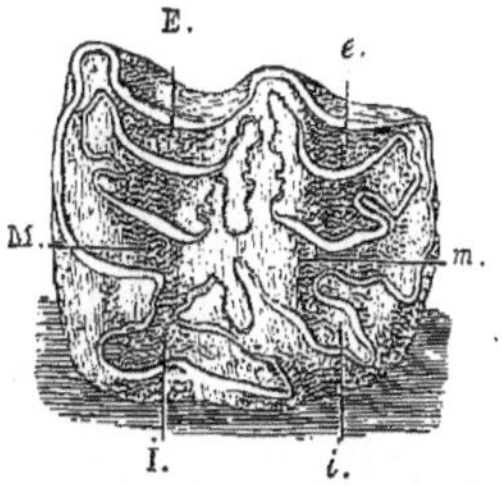

Fig. 168. — Arrière-molaire supérieure gauche d'un cheval actuel, aux 5/6 de grandeur. Mêmes lettres. — Paris.

I. i. ont sensiblement la même direction que les denticules médians *M. m.* Dans le *Paloplotherium* (fig. 164), le denticule *I.* se sépare nettement du denticule *M.* Si on imagine une dent de *Paloplotherium* où les denticules médians s'allongent et se courbent en se plissant, on aura une dent qui se rapprochera de celle de l'*Hipparion* (fig. 165). A la mâchoire supérieure, les différences de l'*Hipparion* et celles du cheval (fig. 168) sont plus accusées qu'à la mâchoire inférieure, mais elles ne sont pas invariables. L'une des plus apparentes est celle du plissement de l'émail; ce plissement est en général bien plus marqué chez l'*Hipparion* que chez le cheval; cependant j'ai vu des dents d'*Hipparion* du mont Léberon moins plissées que celles des chevaux actuels, et on observe tous les passages des dents les plus plissées à celles qui le sont le moins. Une autre différence des molaires des chevaux et des *Hipparion* consiste dans la forme du denticule interne *I.*; chez les chevaux (fig. 168), il est comprimé; chez les *Hipparion*, il est arrondi (fig. 165); à cet égard aussi les dents d'*Hipparion* et de chevaux présentent de grandes variations dans une même espèce; chez l'*Equus Stenonis* du pliocène (fig. 167), qu'on peut supposer l'ancêtre de nos chevaux, le denticule *I.* est moins comprimé que dans les espèces actuelles et par cela même moins éloigné du denticule des *Hipparion*. La principale différence des *Hipparion* et des chevaux se manifeste dans le degré d'union du denticule interne *I.* avec le denticule médian *M.*; chez les premiers (fig. 165), ces denticules sont séparés; chez les seconds, ils sont soudés, de sorte que, vus en dessus, ils simulent une presqu'île (fig. 167 et 168) au lieu de simuler une île. Mais à sa base le denticule *I.* des *Hipparion* se soude au denticule *M.*, et alors, comme on peut le constater sur des dents très-usées (fig. 166), l'aspect devient semblable à celui des chevaux (fig. 167); en outre, le degré de soudure offre des variations individuelles, car on remarque des dents d'*Hipparion* qui sont sensiblement au même degré d'usure et où cependant le denticule interne est inégalement uni au denticule médian; c'est ce que montrent les figures 169 et 170.

Dans les *Hipparion* et les chevaux, les dents sont couvertes d'une épaisse couche de cément (fig. 171); au contraire chez les *Palæotherium*, les molaires ont peu ou point de cément; il en est de même dans le *Paloplotherium codiciense;* le cément se montre sur le *Paloplotherium minus* de Paris; il devient plus abondant sur les molaires du *Paloplotherium minus* du

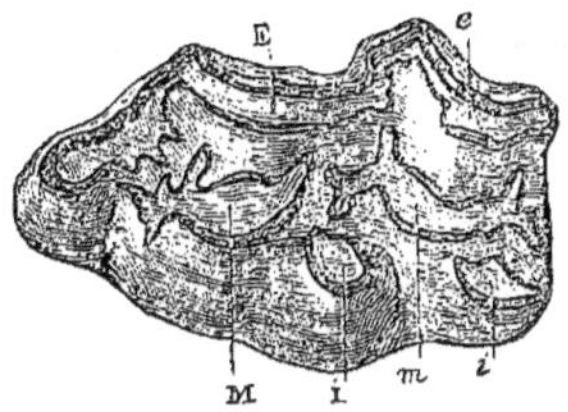

FIG. 169. — Seconde molaire de lait supérieure gauche d'*Hipparion gracile*, vue du côté interne; grandeur naturelle. — *E.e.* denticules externes; *M.m.* denticules médians; *I.i.* denticules internes en forme d'îles. — Miocène supérieur du mont Léberon.

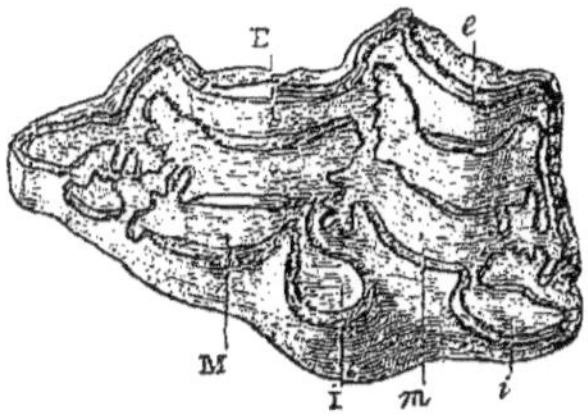

FIG. 170. — Seconde molaire de lait supérieure gauche d'*Hipparion gracile*, vue du côté interne; grandeur naturelle. Mêmes lettres. Les denticules internes *I.i.* forment des presqu'îles. — Miocène supérieur du mont Léberon.

Vaucluse; les dents du *Paloplotherium Javalii* ont presque autant de cément que les molaires des *Hipparion*. On a aussi remarqué que la hauteur des molaires des *Hipparion* sur-

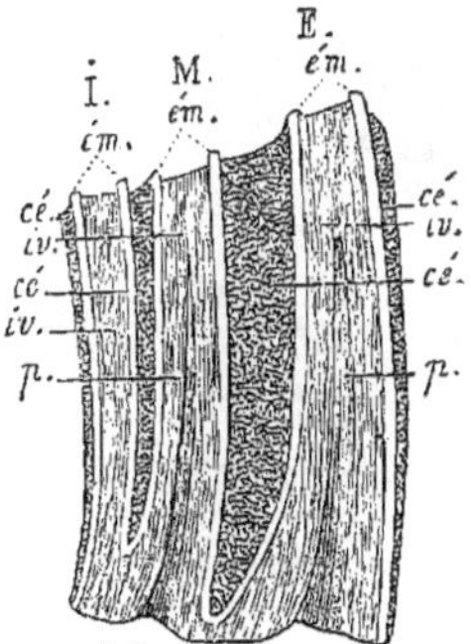

FIG. 171. — Coupe verticale d'une molaire supérieure d'*Hipparion gracile*, dessinée de grandeur naturelle.— *E.* denticule externe; *M.* denticule médian; *I.* denticule interne; *iv.* ivoire; *ém.* émail; *cé.* cément; les creux *p.* où était la pulpe de la dent sont pénétrés de limon rouge. — Pikermi.

passe beaucoup celle des molaires des *Palæotherium* et des *Anchitherium*, qui à plusieurs égards semblent être leurs parents; cette différence n'est pas tranchée; les molaires du

Paloplotherium Javalii ont plus de hauteur que celles des *Palæotherium* et des *Anchitherium*.

Les observations qui précèdent montrent qu'il nous manque encore plusieurs anneaux pour établir, au point de vue de la dentition, la série généalogique des solipèdes, mais que du moins nous commençons à concevoir comment ces quadrupèdes ont pu être dérivés des pachydermes. Après les dents, les os des pattes sont les parties du squelette qui ont le plus d'importance, parce qu'ils font mieux connaître les mœurs des animaux. Je vais les étudier comparativement dans les pachydermes et les solipèdes.

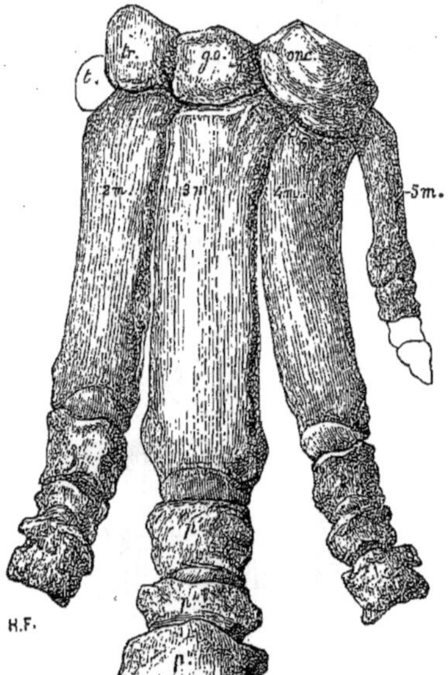

Fig. 172. — Patte de devant gauche de l'*Acerotherium tetradactylum*, vue en avant, à 1/4 de grandeur. — *t.* trapèze ; *tr.* trapézoïde ; *g.o.* grand-os ; *onc.* onciforme ; *2m.*, *3m.*, *4m.*, *5m*, les deuxième, troisième, quatrième et cinquième métacarpiens ; *p.'*, *p.''*, *p.'''* la première, la deuxième et la troisième phalange. — Miocène moyen de Sansan.

A voir un fier cheval se cabrer, frapper la terre de son sabot unique et dévorer l'espace, on est au premier abord choqué de l'idée d'établir un rapprochement entre ses membres et ceux des lourds pachydermes. Il a des pattes d'une telle simplicité qu'il ne craint ni entorses, ni foulures : il réalise le type le plus parfait de l'animal coureur. Cependant, de même qu'on a découvert des transitions entre les membres des pachydermes à doigts pairs et des ruminants, on en a découvert entre les membres des pachydermes à doigts impairs et des solipèdes.

FIG. 173. — Restauration d'une patte de devant gauche du *Palæotherium crassum*, vue de face, à 1/3 de grandeur. Mêmes lettres (d'après une pièce du gypse de Paris, qui est dans la collection du Muséum).

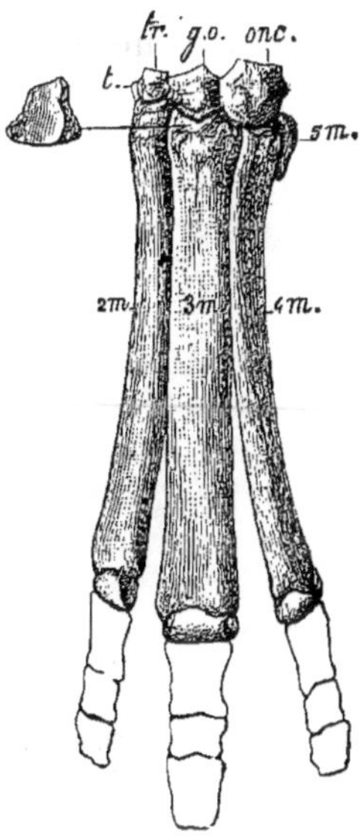

FIG. 174. — Patte de devant gauche du *Palæotherium medium*, vue de face, à 1/3 de grandeur. Mêmes lettres que dans les figures précédentes. On a représenté à part la face supérieure du troisième métacarpien. — Gypse de Paris.

L'*Acerotherium* est le pachyderme du groupe imparidigité, dont les pattes sont le plus différentes de celles des chevaux. Considérons ses pattes de devant (fig. 172) ; elles sont larges, composées de quatre doigts placés à peu près de face ; le quatrième et le cinquième doigts étant bien développés, l'os du poignet qui leur correspond l'onciforme, est très-large. Les pattes des rhinocéros ressemblent tout à fait à celles des *Acero-*

therium, sauf que le cinquième doigt, déjà beaucoup moins grand que les autres dans les *Acerotherium*, n'est plus représenté que par un métacarpien rudimentaire. Je crois que des pattes d'un *Palæotherium* trapu comme le *Palæotherium latum* ne se distingueraient pas facilement de celles des rhinocéros. Chez le *Palæotherium crassum* (fig. 173), les pattes sont moins lourdes, plus allongées que chez les rhinocéros. Dans le *Palæotherium medium* (fig. 174), l'allongement augmente et les métacarpiens latéraux commencent à s'incliner

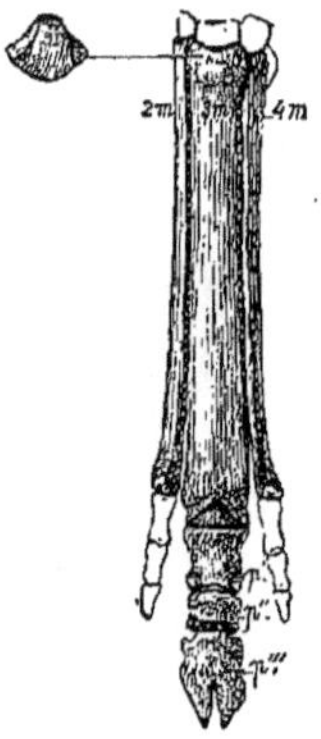

FIG. 175. — Restauration d'une patte de devant gauche du *Paloplotherium minus*, vue de face, à 1/3 de grandeur. Les phalanges du doigt médian ont été dessinées d'après un pied de derrière. La face supérieure du troisième métacarpien a été représentée à part. Les métacarpiens latéraux peuvent ne pas provenir du même individu que le métacarpien médian. — Lignite de la Débruge.

en arrière, de sorte que les pattes présentent une face moins large. Dans le *Paloplotherium minus* (fig. 175), il y a une tendance très-manifeste vers la disposition solipède; le doigt du milieu 3 *m*. prend beaucoup de prépondérance sur les doigts latéraux 2 *m*. et 4 *m*.; il s'élargit pendant que ceux-ci se rétrécissent; les deuxième et quatrième métacarpiens sont raccourcis, de sorte que les doigts latéraux devaient à peine toucher le sol. J'ai fait représenter à part la face supérieure du troisième métacarpien; en la comparant avec celle du même os dans le *Palæotherium medium*, on remarquera qu'elle est plus triangulaire et indique que les métacarpiens latéraux se portaient plus en arrière. Les phalanges du doigt du milieu ont pris encore plus d'importance que le métacarpien ; elles occupent toute la largeur de sa face distale, au lieu que dans les *Palæotherium* la première phalange était plus étroite que la face distale du métacarpien ; cela apparaît sur cet os alors même que les phalanges manquent ; il suffit pour s'en rendre compte de considérer sa face articulaire. Les os du *Paloplotherium Javalii* que j'ai

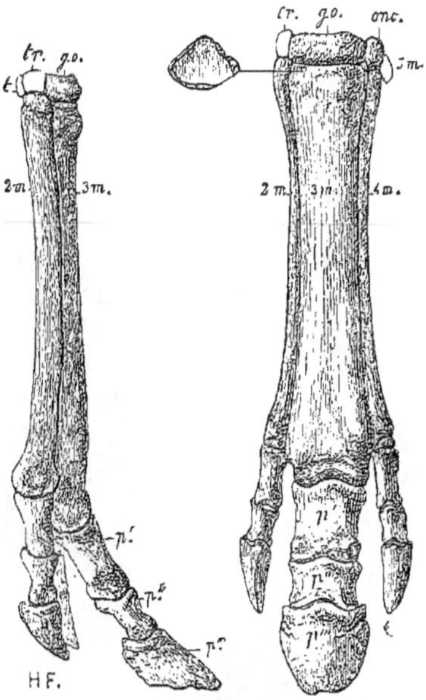

FIG. 176. — Restauration d'une patte de devant gauche d'*Anchitherium aurelianense*, vue de face et du côté interne, à 1/5 de grandeur. On a représenté à part la face supérieure du troisième métacarpien. Mêmes lettres que dans les figures précédentes. — Cette restauration a été faite d'après les pièces de Sansan qui sont au Muséum, d'après des moulages de la Grive-Saint-Alban que le Musée de Lyon a bien voulu m'envoyer, et d'après les travaux de MM. Fraas et Kowalevsky. J'ai mis un rudiment de cinquième métacarpien, parce que M. Kowalevsky a signalé un onciforme qui a une facette indiquant l'existence de cet os.

vus dans les collections de M. Javal et de M. Filhol présentent à peu près les mêmes caractères que ceux du *Paloplotherium minus*, et, comme par sa taille le *Paloplotherium Ja-*

valii se rapproche davantage des ânes, la ressemblance de ses os avec ceux des solipèdes est plus frappante.

Entre le pied de l'*Anchitherium* (fig. 176) et celui du *Paloplotherium*, les différences sont à peine sensibles. Au contraire dans le pied de l'*Hipparion*, il y a une modification très-accentuée (fig. 177) ; les doigts latéraux sont plus minces, surtout dans leur partie médiane ; cela se voit bien en comparant les pattes dessinées de profil sur le côté interne (fig. 176 et 177). Au lieu de s'étendre jusqu'au niveau de la face distale

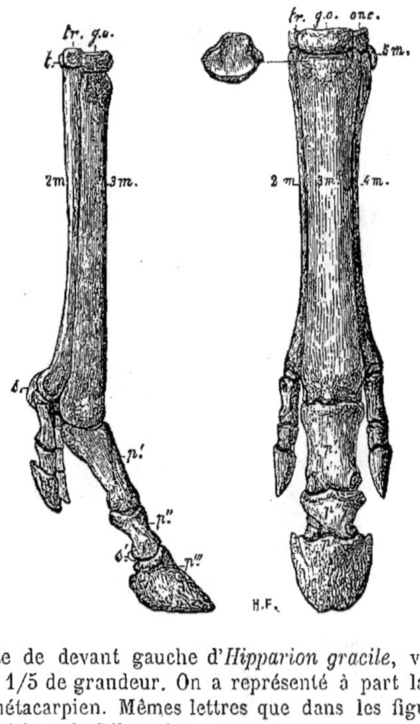

Fig. 177. — Patte de devant gauche d'*Hipparion gracile*, vue de face et du côté interne, à 1/5 de grandeur. On a représenté à part la face supérieure du troisième métacarpien. Mêmes lettres que dans les figures précédentes. — Miocène supérieur de Pikermi.

de la seconde phalange du doigt médian, les doigts latéraux s'arrêtent au niveau de sa face proximale, de sorte qu'ils ne peuvent poser sur le sol ; ce changement résulte surtout de ce que la première phalange du doigt médian s'est allongée et de ce que les secondes phalanges des doigts latéraux se sont raccourcies. M. Kowalevsky, qui a publié un très-beau travail sur l'*Anchitherium*, a fait plusieurs remarques curieuses sur les différences qui existent entre cet animal et l'*Hipparion*. Ainsi il a noté que chez l'*Hipparion* les pattes avaient une position plus droite et que la première phalange était articulée avec la seconde de manière à mieux empêcher les déviations latérales.

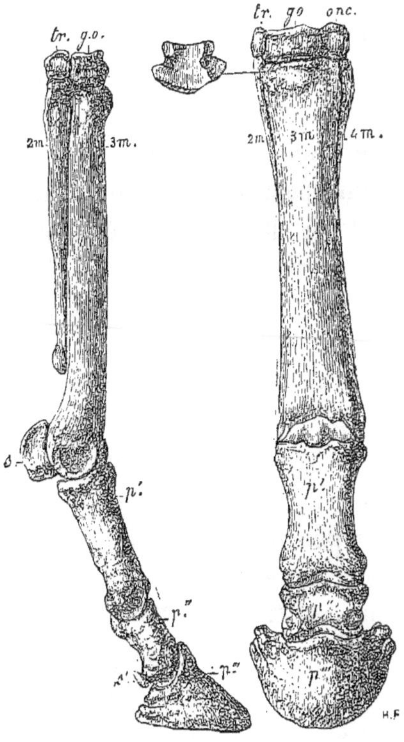

Fig. 178. — Patte de devant gauche d'un cheval, vue de face et sur le côté interne, à 1/5 de grandeur. On a représenté à part la face supérieure du troisième métacarpien. Mêmes lettres que dans les figures précédentes. — Époque actuelle.

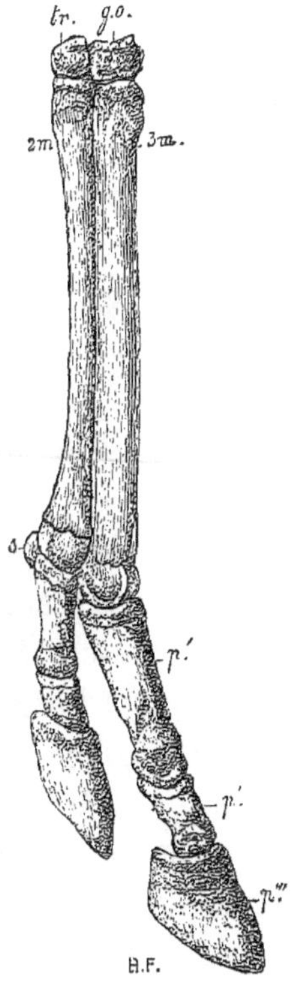

Fig. 179. — Patte de devant gauche d'un poulain né en Normandie, vue du côté interne, à 1/5 de grandeur. Mêmes lettres que dans les figures précédentes (d'après une pièce qui a été préparée par M. Goubaux et donnée par lui à l'École d'Alfort).

Ces observations, et d'autres que le savant paléontologiste russe a faites sur les diverses parties du squelette, montrent que l'*Hipparion* était encore mieux organisé que l'*Anchitherium* pour être un rapide coureur.

Cependant le type parfait du solipède n'a pas été réalisé par l'*Hipparion ;* c'est dans le genre *Equus* (fig. 178) que la simplification des membres a été portée à son maximum. Les métacarpiens et les métatarsiens latéraux correspondant au deuxième et au quatrième doigt se sont atrophiés dans leur partie inférieure, de sorte qu'il n'y a plus qu'un seul doigt. En même temps, le métacarpien médian a pris un grand développement[1]; en comparant sa face supérieure (fig. 178) avec celle de l'*Hipparion* (fig. 177), on verra que cet os, qui s'était déjà élargi dans l'*Hipparion* et avait en arrière, de chaque côté, de petits enfoncements pour loger les métacarpiens latéraux, s'est encore davantage élargi en avant et présente en arrière des enfoncements mieux accusés.

Les os du poignet ont éprouvé des changements correspondants à ceux des métacarpiens qui leur sont opposés : ainsi l'onciforme est amoindri, et, ne pouvant plus s'appuyer en avant sur le quatrième métacarpien, il s'est porté sur le troisième métacarpien. Comme l'a fait remarquer M. Kowalevsky, la facette de cet os en rapport avec l'onciforme est presque droite chez le *Palæotherium*, un peu oblique chez l'*Anchitherium*, plus oblique chez l'*Hipparion* et presque plane chez le cheval, de sorte que l'onciforme est mieux soutenu ; il y a là une série de modifications analogues à celles des pattes des ruminants, où nous avons vu le troisième métatarsien offrir au premier cunéiforme une facette de plus en plus plane au fur et à mesure que le deuxième métatarsien s'est amoindri et s'est porté en arrière. Le trapèze, déjà devenu très-petit dans l'*Hipparion* (fig. 177, dessin de la face interne), a disparu chez le

1. Quand on compare le cheval avec ses prédécesseurs des temps géologiques dont les membres n'étaient pas encore aussi modifiés, il est très-facile de déterminer les os rudimentaires de ses pattes. Dès 1852, sans le secours des fossiles, M. Goubaux avait nettement établi que le doigt unique est le troisième, que les deux stylets sont les deuxième et quatrième métacarpiens, que le rudiment visible quelquefois au côté externe est le cinquième métacarpien. Il avait reconnu aussi la présence du rudiment que je considère comme représentant le trapèze. [Goubaux, *De la pentadactylie chez le cheval* (*Comptes rendus des séances de la Société de biologie*, vol. IV, p. 165, novembre 1862)].

cheval. Le cinquième métacarpien, également très-atténué chez l'*Hipparion*, a disparu aussi chez les chevaux actuels (fig. 178).

Il y a quelque chose de non moins remarquable que ces successives diminutions qui se sont produites dans les temps géologiques et ont abouti à des disparitions : ce sont les réapparitions dont les animaux vivants nous offrent des exemples. Aldrovande, dans son *Histoire des Monstres* (p. 358), a figuré un cheval où les pieds de devant et de derrière avaient un doigt interne comme l'*Hipparion*. Geoffroy Saint-Hilaire, M. Hensel (d'après M. Gurlt), M. Strobel ont cité des exemples pareils. Je donne ici (fig. 179) le dessin d'une patte de cheval qui montre le doigt interne 2 *m.* très-bien développé, avec le métacarpien et les trois phalanges comme chez l'*Hipparion ;* cette pièce, dont la découverte est due à M. Goubaux, se voit dans le musée de l'École vétérinaire d'Alfort à côté de la patte de cheval qui a été décrite autrefois par Geoffroy Saint-Hilaire. C'est le doigt interne (homologiquement le deuxième doigt) qui est développé et non pas le doigt externe (homologiquement le quatrième). Cela semble indiquer que, dans la nature actuelle, le cheval tend à s'éloigner de plus en plus des ruminants ; car, chez les ruminants, c'est le quatrième doigt qui est développé, le deuxième doigt reste dans un état aussi rudimentaire que le cinquième. Outre les réapparitions que je viens de rappeler, on a cité chez le cheval des réapparitions du cinquième métacarpien et du trapèze ; ces dernières sont fréquentes. Le carpe de cheval dessiné figure 182 montre un trapèze semblable à celui de l'*Hipparion* (fig. 180) ; le petit os de la patte de cheval représenté par 5 *m.* dans la figure 183 paraît correspondre au cinquième métacarpien rudimentaire de l'*Hipparion* (fig. 181). Il est naturel de voir dans ces réapparitions des phénomènes d'atavisme, c'est-à-dire des retours momentanés vers les caractères des ancêtres[1].

1. *Atavi*, ancêtres.

D'après ces détails, comme d'après ceux qui ont été donnés

FIG. 180. — Patte de devant gauche d'*Hipparion gracile*, dessinée à 1/2 grandeur sur le côté interne pour montrer le petit trapèze *t*. — *tr*. trapézoïde ; *g.o*. grand-os ; 2*m*. second métacarpien ; 3*m*. troisième métacarpien. — Pikermi.

FIG. 181. — Patte de devant gauche d'*Hipparion gracile*, dessinée à 1/2 grandeur sur le côté externe pour montrer le rudiment du cinquième métacarpien 5*m*., — *go*. grand-os ; *onc*. onciforme ; 3*m* troisième métacarpien ; 4*m*. quatrième métacarpien. — Pikermi.

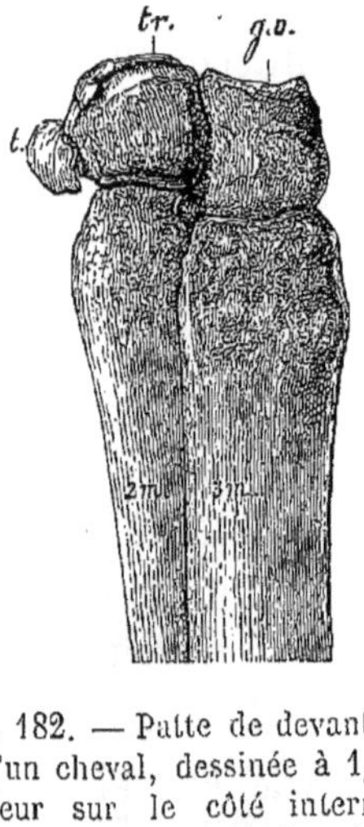

FIG. 182. — Patte de devant gauche d'un cheval, dessinée à 1/2 grandeur sur le côté interne pour montrer le petit trapèze *t*. Mêmes lettres que dans la figure 180. — Collection de M. Goubaux, à l'École d'Alfort.

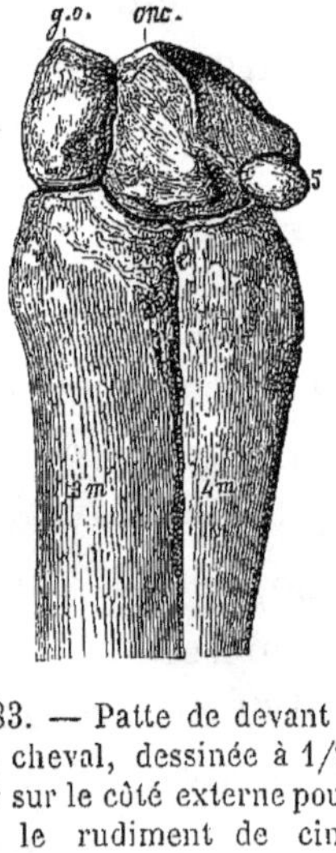

FIG. 183. — Patte de devant gauche d'un cheval, dessinée à 1/2 grandeur sur le côté externe pour montrer le rudiment de cinquième métacarpien. Mêmes lettres que dans la figure 181. — Collection de M. Goubaux, à l'École d'Alfort.

sur les ruminants, il semble qu'on peut classer les organes : en organes fonctionnels et en organes non fonctionnels. Les premiers sont assurément de beaucoup les plus nombreux ; mais les seconds ont été représentés aussi dans les diverses époques géologiques. Ces organes sans fonctions sont difficiles à expliquer pour ceux qui n'admettent pas la doctrine de l'évolution ; en présence des pièces rudimentaires et qui semblent inutiles, on est exposé à accuser l'harmonie du monde organique d'être en défaut. Mais pour nous, transformistes, qui regardons les espèces comme de simples modes transitoires, il nous importe peu de ne pas trouver tout réuni dans chaque phase des êtres qui poursuivent leur développement à travers les âges géologiques. Quand, avant le printemps, nous rencontrons un arbre dont les bourgeons ne s'épanouissent pas encore en un riche feuillage, nous ne nous en étonnons pas, car nous savons que ces bourgeons se développeront plus tard, et, lorsque nous voyons se flétrir les pistils et les étamines des fleurs, nous n'accusons pas la nature d'imperfection, parce que nous savons que la séve va se reporter sur des fruits précieux. Ainsi en est-il pendant la durée des âges géologiques : ici se montre un organe en apparence chétif et inutile, là se détruit un organe qui semblait fécond, mais ces naissances, ces atrophies ou hypertrophies ne sont que les évolutions par lesquelles le divin artiste conduit à bien toute la nature.

Grâce à la profusion de leurs débris, les solipèdes fossiles m'ont fourni une occasion d'apprécier combien les variations sont considérables dans des animaux de même espèce. Parmi les os d'*Hipparion* de Pikermi, il y en a dont les différences de proportion sont telles qu'au premier abord il est difficile de les attribuer à une même espèce ; on en pourra juger en comparant dans la figure 184 les métatarsiens *A*. et *B*. qui ont une épaisseur très-inégale. Cependant, lorsqu'on réunit un grand nombre d'os, il devient impossible de tracer entre eux une ligne de démarcation, et il faut supposer qu'ils représentent simplement deux races : l'une lourde, l'autre grêle. Or, si je quitte Pikermi pour me rendre à Eppelsheim, j'y vois dominer la race lourde, et si, au lieu d'aller à Eppelsheim, je vais dans le Léberon, je vois dominer la race grêle. En outre, je constate que les lobes médians des molaires supérieures sont en général plus plissés à Eppelsheim et à Pikermi que dans le Léberon. Naturellement, je conclus de là que des animaux issus des mêmes parents ont pu arriver à prendre des caractères particuliers suivant le temps et le pays où ils ont vécu.

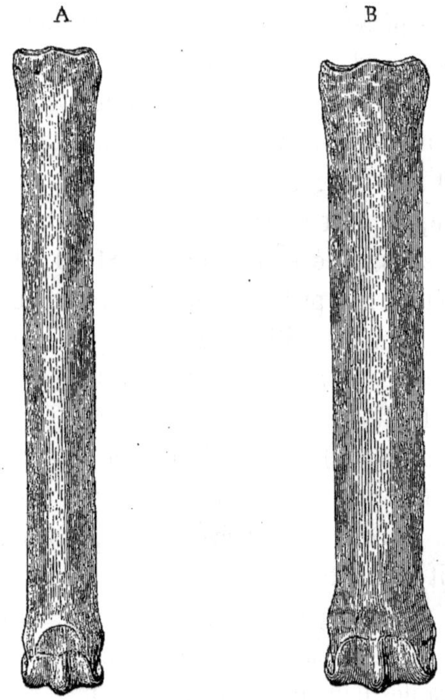

Fig. 184. — Métatarsiens d'*Hipparion gracile*, vus sur la face antérieure, à 1/3 de gandeur. — *A*. variété grêle. — *B*. variété lourde. — Miocène supérieur de Pikermi.

Les remarques qui ont été faites dans ce chapitre sont basées uniquement sur l'étude des animaux européens. L'exploration des gisements des pays étrangers a révélé plusieurs autres indices d'enchaînements. Ainsi, dans mon ouvrage sur le mont Léberon, j'ai fait observer que l'examen des métacarpiens et des métatarsiens de l'*Hipparion antelopinum* fossile dans l'Inde portait à supposer l'absence de doigts latéraux : « *Si cette supposition*, disais-je, *se vérifiait, quelques personnes seraient sans doute disposées à proposer un nouveau nom de genre pour un animal qui aurait eu des pattes de cheval avec une dentition d'Hipparion. Il me semble pourtant préférable de conserver le nom d'Hipparion aux animaux qui sont en voie de prendre la forme Equus jusqu'au moment où ils ont réalisé complétement le type de ce genre. En paléontologie, les noms d'espèces doivent, autant que possible, refléter les dégradations des formes interposées entre les espèces à caractères bien accusés qui constituent les types des genres.* » Depuis que j'ai écrit ces lignes, M. Marsh a signalé dans le Niobrara des animaux [1] qui réalisent la supposition que j'avais faite pour l'*Hipparion* de l'Inde ; ils ont des pattes de cheval avec des dents d'*Hipparion ;* M. Marsh a cru devoir créer pour eux le nom de *Pliohippus* [2]. Si on a trouvé des *Hipparion* qui se rapprochent des chevaux par leurs pattes, on en a rencontré aussi qui se rapprochent des chevaux par leurs dents ; par exemple, M. Leidy a décrit des dents d'*Hipparion* qui marquent des tendances vers les formes des chevaux tantôt par leur denticule interne plus uni au denticule médian [3], tantôt par le moindre plissement de leurs lames d'émail [4], tantôt par la compression et l'allongement de leur denticule interne [5]. On a signalé aussi de curieuses variations chez les *Anchitherium ;* dans une espèce de ce groupe [6], le cinquième métacarpien s'est allongé en forme de stylet ; dans une autre espèce, il s'est développé encore davantage ; il portait un doigt complet ; on en voit ici le dessin (fig. 185) sous le nom d'*Orohippus* [7] qu'a

1. *Hipparion pernix* et *robustum*.
2. Πλεῖον, plus ; ἵππος, cheval, parce que cette modification marque un pas de plus vers le cheval.
3. *Hipparion perditus* et *placidus* (genre *Protohippus* de M. Leidy).
4. *Hipparion gratum*.
5. *Hipparion occidentale* et *affine*.
6. *Anchitherium Bairdi* (genre *Mesohippus* de M. Marsh). Dans l'*Anchitherium aurelianense*, le cinquième métacarpien devait être moins allongé.
7. Ὅρος, limite ; ἵππος, cheval.

proposé M. Marsh. Cet habile paléontologiste assure que les fossiles américains apportent encore plus d'informations que les fossiles d'Europe pour établir la généalogie du genre cheval. Suivant lui, en prenant comme formes extrêmes l'*Orohippus agilis* de l'éocène et l'*Equus fraternus* du quaternaire, on peut intercaler entre eux une trentaine d'espèces[1]. Parmi les

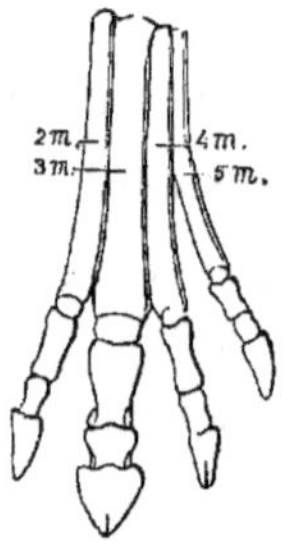

FIG. 185. — Patte de devant gauche d'*Orohippus agilis*, grandeur naturelle.— 2*m*., 3*m*., 4*m*., 5*m*. second, troisième, quatrième et cinquième métacarpien. (D'après M. Marsh.) — Éocène du Wyoming.

curieuses remarques qui ont été faites sur l'évolution des solipèdes américains, il faut citer surtout celles qui ont rapport au cerveau ; il paraît qu'il y a eu augmentation du cerveau depuis l'*Orohippus* de l'éocène, à travers le *Myohippus* et l'*Anchitherium* du miocène, le *Pliohippus* et l'*Hipparion* du pliocène jusqu'aux *Equus* récents. Cette progression n'aurait pas été spéciale aux solipèdes : « *Tous les mammifères de l'époque tertiaire avaient de petits cerveaux ; il y a eu durant cette période augmentation graduelle dans la grandeur du cerveau; l'accroissement a été confiné aux hémisphères cérébraux qui sont la partie la plus élevée de l'encéphale*[2]. » Lorsque les immenses matériaux recueillis dans les territoires de

1. Marsh. *Notice of new Equine Mammals from the tertiary formation* (*American Journal of arts and sciences*, vol. VII, mars 1874). Malgré sa brièveté, cette note renferme un grand nombre d'observations qui méritent tout particulièrement l'attention des Évolutionnistes.

2. *American Journal of sciences and arts*, vol. XII, juillet 1876.

l'ouest des États-Unis auront été décrits complétement, ils jetteront une vive lumière sur les enchaînements des mammifères ; dès maintenant on peut assurer que les découvertes des fossiles américains fournissent à la doctrine de l'évolution des preuves non moins concluantes que celles tirées des fossiles de l'ancien continent.

CHAPITRE VI

REMARQUES SUR LA CLASSIFICATION DES ONGULÉS

Les passages entre les pachydermes paridigités et les ruminants, entre les pachydermes imparidigités et les solipèdes sont si frappants qu'aujourd'hui la plupart des naturalistes croient devoir abandonner l'ancienne classification de ces animaux. Au lieu d'admettre l'ordre des solipèdes, l'ordre des ruminants, l'ordre des pachydermes et de diviser ces derniers en paridigités et imparidigités, ils réunissent les pachydermes à doigts impairs avec les solipèdes sous le nom d'imparidigités, et les pachydermes à doigts pairs avec les ruminants sous le nom de paridigités.

On ne peut nier qu'il y ait généralement des différences considérables entre les ongulés à doigts pairs et ceux à doigts impairs. Non-seulement le nombre, mais aussi la forme de leurs doigts n'est pas la même : chez les imparidigités, le troisième doigt est beaucoup plus fort que les autres, comme on le voit ici dans le dessin d'un pied de cheval qui est l'animal où le type imparidigité est poussé jusqu'à l'exagération (fig. 178) ; chez les paridigités, le quatrième doigt est développé à peu près à l'égal du troisième, ainsi que le montre la patte de cochon représentée figure 131. Chez les paridigités, les deux os de la jambe s'appuient sur le tarse : le tibia *t.* pose sur l'astragale *as.*, le péroné *p.* pose sur le calcanéum *cal.* (fig. 186); chez les imparidigités, le tibia seul *t.* s'appuie sur le tarse, le

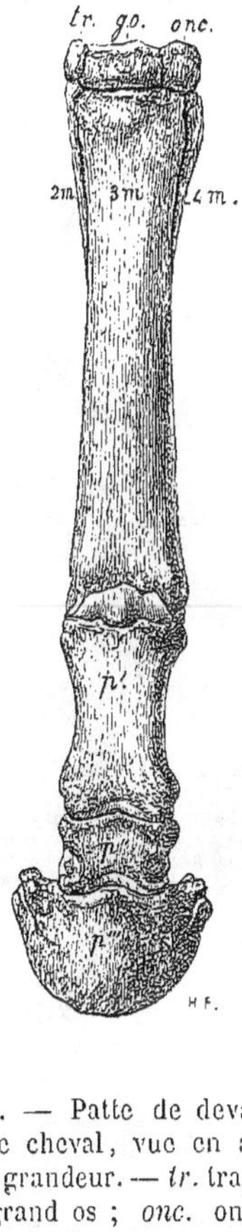

FIG. 178. — Patte de devant gauche de cheval, vue en avant, à 1/5 de grandeur. — *tr.* trapézoïde; *g.o.* grand os; *onc.* onciforme; *2m.*, *3m.*, *4m.* les second, troisième et quatrième métacarpiens; *p.'*, *p.''*, *p.'''* les trois phalanges.

FIG. 181. — Patte de devant gauche de cochon, vue en avant, à 1/3 de grandeur. — *t.* trapèze; *5m.* cinquième métacarpien; les autres lettres comme dans la figure précédente. — Époque actuelle.

péroné *p.* n'adhère qu'au tibia et ne s'articule pas avec le calcanéum *cal.* (fig. 187). Il résulte de là des différences très-grandes dans la disposition du calcanéum; chez les paridigités, cet os a, du côté interne, un bombement terminé par une facette articulaire *p.* destinée à recevoir la base du péroné (fig. 188), tandis que chez les imparidigités, il n'a ni bombement, ni facette (fig. 191). L'astragale présente des différences encore plus grandes; vu en dessus, il a, chez les paridigités, la forme d'un osselet d'une largeur à peu près égale (fig. 192); au contraire, chez les imparidigités, il est comme tordu; il se déjette du

FIG. 186. — Tarse gauche d'*Anoplotherium commune* en connexion avec les os de la jambe et les métatarsiens, à 1/4 de grandeur. — *t.* tibia; *p.* péroné qui s'appuie sur le calcanéum *cal.*; *as.* astragale; *n.* naviculaire; *cub.* cuboïde; *2cu.* et *3cu.* cunéiformes; 3. et 4. troisième et quatrième métatarsien. — Gypse de Paris.

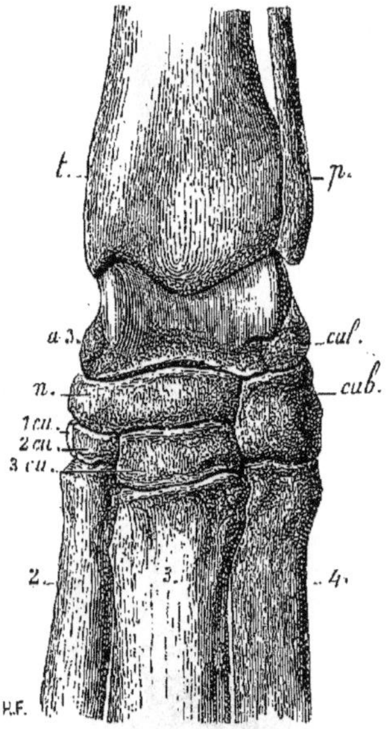

FIG. 187. — Tarse gauche de *Rhinoceros pachygnathus*, à 1/4 de grandeur. — Le péroné *p.* ne s'appuie point sur le calcanéum *cal.*; *t.* tibia; *as.* astragale; *n.* naviculaire; *cub.* cuboïde; *1cu.*, *2cu.*, *3cu.*, les trois cunéiformes; 2.3.4. les métatarsiens. — Pikermi.

côté externe dans la région *c. c'.* (fig. 195), de sorte que cette partie déborde au delà de la région antérieure qui porte le naviculaire et le cuboïde. Vu en dessous, l'astragale des paridigités (fig. 196) a une grande face articulaire *cal.* pour le calcanéum, au lieu que celui des imparidigités (fig. 198) a deux facettes pour le calcanéum *cal.* et *p'*. En avant, l'astragale des paridigités est arrondi pour recevoir le naviculaire et l'onciforme (fig. 199, *n.*); celui des imparidigités présente dans la même région une coupe à peu près droite (fig. 201, *n.*). Les modifications des os des membres s'étendent jusqu'au bras

FIG. 188. — Calcanéum gauche d'*Anoplotherium commune*, vu en dessus, à 1/3 de grandeur. — *as.* facette placée au-dessous de l'astragale ; *p.* facette du péroné ; *cub.* partie qui s'articule avec le cuboïde. — Gypse de Paris.

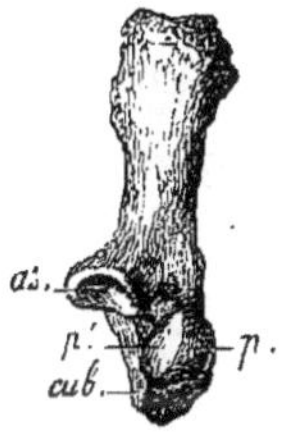

FIG. 189. — Calcanéum gauche d'*Eurytherium secundarium*, vu en dessus, à 1/3 de grandeur. Mêmes lettres; la facette *p.* s'incline en *p.'* pour fournir un appui à l'astragale. — Phosphorites du Quercy. (Collection de M. Filhol.)

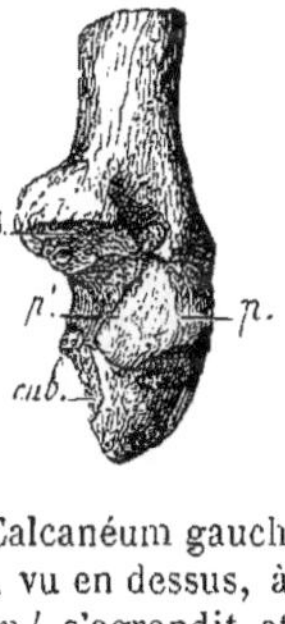

FIG. 190. — Calcanéum gauche d'*Eurytherium*, vu en dessus, à 1/3 de grandeur. *p.'* s'agrandit et se déprime de plus en plus. — Gypse de Paris. (Collection Brongniart.)

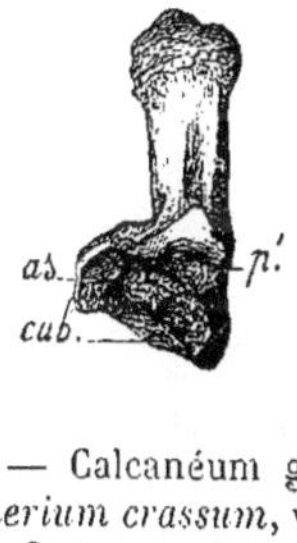

FIG. 191. — Calcanéum gauche du *Palæotherium crassum*, vu en dessus, à 1/3 de grandeur ; il n'y a plus de facette pour supporter le péroné ; la facette *p.'* s'est agrandie et portée en arrière pour soutenir uniquement l'astragale. — Gypse de Paris.

et à la cuisse ; chez les imparidigités, l'humérus a son épicondyle et sa crête deltoïde bien plus développés que chez les paridigités ; le fémur a sur le côté externe une profonde fosse sus-condylienne et un trochanter latéral (fig. 205) qui manquent chez les paridigités (fig. 202).

De si nombreuses différences entre les membres des paridigités et des imparidigités ont nécessairement frappé les naturalistes; plusieurs d'entre eux en ont conclu que ces animaux

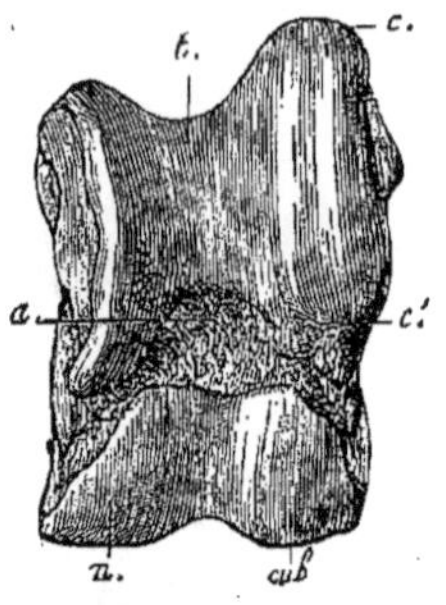

Fig. 192. — Astragale gauche d'*Helladotherium Duvernoyi*, vu en dessus, à 1/3 de grandeur. — *t.* poulie tibiale; *a.* fosse où s'arrête la pointe antérieure du tibia; *c.c.'* partie en connexion avec le bord externe du calcanéum; *n.* facette pour le naviculaire; *cub.* facette pour le cuboïde. — Pikermi.

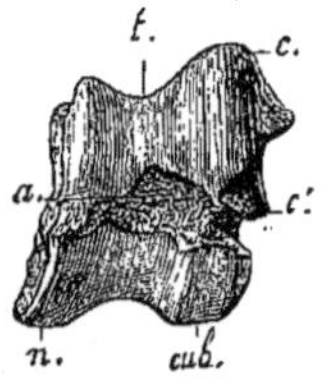

Fig. 193. — Astragale gauche d'*Anoplotherium commune*, vu en dessus, à 1/3 de grandeur. Mêmes lettres. — Gypse de Paris.

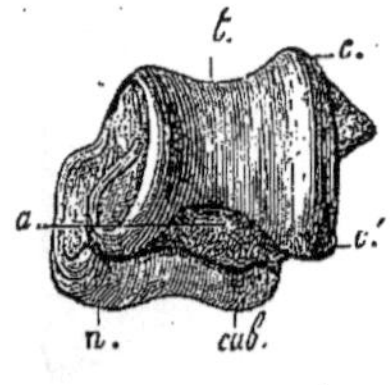

Fig. 194. — Astragale gauche d'*Eurytherium latipes*, vu en dessus, à 1/3 de grandeur. Mêmes lettres. — Lignites de la Débruge. (D'après Bravard.)

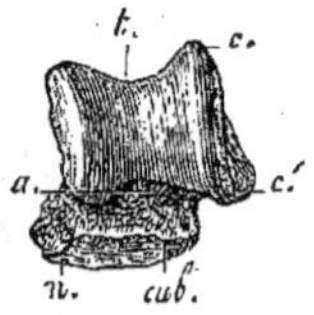

Fig. 195. — Astragale gauche de *Palæotherium crassum*, vu en dessus, à 1/3 de grandeur. — Gypse de Paris.

ne pouvaient avoir une commune origine. Quant à moi, il me semble que les différences dont je viens de parler ont une même cause et ne sont que le résultat d'une nécessité d'équilibre : chez les paridigités, les doigts du côté interne (le second et le troisième) sont à peu près égaux aux doigts du côté externe (le quatrième et le cinquième), de sorte que le corps s'appuie également sur toute la patte; au contraire, les doigts externes des imparidigités sont plus grêles que les doigts internes, de sorte qu'ils fournissent un plus faible appui ; de là découlent toutes les modifications qui séparent les paridigités des impari-

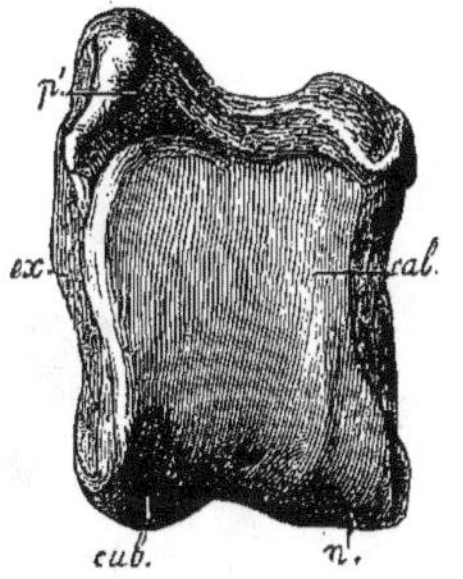

FIG. 196. — Astragale gauche d'*Helladotherium Duvernoyi*, vu en dessous, à 1/3 de grandeur. — *cal.* facette en rapport avec le calcanéum ; *p'*. dépression qui s'appuie sur le calcanéum ; *ex.* côté externe ; *n.* facette pour le naviculaire ; *cub.* facette pour le cuboïde. — Pikermi.

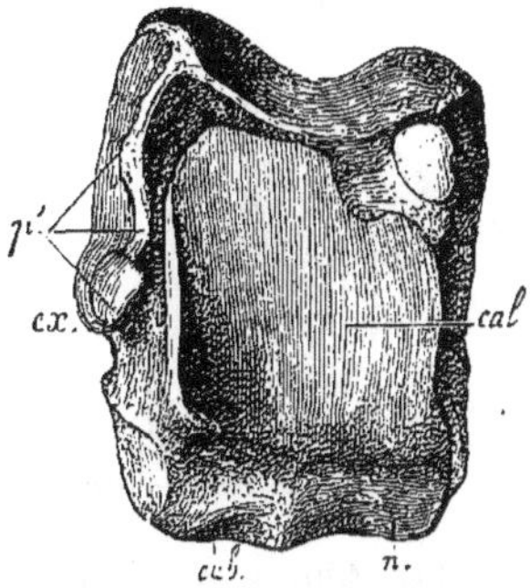

FIG. 197. — Astragale gauche d'*Anthracotherium*, vu en dessous, à 1/3 de grandeur. Mêmes lettres que dans la figure précédente. — Phosphorites du Quercy.

digités. Par exemple, c'est pour cette cause que le péroné des imparidigités (fig. 187), au lieu de s'appuyer sur le calcanéum ainsi que chez les paridigités (fig. 186), prend son point d'ap-

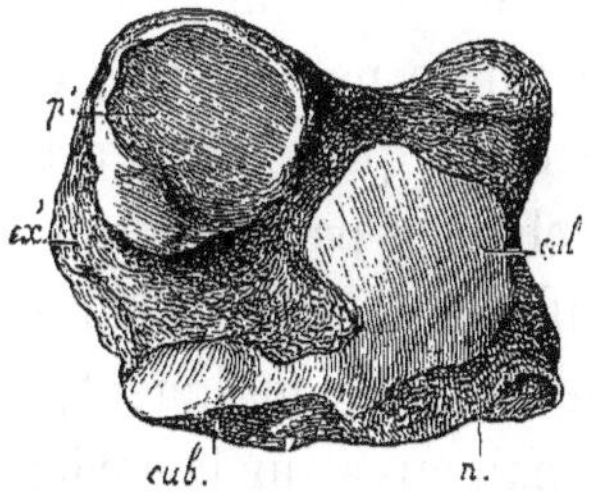

FIG. 198. — Astragale gauche de *Rhinoceros pachygnathus*, vu en dessous, à 1/3 de grandeur. Mêmes lettres que dans les figures précédentes. — Pikermi.

pui sur le tibia, et cesse de reposer sur l'avance externe du calcanéum ; il n'y trouverait point un soutien efficace, puisque cette avance porte sur le cuboïde qui lui-même porte sur le quatrième doigt très-affaibli ; il est donc naturel que tout le poids de la jambe se concentre sur l'astragale, qui repose sur le naviculaire, qui lui-même repose sur le troisième cunéiforme, qui à son tour repose sur le troisième doigt.

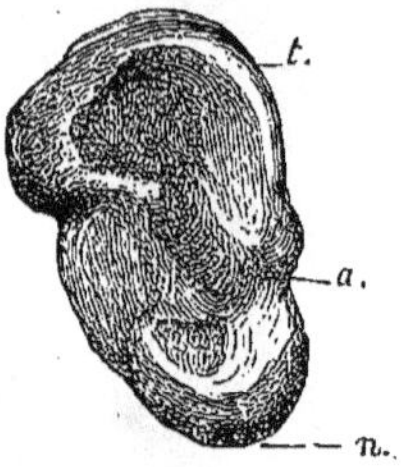

FIG. 199. — Astragale gauche d'*Anthracotherium magnum*, vu du côté interne, à 1/3 de grandeur. — *t.* poulie tibiale ; *a.* enfoncement où s'arrête la pointe antérieure du tibia ; *n.* facette pour le naviculaire. — Phosphorites du Quercy.

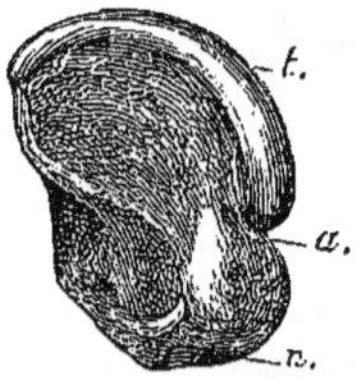

FIG. 200. — Astragale gauche d'*Acerotherium*, vu du côté interne, à 1/3 de grandeur. Mêmes lettres. — Phosphorites du Quercy.

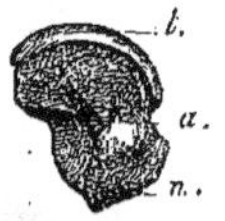

FIG. 201. — Astragale gauche de *Palæotherium crassum*, vu du côté interne, à 1/3 de grandeur. Mêmes lettres. — Gypse de Paris.

La modification de l'astragale a eu lieu en même temps ; sa face antérieure qui était arrondie chez les paridigités (fig. 199) est devenue plate (fig. 201), de sorte qu'il a cessé de pouvoir tourner sur le naviculaire ; ce changement a été une conséquence de celui qu'a subi l'articulation des os de la jambe ; en effet, chez les paridigités, le péroné trouve un point d'appui sur le calcanéum, mais chez les imparidigités il n'en est plus de même, et par conséquent, si l'astragale qui tourne sous le tibia tournait aussi sur le naviculaire, la jambe n'aurait plus de point d'appui sur le tarse.

Les autres modifications du tarse semblent également résulter du changement dans le mode d'articulation du péroné : puisque le calcanéum des imparidigités (fig. 191) n'a plus de facette *p.* pour le péroné, mais a une facette de plus pour l'astragale (facette *p'.*), cette seconde facette *p'.* peut être considérée comme la compensation de la facette *p*. Je suis porté

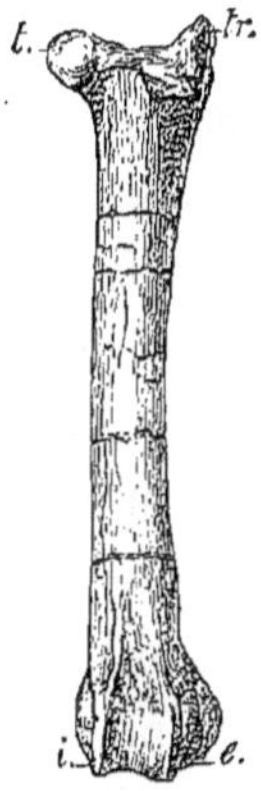

FIG. 202. — Fémur gauche de *Tragocerus amaltheus*, vu en avant, à 1/6 de grandeur : *t.* tête ; *tr.* grand trochanter ; *e.* condyle externe ; *i.* condyle interne. — Pikermi.

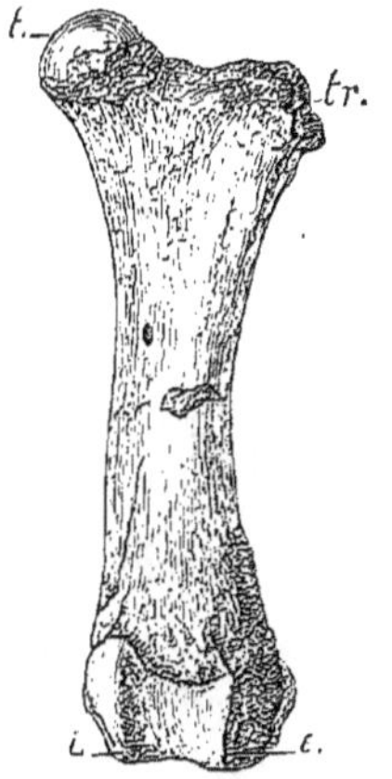

FIG. 203. — Fémur gauche de *Toxodon platensis*, vu en avant à 1/9 de grandeur. Mêmes lettres. — Recueilli à Buenos-Ayres par Villardebo.

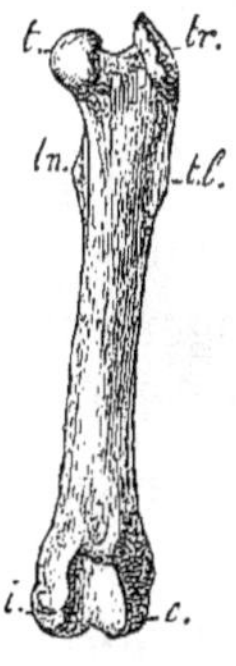

FIG. 204. — Fémur gauche d'*Hyrax capensis*, vu en avant, à 1/2 grandeur. Mêmes lettres. — *tn.* trochantin ; *t.l.* rudiment très-faible de trochanter latéral. — Cap de Bonne-Espérance.

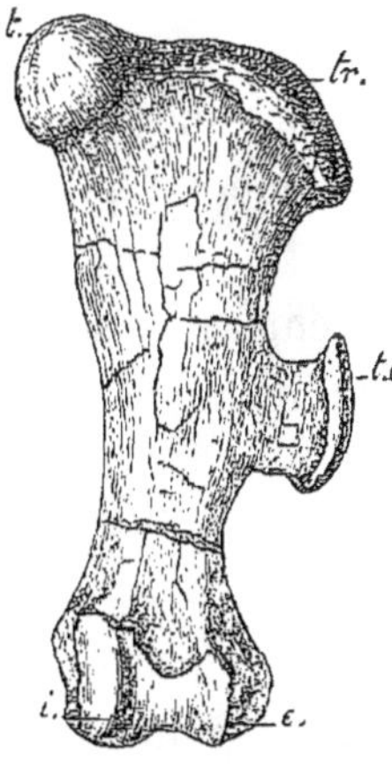

FIG. 205. — Fémur gauche de *Rhinoceros pachygnathus*, vu en avant, à 1/10 de grandeur. Mêmes lettres. — Le trochanter latéral *t.l.* est énorme. — Pikermi.

à croire que l'astragale de l'imparidigité est un astragale de paridigité qui aurait été étiré dans le sens de la largeur et aurait débordé sur le côté externe de manière à recouvrir la portion du calcanéum destinée originairement à supporter le péroné.

Ce n'est pas seulement dans la partie inférieure des membres qu'a dû se faire sentir le changement du centre de gravité des doigts ; il s'est produit aussi dans les muscles du bord externe qui ont les fonctions de releveurs ou d'extenseurs, car les pattes des imparidigités étant plus faibles du côté externe que du côté interne, les membres doivent être plus exposés à fléchir ou à verser en dehors ; il faut donc que les muscles antagonistes de la flexion soient plus développés sur le côté externe que sur le côté interne. C'est, je pense, pour cette raison que le fémur des imparidigités a une grande fosse suscondylienne au point où naît le jumeau externe qui est un extenseur du tarse ; c'est pour cette raison qu'il a un large trochanter latéral (fig. 205) destiné à maintenir le vaste externe qui est un extenseur de la jambe ; enfin c'est pour la même raison sans doute que l'épicondyle de l'humérus où s'insèrent les extenseurs des doigts et que la crête deltoïde où aboutit le deltoïde ont plus de développement que chez les paridigités[1].

Si ces remarques sont justes, on doit admettre que les différentes modifications des imparidigités ne sont que la conséquence d'une seule modification dans l'arrangement des doigts ; par conséquent, il suffit que cette seule modification ait eu lieu pour que toutes les autres modifications se soient produites.

Je ne veux point prétendre que la paléontologie ait encore découvert la preuve de changements successifs établissant un passage insensible des membres des paridigités aux membres des imparidigités. Cependant elle commence à nous faire con-

1. Bien que l'éléphant et l'hippopotame aient leur quatrième et leur cinquième doigt bien développés, leur humérus a un grand épicondyle pour donner attache à de puissants muscles extenseurs des doigts ; mais cela provient sans doute de ce que les extenseurs ont à soutenir un corps particulièrement pesant.

cevoir comment ces changements auraient pu avoir lieu. Ainsi le nombre des doigts est loin d'être invariable : le tapir, l'*Acerotherium* (fig. 172), le *Brontotherium* (fig. 206) ont quatre doigts aux pattes de devant, trois doigts aux pattes de derrière (fig. 207) ; bien qu'ils aient en avant des doigts pairs, on les classe dans la catégorie des animaux à doigts impairs. Lors même que les pattes de devant n'ont en apparence que

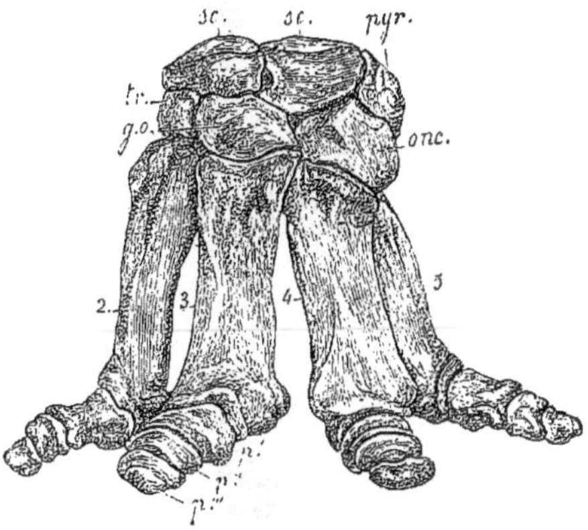

FIG. 206. — Patte de devant gauche d'un *Brontotherium*, vue en avant, à 1/7 de grandeur.— *sc.* scaphoïde ; *se.* semi-lunaire ; *pyr.* pyramidal ; *tr.* trapézoïde ; *g.o.* grand os ; *onc.* onciforme ; 2, 3, 4, 5 les quatre métacarpiens ; *p.'* première phalange ; *p.''* seconde phalange ; *p.'''* phalange onguéale. (D'après M. Marsh.) — Miocène du Colorado, à l'est des Montagnes Rocheuses.

trois doigts (le second, le troisième et le quatrième), il existe le plus souvent un vestige du cinquième métacarpien ; j'ai dit qu'un tel vestige a persisté jusque sur l'*Hipparion* et qu'il se retrouve parfois chez le cheval, quoique la simplification des pattes soit portée dans cet animal à son maximum. Tandis qu'on range parmi les imparidigités des bêtes à doigts pairs, on classe parmi les paridigités des bêtes à doigts impairs ; par exemple l'*Eurytherium* a trois doigts aux pattes de devant (fig. 208) et aux pattes de derrière (fig. 209) ; cependant les naturalistes le placent près de l'*Anoplotherium* et il me semble qu'ils ont raison. Le pécari, qui est par excellence un paridigité, a quelquefois trois doigts aux pattes de derrière. On conçoit du reste que, si on réunit dans le même ordre les animaux à quatre doigts et ceux à deux doigts parce qu'on suppose qu'ils sont descendus les uns des autres, il faut admettre qu'en devenant des bêtes à deux doigts, quelques-unes des bêtes à quatre doigts ont pu être, à un moment donné, des bêtes à trois doigts.

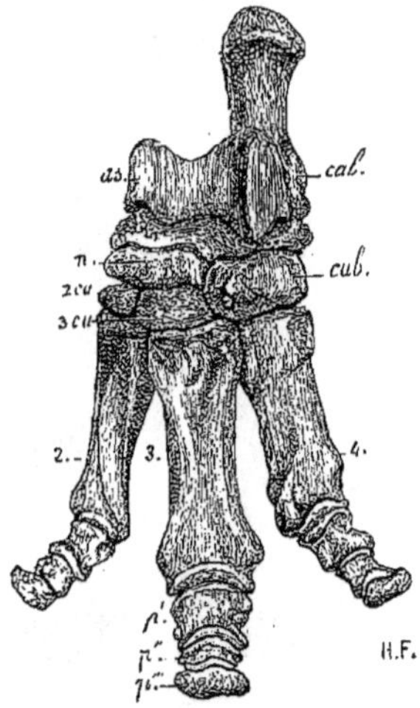

FIG. 207. — Patte de derrière gauche d'un *Brontotherium*, vue en avant, à 1/7 de grandeur. — *as.* astragale; *cal.* calcanéum; *n.* naviculaire; *2cu.* second cunéiforme; *3cu.* troisième cunéiforme; *cub.* cuboïde; 2, 3, 4 les trois métatarsiens; *p.'*, *p.''*, *p.'''* les phalanges. (D'après M. Marsh.) — Miocène du Colorado, à l'est des Montagnes Rocheuses.

La grosseur relative des doigts n'est pas moins variable que leur nombre. Ainsi le troisième doigt, qui est si prédominant chez le cheval (fig. 178), est moins prédominant chez l'hipparion (fig. 177), moins prédominant chez l'*Anchitherium* (fig. 176) et le *Paloplotherium minus* (fig. 175) que chez l'hipparion, moins prédominant chez le *Palæotherium medium* (fig. 174) que chez le *Paloplotherium minus*, moins prédominant chez le *Palæotherium crassum* (fig. 173) que chez le *Paloplotherium medium*, enfin moins prédominant chez le rhinocéros et l'*Acerotherium* (fig. 172) que chez le *Palæotherium crassum*. Il faut en outre remarquer que la face proximale du quatrième métatarsien et du quatrième métacarpien des imparidigités est souvent plus épaisse que celle du second métacarpien et du second métatarsien ; et que, d'autre part, la face proximale du quatrième métacarpien et du quatrième métatarsien des paridigités est quelquefois plus rétrécie que celle du troisième métacarpien et du troisième métatarsien ; on s'en convaincra en regardant les gravures des pattes de mouton (fig. 136), d'*Helladotherium* (fig. 147), de *Dremotherium* (fig. 142), de *Gelocus* (fig. 146). Pour dessiner la patte d'*Eurytherium* qui est représentée figure 209, j'ai réuni des métacarpiens trouvés isolés ; par conséquent, je ne veux pas affirmer que je n'aie pas pris un quatrième métacarpien d'un sujet plus petit que celui dont j'ai

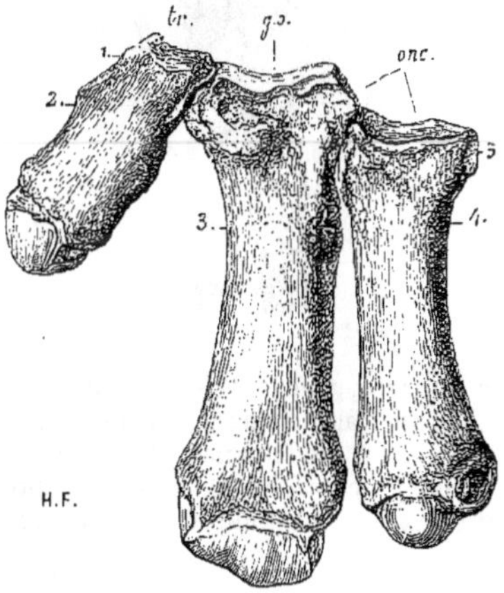

Fig. 208. — Patte de devant gauche d'*Eurytherium*, à 1/2 grandeur. — 2. 3. 4. métacarpiens ; 5. facette pour un cinquième métacarpien rudimentaire ; 1. facette pour le trapèze ou peut-être un pouce. — Phosphorites du Quercy. (Collection de M. Filhol.)

fait figurer le troisième métacarpien ; cependant les facettes d'articulation s'accordent si bien que je ne suppose pas que ce dessin s'écarte beaucoup de la réalité ; or le troisième métacarpien est notablement plus fort, comme on le voit chez les imparidigités ; ces remarques tendent à diminuer un peu l'intervalle qui paraissait exister entre les bêtes à doigts pairs et celles à doigts impairs.

Les astragales sont les os qui servent le mieux à distinguer les paridigités des imparidigités ; néanmoins on peut surprendre dans quelques-uns d'entre eux des tendances à se modifier; ainsi la figure 200 montre un astragale d'un rhinocéridé où la facette pour le naviculaire est plus arrondie que dans les imparidigités ordinaires. L'astragale d'un ruminant (fig. 196) ou même celui d'un cochon est juxtaposé contre l'apophyse péronière du calcanéum, mais il ne la recouvre nullement. L'astra-

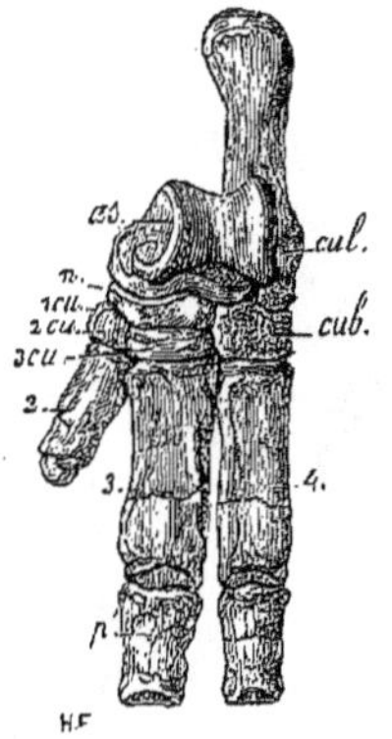

FIG. 209. — Patte de derrière gauche d'*Eurytherium latipes*, vue en avant, à 1/6 de grandeur. — *cal.* calcanéum ; *as.* astragale ; *n.* naviculaire; *cub.* cuboïde; *1cu.*, *2cu.*, *3cu.* les cunéiformes; 2. 3. 4. les second, troisième et quatrième métatarsiens ; *p'.* première phalange. (D'après le moulage de la patte restaurée par Bravard.) — Lignite de la Débruge.

gale de l'*Anthracotherium* (fig. 197) porte sur le côté externe une facette allongée qui indique que cet os a une tendance à s'appuyer sur le calcanéum. L'astragale de l'*Anoplotherium* (fig. 193) se déjette en dehors pour s'appliquer obliquement sur la facette péronière du calcanéum. L'astragale de l'*Eurytherium* (fig. 194) ressemble beaucoup à celui d'un *Anoplotherium* dont le bord *c. c'*. se serait déjeté plus en dehors de manière à recouvrir davantage le bombement péronier du calcanéum.

La facette du calcanéum qui s'articule avec le péroné chez un grand nombre de paridigités (fig. 188) s'est partagée en deux chez l'*Eurytherium* (fig. 189) ; la partie externe, qui est rétrécie, est restée horizontale et a dû continuer à s'articuler avec le péroné ; la partie interne qui est oblique s'est appliquée sous l'astragale et s'est articulée avec lui. M. Charles Brongniart m'a remis dernièrement quelques fossiles du gypse de Paris provenant de la collection de son illustre arrière-grand-père, Alexandre Brongniart ; parmi ces pièces, il y a un calcanéum d'*Eurytherium* dont la facette péronière est très-inclinée en dedans (fig. 190) ; il est vrai que cet os a subi une usure qui a dû augmenter l'obliquité de la facette astraga-

Fig. 210. — Péroné d'*Anoplotherium commune*, vu du côté interne, à 1/2 grandeur ; on a représenté à part sa face distale. — *as.* facette en rapport avec l'astragale ; *cal.* grande facette pour le calcanéum. — Lignite de la Débruge.

Fig. 211. — Péroné d'un animal encore indéterminé, vu du côté interne, aux 2/3 de grandeur ; on a représenté à part sa face distale. — *as.* facette en rapport avec l'astragale ; *cal.* très-petite facette pour le calcanéum. — Phosphorites du Quercy. (Collection de M. Javal.)

lienne ; mais, même en tenant compte de cet accident, je crois que le calcanéum de la collection Brongniart indique un astragale encore plus recouvrant que ceux qu'on a eu occasion d'étudier jusqu'à présent, et par conséquent un péroné dont la face distale était diminuée. J'ai vu dans la collection des phosphorites de M. Javal un péroné qui semble réaliser le type annoncé par certains calcanéum d'*Eurytherium*, car son côté interne (fig. 211) porte, comme chez les *Anoplotherium* (fig. 210) et les cochons, deux petites facettes d'articulation pour le côté externe de l'astragale, et en même temps son extrémité distale offre, au lieu de la grande facette de l'*Anoplotherium* (fig. 210, *cal.*) et du cochon, une toute petite facette (fig. 211, *cal.*); cela indique un péroné qui touchait à peine le calcanéum et était sur le point de perdre la disposition des paridigités pour prendre celle des imparidigités.

L'examen de ces os semblerait appuyer l'hypothèse que le calcanéum des imparidigités (fig. 191) n'est qu'une modification de celui des paridigités (fig. 188). L'idée de cette trans-

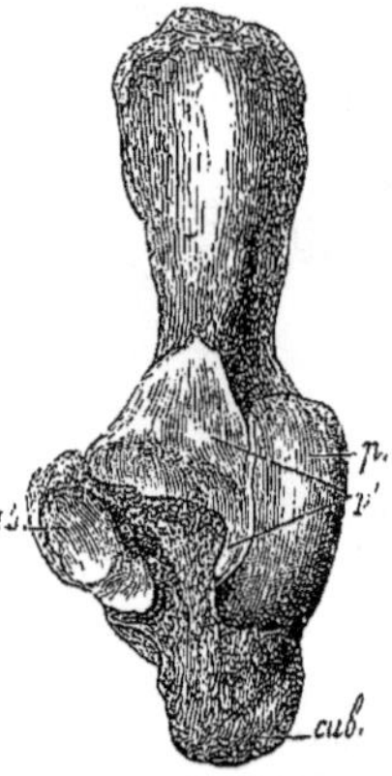

FIG. 212. — Calcanéum gauche de *Macrauchenia patagonica*, vu en dessus, à 1/3 de grandeur. — *as.* facette pour l'astragale; *p'.* facette qui supporte également l'astragale; *p.* facette pour le péroné ; *cub.* côté du cuboïde. — *Pliocène?* de Patagonie.

formation n'a pas échappé à l'esprit ingénieux de M. Kowalevsky, mais il l'a présentée d'une manière dubitative. Il a été ébranlé par la considération du calcanéum du *Macrauchenia* (fig. 212). En effet, le *Macrauchenia*, qui, sous plusieurs rapports, peut être rangé près des imparidigités, a un calcanéum où l'on observe à la fois la facette *p'.* des imparidigités destinée à soutenir l'astragale et la facette *p.* des paridigités destinée à soutenir le péroné; puisque les facettes *p.* et *p'.* sont également bien développées, il est impossible de supposer que l'une est la compensation de l'autre dans le *Macrauchenia.* Toutefois, parce qu'il en est ainsi dans ce fossile américain, ce n'est pas une raison pour qu'il en soit de même dans tous les cas; ainsi que je l'ai fait remarquer en diverses occasions, la nature a pu arriver à des résultats analogues par des procédés différents.

C'est seulement dans les dispositions des pattes, qu'on rencontre des difficultés pour expliquer le passage des paridigités aux imparidigités; les différences présentées par les os du bras et de la cuisse sont trop variables pour qu'on doute de la facilité avec laquelle elles ont pu s'atténuer ou s'accentuer: par exemple, le développement de l'épicondyle et de la crête deltoïde de l'humérus est très-inégal chez les imparidigités; dans le tapir et les damans, il est à peu près le même que dans le cochon et il est moindre que dans l'hippopotame; pourtant ces deux derniers sont des paridigités, tandis que le tapir et le daman sont considérés comme des imparidigités; cela provient peut-être de ce que le cinquième doigt n'est pas atrophié aux membres de devant chez le daman et le tapir, de sorte que la patte offre un appui suffisant pour que les muscles du côté externe n'aient pas besoin d'efforts plus grands que les muscles du côté interne. Le développement de la fosse condylienne et du trochanter latéral du fémur offre aussi de grandes variations; le trochanter est moins fort dans le *Palæotherium* que dans le rhinocéros (fig. 205), moins fort encore dans le cheval que dans le *Palæotherium;* chez le daman (fig. 204), il devient rudimentaire. MM. Owen et Gervais ont réuni sous le nom de toxodontes des ongulés dont le fémur n'a pas le trochanter latéral des imparidigités et qui cependant ne peuvent être rangés parmi les paridigités (fig. 203). Il n'y a pas de raison pour attacher au trochanter latéral du fémur plus d'importance dans la classification des ongulés que dans celle des onguiculés; or, plusieurs onguiculés de l'ordre des édentés ont à leur fémur un trochanter latéral et d'autres n'ont pas ce trochanter ; l'ordre des rongeurs présente tous les passages des

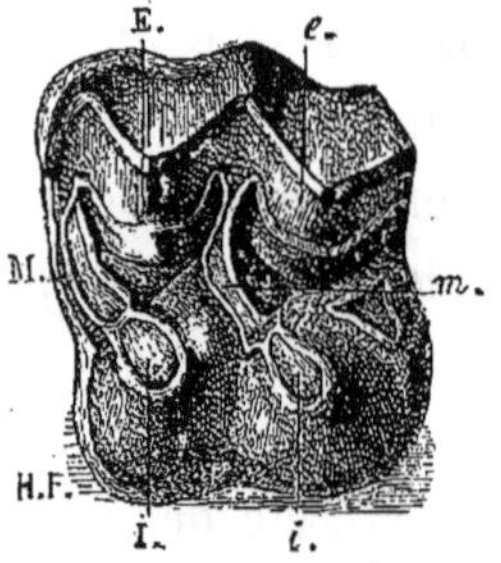

Fig. 163. — Arrière-molaire supérieure gauche d'*Anchitherium aurelianense*, grandeur naturelle. — *E.e.* denticules externes; *M.m.* denticules médians ; *I.i.* denticules internes. — Miocène moyen de la Grive - Saint - Alban. (Musée de Lyon).

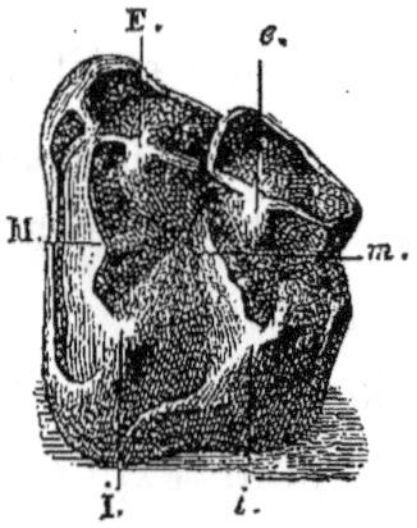

Fig. 213. — Arrière-molaire supérieure gauche de *Pachynolophus* (*Propalæotherium*) *argentonicus*, grandeur naturelle. Mêmes lettres. — Éocène moyen d'Argenton.

Fig. 214. — Arrière-molaire supérieure gauche du *Pachynolophus siderolithicus*, grandeur naturelle. Mêmes lettres. — Sidérolithique du Mauremont.

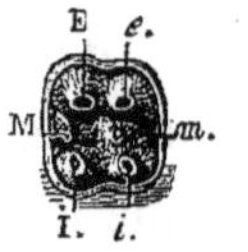

Fig. 215. — Arrière-molaire supérieure gauche d'*Hyracotherium leporinum*, grandeur naturelle. Mêmes lettres. (D'après M. Owen). — Argile de Londres.

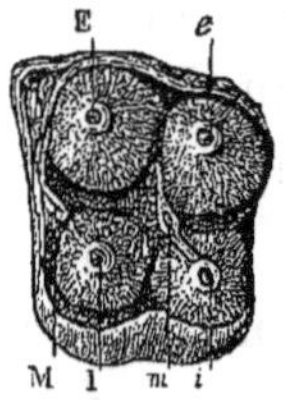

Fig. 216. — Arrière-molaire supérieure gauche de *Pliolophus vulpiceps;* on l'a dessinée au double de grandeur, afin que l'on puisse distinguer les denticules médians *M.m.* qui sont devenus très-petits. (D'après M. Owen.) — Argile de Londres.

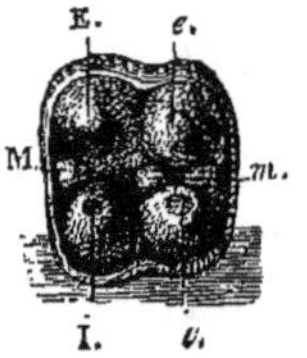

Fig. 116. — Arrière-molaire supérieure gauche de *Palæochœrus typus*, grandeur naturelle. Mêmes lettres. — Calcaire lacustre miocène de Langy (Allier).

fémurs qui ont un grand trochanter latéral aux fémurs qui en sont dépourvus.

Lorsqu'au lieu de considérer les os des membres, nous examinons la dentition des paridigités et des imparidigités, il devient impossible d'établir une séparation entre ces animaux. Par exemple, on peut citer l'*Anchitherium* comme un des meilleurs types des ongulés à doigts impairs ; comparons une de ses molaires (fig. 163) à celle du sous-genre de *Pachynolophus* qui a été appelé *Propalæotherium* (fig. 213), celle-ci à la molaire du *Pachynolophus siderolithicus* (fig. 214), celle-ci à la molaire de l'*Hyracotherium*[1] *leporinum* (fig. 215), celle-ci à la molaire du *Pliolophus* (fig. 216), celle-ci enfin à la molaire du *Palæochœrus* (fig. 116), nous voyons successivement les denticules externes *E. e.* et internes *I. i.* s'arrondir pendant que les denticules médians *M.* diminuent, de sorte qu'il y a passage insensible d'une des formes caractéristiques du groupe imparidigité à une des formes caractéristiques du groupe paridigité.

Quand je commençais à étudier la paléontologie, j'avais honte d'être parfois embarrassé pour distinguer les molaires isolées des *Paloplotherium* ou des *Palæotherium* qui sont des imparidigités d'avec celles des *Anoplotherium* ou des *Xiphodon* qui sont des paridigités; aujourd'hui je n'éprouverais plus le même sentiment, car en mettant à côté les unes des autres de nombreuses arrière-molaires d'*Anoplotherium*, de *Xiphodon*, de *Palæotherium* et de *Paloplotherium*, j'ai reconnu que véritablement leurs limites ne sont pas toujours faciles à préciser : la muraille externe des molaires d'*Anoplotherium* est en général plus oblique que chez les *Palæotherium;* le denticule interne du *Paloplotherium* (fig. 164) est un peu plus détaché que dans les *Palæotherium* (fig. 217); le denticule interne de l'*Anoplotherium* est plus gros (fig. 218) ; au contraire le denticule interne du *Xiphodon* (fig. 125) est plus petit et en compensation le denticule médian est plus développé ; quoique les molaires de cet animal soient bien voisines de celles des vrais ruminants qu'on peut citer comme types des paridigités (fig. 126 et 219),

1. Ὕραξ, ακος (les naturalistes donnent ce nom au daman); θηρίον, animal. Il ne faudrait pas conclure de ce nom que l'*Hyracotherium* est voisin du daman.

elles ne sont pas sans ressemblance avec certaines dents du *Paloplotherium minus* qui est un type très-accentué des im-

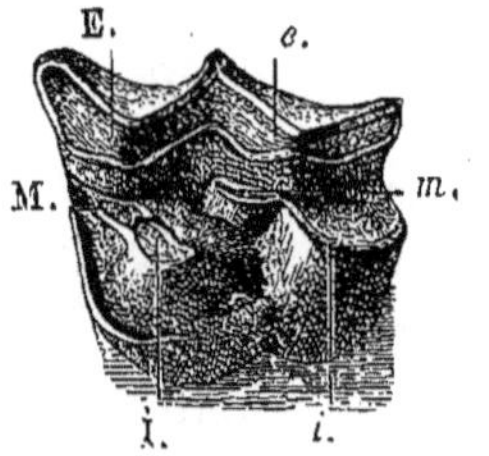

FIG. 217. — Arrière-molaire supérieure gauche de *Palæotherium medium*, de grandeur naturelle. — *E.e.* denticules externes ; *M.m.* denticules médians ; *I.i.* denticules internes. — Lignite de la Débruge (éocène supérieur).

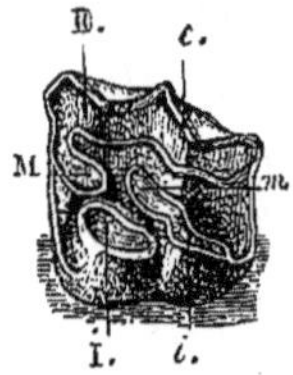

FIG. 164. — Arrière-molaire supérieure gauche de *Paloplotherium minus*, grandeur naturelle. Mêmes lettres. — Lignite de la Débruge.

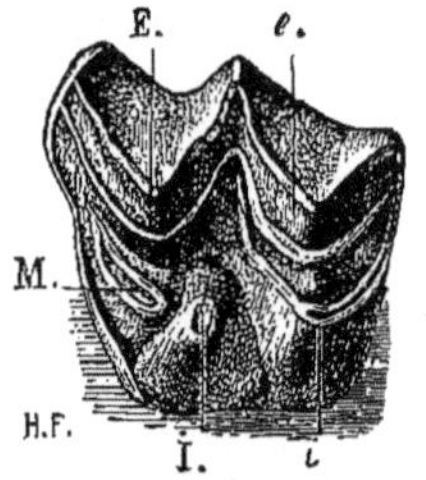

FIG. 218. — Arrière-molaire supérieure gauche d'*Anoplotherium commune*, grandeur naturelle. Mêmes lettres. — Lignite de la Débruge.

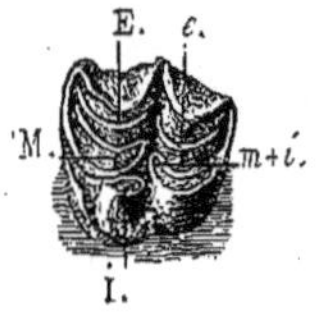

FIG. 125. — Arrière-molaire supérieure gauche de *Xiphodon gracilis*, grandeur naturelle. Mêmes lettres. — La Débruge.

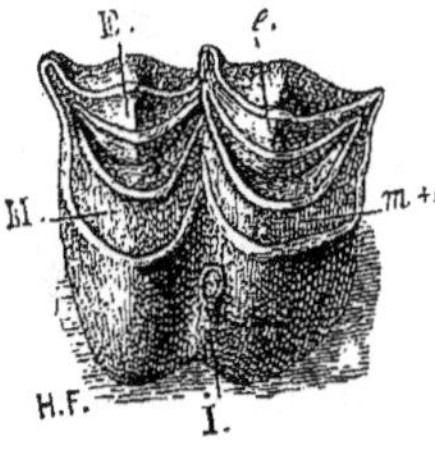

FIG. 126. — Arrière-molaire supérieure gauche de *Tragocerus amaltheus*, grandeur naturelle. Mêmes lettres. — Pikermi.

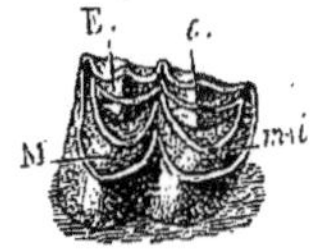

FIG. 219. — Arrière-molaire supérieure gauche de *Gazella brevicornis*, grandeur naturelle. Mêmes lettres. — Pikermi.

paridigités. Par ses molaires supérieures, le *Chalicotherium*[1] (fig. 220) se rapproche à la fois des paridigités du genre *Anoplotherium* (fig. 218), et des imparidigités de l'ouest de l'Amérique, auxquels on a donné les noms de *Titanotherium*[2] ou de

1. Χάλιξ, ϰος, caillou ; θηρίον, animal.
2. Τιτὰν, ἀνος, le géant Titan, et θηρίον ; ce nom a été imaginé pour rappeler la grande taille de l'animal.

Palæoshyops[1]. Le *Listriodon*[2], à en juger par ses molaires, devrait appartenir au groupe des imparidigités, et pourtant Lartet a reconnu que c'était un paridigité.

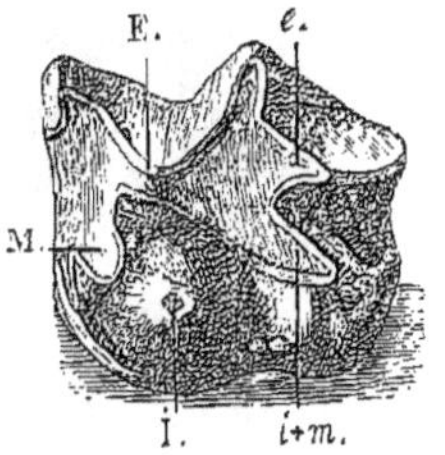

FIG. 220. — Arrière-molaire supérieure gauche du *Chalicotherium modicum*[3], à 2/3 de grandeur.— *E.e.* denticules internes ; *M.* denticule médian du premier lobe ; *I.* denticule interne du premier lobe ; *m.+i.* denticules interne et médian du second lobe fondus ensemble et en partie atrophiés. — Phosphorites du Quercy.

L'étude des molaires inférieures révèle aussi des passages entre la dentition des paridigités et celle des imparidigités. Une molaire inférieure de *Palæotherium* est formée de croissants simples (fig. 221) ; il arrive quelquefois que ces croissants se recourbent un peu à leurs extrémités, comme on le voit dans la figure 58, *I'. i.* Supposons que *I'.* et *i.* se développent davantage et prennent la forme de denticules isolés, nous aurons une dent d'*Anoplotherium commune* (fig. 222). On voit des molaires qui ressemblent extrêmement à celles de l'*Anoplotherium*, mais dans lesquelles le croissant antérieur semble avoir été comprimé et où ses deux extrémités *I'. i.* se sont rapprochées l'une de l'autre; ces dents ont été inscrites par Cuvier sous le nom d'*Anoplotherium* (*Eurytherium*) *secundarium* (fig. 223). Les denticules *I'.* et *i.* ont pu se rapprocher au point de se confondre; il en est résulté la forme appelée *Diplobune*[4] (fig. 224

1. Je suppose que ce nom vient de παλαιὸς, ancien, ὗς, ὑὸς, cochon, et ὤψ, aspect.

2. Λίστριον, petite pelle ; ὀδὼν, dent, à cause de la forme des dents incisives.

3. Cette espèce a ses denticules externes *E.e.* moins inclinés que dans les autres *Chalicotherium* ; cela augmente sa ressemblance avec l'*Anoplotherium*.

4. Διπλόος-οῦς, double ; βουνὸς, colline. M. Fraas a proposé le nom de *Diplobune*, pour rappeler que le bord interne du premier lobe des molaires inférieures porte une double pointe.

et 225). Dans la figure 224, la distinction de *I*. et *I'*. est encore possible; dans la figure 225 qui représente le vrai type du

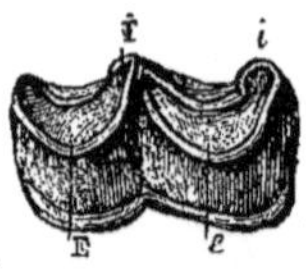

FIG. 221.— Arrière-molaire inférieure gauche de *Palæotherium medium*, de grandeur naturelle. — I. *i*. denticules internes; E. *e*. denticules externes; — La Débruge.

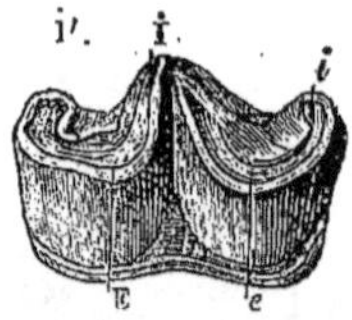

FIG. 58. — Arrière-molaire inférieure gauche de *Palæotherium magnum*, à 1/2 grandeur. Mêmes lettres. — La Débruge.

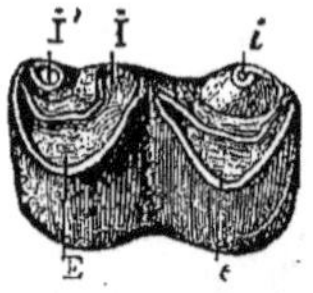

FIG. 222. —Arrière-molaire inférieure gauche d'*Anoplotherium commune*, de grandeur naturelle. Mêmes lettres. — I'. denticule supplémentaire. — La Débruge.

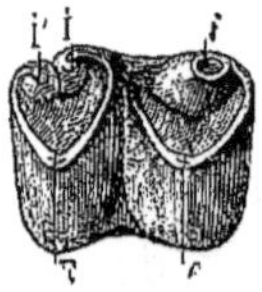

FIG. 223. — Arrière-molaire inférieure gauche d'*Eurytherium secundarium*, grandeur naturelle. Mêmes lettres. — Phosphorites de St-Antonin. (Collection de M. Javal.)

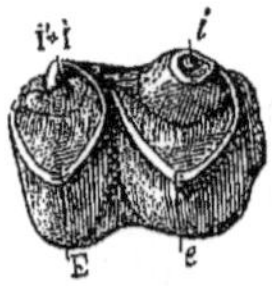

FIG. 224. — Arrière-molaire inférieure gauche de *Diplobune Quercyi*, de grandeur naturelle. Mêmes lettres.— Phosphorites d'Escamps (Quercy).

FIG. 225. — Arrière-molaire inférieure gauche de *Diplobune bavaricum*, de grandeur naturelle Mêmes lettres. (D'après M. Fraas.)

Diplobune, *I*. et *I'*. se montrent intimement réunis. Pour que la dent de la figure 225 ait été transformée en molaire de ruminant à double croissant, il a suffi que le denticule *i*. du second lobe se soit un peu allongé.

Je ferai aussi remarquer que les arrière-molaires inférieures du *Lophiomeryx* (fig. 114, p. 166) forment l'intermédiaire entre l'*Anchitherium* (fig. 159) et l'*Hipparion* (fig. 160); cependant ces deux derniers sont des imparidigités, tandis que le *Lophiomeryx* est un paridigité[1].

1. Je dois avouer que l'homologie du denticule *i'*. est parfois obscure pour moi; lorsque je vois ce denticule dans le *Lophiomeryx* (fig. 114), qui a ses affinités principales avec les paridigités, je crois que *i'*. n'est autre chose que le denticule *i*. qui s'est porté en avant; dans ce cas, le denticule que j'ai marqué *i*. serait un denticule

Quand on observe tant de passages dans les formes des dents des anciens ongulés, il est permis de supposer qu'on en

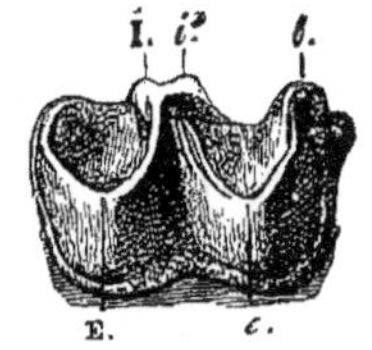

Fig. 159. — Arrière-molaire inférieure gauche de l'*Anchitherium aurelianense*, grandeur naturelle. — *I.*, *i'.*, *i.* denticules internes; *E.e.* denticules externes. — Miocène moyen de Sansan.

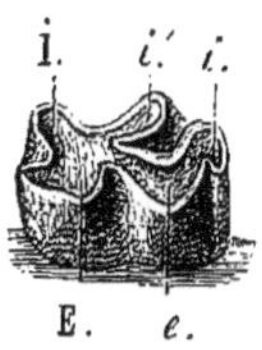

Fig. 114. — Arrière-molaire inférieure gauche du *Lophiomeryx Chalaniati*, en partie usée, grandeur naturelle. Mêmes lettres. — Phosphorites du Quercy.

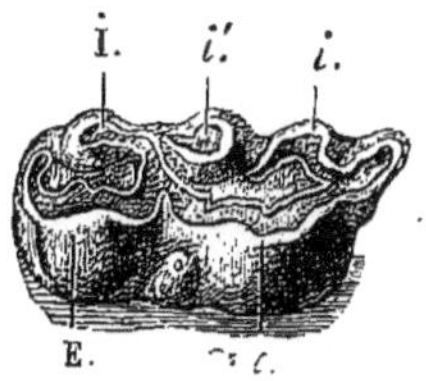

Fig. 160. — Molaire de lait inférieure gauche d'*Hipparion gracile*, grandeur naturelle. Mêmes lettres. — Pikermi.

trouvera aussi dans les formes des membres. Il ne faut point perdre de vue que s'il existe des différences entre les paridigités et les imparidigités, il y a des différences non moins grandes entre les types des paridigités. Plaçons à côté l'un de l'autre un cochon et un cerf ; comparons leur tête, leurs dents, leur cou, l'épine de leur omoplate, la partie inférieure de leur cubitus, leur péroné, leurs pattes, nous voyons des distinctions importantes. Comparons dans un rhinocéros et dans un cheval la tête, les dents, le cou, la trochlée de l'humérus, la partie inférieure du cubitus, le grand trochanter du fémur, le péroné, les pattes, nous observons également un contraste entre des animaux qui sont des imparidigités. Nous supposons qu'ils ont pu être dérivés les uns des autres parce que nous commençons à découvrir des transitions entre eux. Mais tout évolutionniste qui croit cela sera certainement disposé à admettre que les imparidigités et les paridigités ont pu aussi être descendus les

supplémentaire. Lorsqu'au contraire je regarde le denticule *i'.* dans l'*Anchitherium* (fig. 159) et dans l'hipparion (fig. 160), qui sont des imparidigités, je tends à le regarder, soit comme un dédoublement de *I.*, soit comme un denticule supplémentaire ; je ne peux pas le considérer comme étant le denticule *i.*, car ce denticule, dans les imparidigités, semble se porter en arrière du second lobe.

uns des autres, et que l'on trouvera des passages dans les formes de leurs membres aussi bien que dans leur dentition. Seulement, comme ces passages sont peu manifestes parmi les animaux tertiaires, il faut penser que la séparation des imparidigités et des paridigités était déjà à peu près consommée à l'époque tertiaire et qu'il sera nécessaire de remonter jusqu'aux temps secondaires pour découvrir leurs dérivations. Si on voulait, dans l'état actuel de nos connaissances, dresser l'arbre généalogique des ongulés, on devrait dessiner sur cet arbre deux tiges principales : la tige imparidigitée de laquelle est sortie la branche solipède et la tige paridigitée qui a donné naissance à la branche ruminant.

Doit-on conclure de là qu'il y a lieu de changer la nomenclature ? c'est là une grande question qui a été encore peu agitée, parce que les enchaînements des êtres anciens n'ont été jusqu'à présent étudiés que par un petit nombre de personnes. Comme je le rappellerai à la fin de ce livre, l'idée générale des genres a dû être inspirée par les ressemblances qu'ont entre eux des êtres qui ont été tirés les uns des autres ; mais il ne s'en suit pas que les degrés de ressemblance des êtres soient exactement en proportion de leur degré de parenté, car il y a eu une extrême inégalité dans leurs transformations. Certains mollusques et surtout certains foraminifères actuels sont presque identiques à des espèces des temps primaires, quoique des générations innombrables se soient interposées entre eux. Des mammifères actuels peuvent être notablement différents des espèces du milieu de l'époque tertiaire, bien qu'ils soient séparés par un nombre relativement restreint de générations. Pour classer uniquement les genres suivant leur degré de parenté, il faudrait réunir des êtres dissemblables et éloigner beaucoup les uns des autres des êtres qui ont, sinon une ressemblance absolue, du moins de très-grandes analogies. La meilleure preuve qu'on puisse en donner c'est que les fondateurs de la zoologie ont établi les classifications des êtres avant que leur généalogie fût connue et que ces classifications sont loin de concorder strictement avec les séries généalogiques. Par exemple, on a remarqué que la plupart des antilopes et des cerfs ont une robe charmante, un regard où la douceur est peinte, un nez délicat qui consulte l'haleine des vents pour deviner l'approche des ennemis, des membres et notamment des pattes d'une finesse exquise qui permettent la course la plus rapide, un estomac compliqué fait pour ruminer, des molaires de vrais herbivores, une mâchoire supérieure sans incisives et souvent sans canines. D'autre part, on a vu que les sangliers ont une peau épaisse, un regard farouche, un groin pour fouiller la terre, des allures lourdes, des molaires d'omnivores, des canines en forme de défenses et un estomac simple, non disposé pour ruminer. On a séparé ces animaux : des premiers on a fait l'ordre des ruminants, des seconds on a fait l'ordre des pachydermes : les savants, les artistes et tout le public ont trouvé que cette séparation était naturelle et prouvait le bon sens de ceux qui l'avaient établie. Aujourd'hui, parce qu'on découvre des liens de parenté entre les ruminants et les pachydermes, faut-il rejeter l'œuvre de nos prédécesseurs? Pour faire les classifications, doit-on prendre pour types des groupes les branches terminales des arbres généalogiques qui marquent l'épanouissement le plus complet, ou faut-il prendre pour types les branches mères ? Une telle question ne pourra être résolue que par l'ensemble des naturalistes, car il me semble qu'il s'agit de décider si on veut bouleverser, au fur et à mesure des découvertes paléontologiques, la plus grande partie de l'ancienne classification. A mon avis, les noms d'espèces, de genres, de familles, d'ordres représentent le plus souvent, non pas des groupes d'animaux distincts, mais plutôt des stades, des manières d'être; par conséquent des parents observés pendant une longue période géologique doivent changer tour à tour d'espèces, de genres, de familles et d'ordres.

CHAPITRE VII

LES PROBOSCIDIENS

On réunit sous le nom de proboscidiens [1] les *Dinotherium*, les mastodontes et les éléphants. Ces animaux sont les plus imposants des mammifères terrestres qui ont vécu sur notre globe; Livingstone a dit [2] : « *Toute créature vivante, excepté l'homme, se retire devant le noble éléphant.* » Quelques-uns des proboscidiens tertiaires ont surpassé ceux des temps actuels; il est rare que ces derniers aient plus de trois mètres de haut; le *Dinotherium* devait avoir quatre mètres et demi, l'*Elephas meridionalis* était à peu près aussi fort; M. Gervais fait monter en ce moment au Muséum le squelette d'un individu fossile qui a été trouvé dans le Gard, à Durfort, par M. Cazalis de Fondouce; on ne peut voir la grandeur de ce squelette sans en être impressionné.

Les proboscidiens sont supérieurs aux autres ongulés, non-seulement parce qu'ils sont les plus majestueux, mais aussi parce qu'ils jouissent de la faculté de préhension. Les onguiculés qui en général ont des formes légères peuvent par moment

1. Προβοσκίς, ίδος, trompe.
2. *Explorations dans l'intérieur de l'Afrique australe*, traduction française, chap. VII, p. 162, 1859.

faire porter le poids de leur corps sur leurs membres postérieurs et employer leurs mains pour saisir. Un animal du poids d'un proboscidien ne peut cesser de s'appuyer sur ses quatre membres ; c'est pourquoi ce n'est pas avec ses mains, c'est avec son nez que l'éléphant saisit, et, comme ce nez forme une trompe très-allongée, il atteint là où beaucoup d'autres animaux ne sauraient parvenir. Toutes les personnes qui ont vu les éléphants sauvages ont été unanimes à constater l'habileté et la patience avec laquelle ils cueillent de très-petits fruits[1] ; on a vanté le soin qu'ils apportent à leur toilette : « *Après le milieu du jour*, écrit Delegorgue[2], *quand la chaleur devient accablante, l'éléphant recherche les rivières au sable pur, et là, ramassant du sable mouillé, il s'en jette sur toutes les parties du corps, puis il s'arrose en tous sens, apportant à sa toilette la même minutie qu'un fashionable.* » Les voyageurs ont admiré aussi l'amour maternel des proboscidiens; par exemple on lit dans l'ouvrage de Livingstone le passage suivant[3] : « *J'aperçus une éléphante et son petit; elle était debout et s'éventait avec ses grandes oreilles, tandis que l'éléphanteau se roulait joyeusement dans la vase.... L'excellente bête ne se doutait pas de l'approche des ennemis et se laissait téter par son petit... Tous les deux allèrent dans une fosse où ils se barbouillèrent de fange; le petit folâtrait..... il balançait sa trompe à la mode éléphantine ; sa mère de son côté remuait la queue et les oreilles pour exprimer sa joie. Tout à coup*, ajoute Livingstone, *des coups de feu retentissent, la mère s'enfuit d'abord, puis voyant son petit couvert de sang, elle revient pour le défendre, et son courage ne cesse qu'avec sa vie.* »

La tardive apparition de ces animaux, qui à certains égards sont si élevés et présentent des caractères si spéciaux, confirme la croyance que les types les plus parfaits et les plus divergents sont ceux qui sont venus les derniers. On n'en a encore trouvé

1. Voir notamment Livingstone. Ouvrage cité, p. 619.
2. *Voyage dans l'Afrique australe* en 1838, Ier vol., p. 574.
3. Ouvrage cité, p. 614.

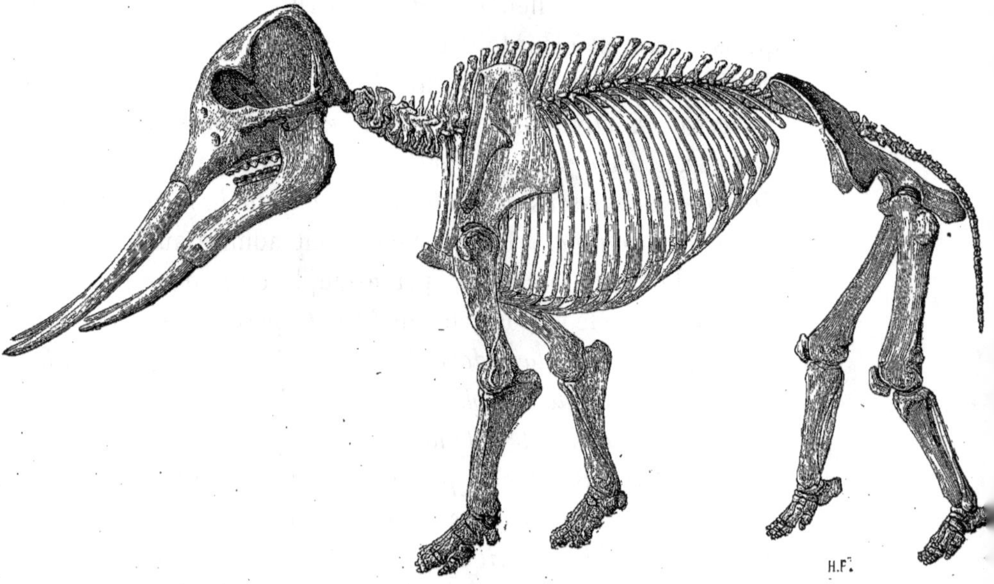

Fig. 226. — Essai de restauration du squelette du *Mastodon angustidens*, d'après les pièces découvertes par Laurillard dans le miocène moyen de Simorre (Gers). Au 1/26 de grandeur.

aucun débris au sein des couches éocènes ; dans nos pays, ils ne semblent dater que des temps miocènes.

J'ai présenté figure 226 une restauration du squelette du *Mastodon angustidens*, d'après les pièces qui ont été découvertes à Simorre par Laurillard et ont été montées dans le Muséum. Le *Mastodon angustidens* paraît être l'espèce qui s'éloigne davantage des proboscidiens actuels ; la forme des molaires, leur mode de remplacement, le nombre et la dimension des défenses, l'élévation de la tête, l'allongement du corps offrent des différences manifestes. Mais, entre le *Mastodon angustidens* qui est une des plus anciennes espèces connues dans le genre mastodonte et les éléphants actuels, de nombreuses espèces s'interposent ; quand on les passe en revue, on voit les différences s'atténuer peu à peu[1].

La différence la plus essentielle qui sépare le mastodonte de l'éléphant porte sur la disposition des molaires. Dans le pre-

FIG. 227. — Arrière-molaire inférieure du *Mastodon angustidens*, à 1/2 grandeur. — Miocène moyen de Simorre.

mier de ces genres, les molaires présentent le type le plus parfait des omnivores ; elles sont formées de gros mamelons qui ont

1. C'est M. Falconer qui a jeté le plus de lumière sur l'histoire des proboscidiens. Ses principaux travaux sont réunis dans les publications suivantes :

Hugh Falconer and Proby T. Cautley. *Fauna antiqua sivalensis, being the fossil zoology of the Sewalik Hills in the North of India*. Atlas in-folio. London, 1846-49. Sur les neuf cahiers de l'atlas, six sont consacrés aux proboscidiens.

Palæontological Memoirs and Notes of the late Hugh Falconer, compiled and edited by Charles Murchison. 2 vol. in-8°. London, 1868.

Comme son ami Falconer, Édouard Lartet a beaucoup étudié les proboscidiens tertiaires. Il a notamment composé un mémoire très-instructif, intitulé : *Sur la*

suggéré à Cuvier le nom de mastodontes[1] (fig. 227) ; comme les dents des cochons, elles ont leur ivoire couvert d'une couche d'émail, de manière à pouvoir broyer les corps les plus durs; c'est ce que montre la coupe ci-dessous (fig. 228). Si, au con-

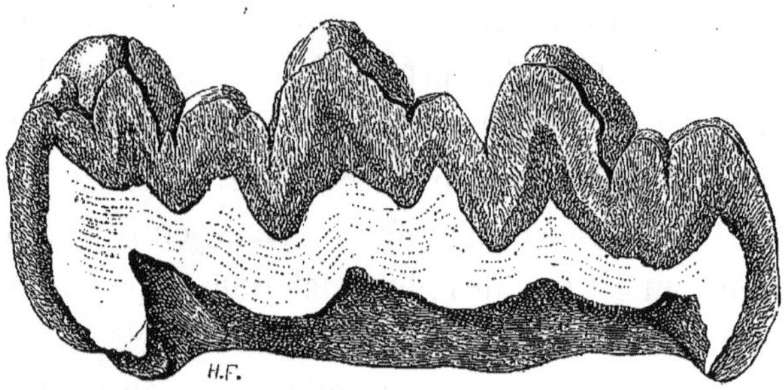

FIG. 228. — Coupe longitudinale d'une première arrière-molaire inférieure de *Mastodon angustidens*, aux 2/3 de grandeur, pour montrer la couche épaisse d'émail qui recouvre l'ivoire. — Miocène moyen de Simorre.

traire, on considère les molaires d'éléphants dont les coupes sont représentées figures 237 et 238, on verra qu'elles offrent le type le plus parfait des dents d'herbivores; elles sont composées de nombreuses collines si amincies qu'elles ont la forme de lames; comme les lames sont en ivoire recouvert de chaque côté par de l'émail et que leurs intervalles sont remplis de cément, elles forment, ainsi que chez les ruminants et les solipèdes, une râpe merveilleusement disposée pour triturer des herbes.

Mais les dents des mastodontes et des éléphants ont des dispositions très-variées. Ainsi, chez beaucoup de mastodontes, les mamelons, au lieu de s'arrondir à leur sommet, deviennent anguleux et se réunissent de manière à constituer des collines transverses qui rappellent un peu le type des tapirs; les paléontologistes ont l'habitude de donner aux dents qui ont cette or-

dentition des proboscidiens fossiles (Dinotherium, Mastodontes et Éléphants) et sur la distribution géographique et stratigraphique de leurs débris en Europe. (*Bull. de la Soc. géol. de France*, 2e série, vol. XVI ; 21 mars 1859.)

1. Μαστὸς, mamelon; ὀδὼν, dent.

ganisation le nom de dents tapiroïdes. On a un exemple d'une de ces molaires dans la figure 230 qui représente la forme appe-

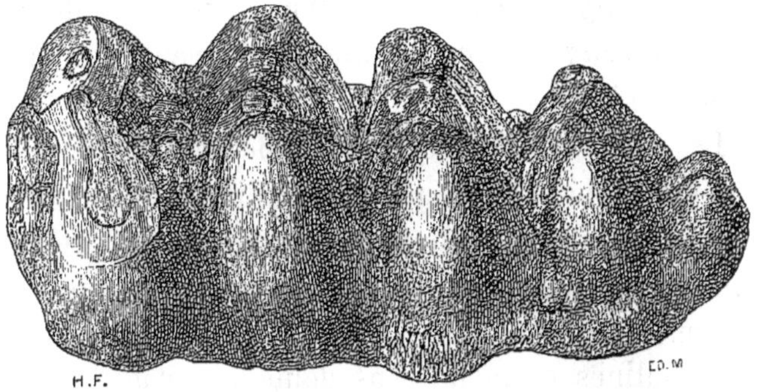

Fig. 229. — Dernière arrière-molaire inférieure de *Mastodon pyrenaicus*, à 1/2 grandeur. — Miocène moyen de l'Ile-en-Dodon. (D'après Lartet.)

lée par Cuvier *Mastodon tapiroides* et par Schinz *Mastodon turicensis*[1]. Dans le jeune âge, la différence entre le *Mastodon angustidens* et le *Mastodon tapiroides* est si faible que, selon

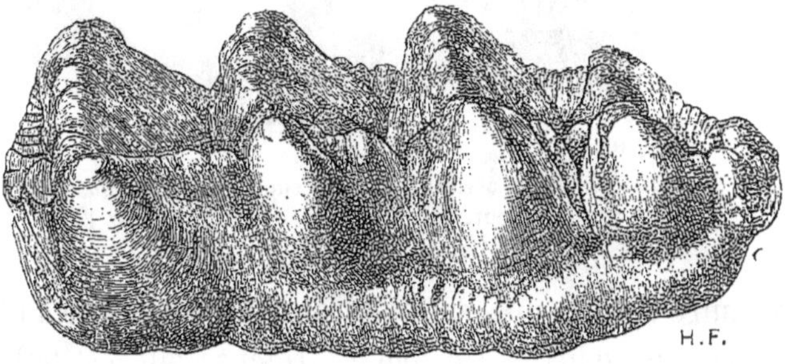

Fig. 230. — Dernière molaire inférieure du *Mastodon turicensis* (*tapiroides*), aux 2/5 de grandeur. — Miocène moyen de Simorre, Gers. (D'après Lartet.)

d'habiles naturalistes, Cuvier aurait créé le nom de *Mastodon tapiroides* d'après les dents de lait du *Mastodon angustidens*[2].

1. Nom tiré de *Turicum*, Zurich. Dans le *Mastodon Borsonis*, le type tapiroïde est encore mieux accentué.

2. Pour cette raison, on a abandonné le nom donné par Cuvier pour prendre celui de *turicensis*, appliqué par Schinz à des échantillons des environs de Zurich qui proviennent incontestablement de l'espèce à dents tapiroïdes.

Même à l'état adulte, les dents à mamelons arrondis et celles qui ont la disposition tapiroïde ne sont pas toujours faciles à distinguer; ainsi les dents que Lartet a décrites sous le nom de *Mastodon pyrenaicus* (fig. 229) paraissent être des molaires de *Mastodon angustidens* qui tendent à devenir des dents de *Mastodon turicensis.*

Les mastodontes du type tapiroïde qu'on a trouvés en Europe ou en Amérique n'ont que trois collines aux molaires intermédiaires[1] et quatre collines aux dernières molaires. Mais, dans l'Inde, Crawfurd a rencontré un mastodonte dont les molaires intermédiaires ont quatre collines et dont la dernière molaire a cinq collines et même sans doute davantage; Clift l'a appelé *Mastodon latidens* (fig. 231). Crawfurd a découvert dans l'Inde

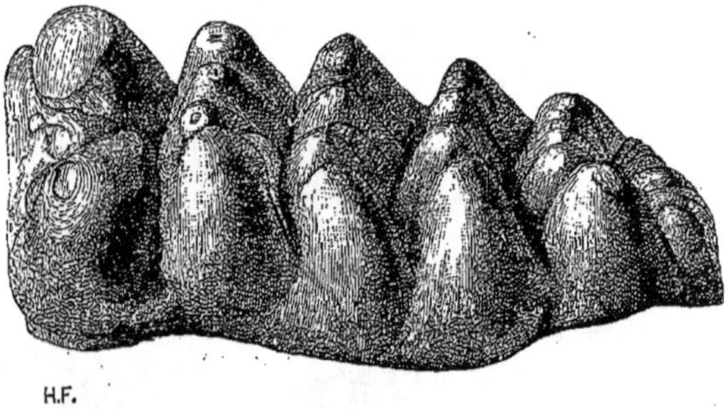

FIG. 231. — Première arrière-molaire supérieure du *Mastodon latidens*, à 1/2 grandeur, découverte par Crawfurd, dans l'Ava.

une autre espèce où les molaires ont des collines plus nombreuses que dans le *Mastodon latidens;* elle est tellement intermédiaire entre les éléphants et les mastodontes qu'elle a été décrite par Clift sous le nom de *Mastodon elephantoides* et par Falconer sous celui d'*Elephas Cliftii.* Déjà en 1828, à propos de ces proboscidiens fossiles de l'Inde, Clift disait[2] : « *La découverte de ces deux espèces fait admirablement*

1. Falconer désigne sous le nom de molaires intermédiaires la dernière molaire de lait et les deux premières arrière-molaires.

2. *Geological Transactions*, 2e série, vol. II, p. 369; 1828.

ressortir les nuances graduelles des différences par lesquelles la nature passe presque imperceptiblement d'une forme à une autre, et elle nous aide à remplir l'intervalle qui a jus-

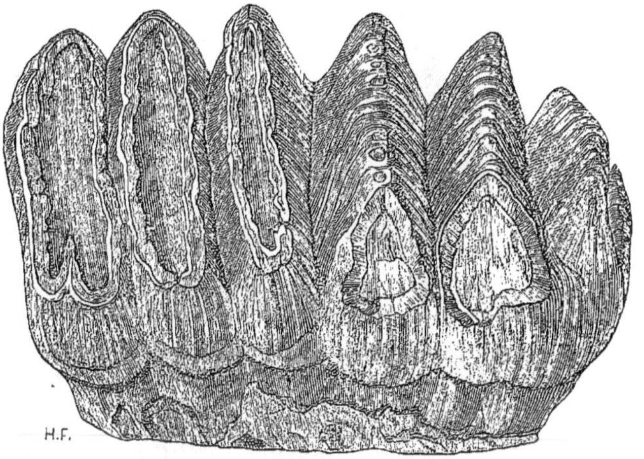

FIG. 232. — Molaire supérieure de *Mastodon elephantoides* (*Elephas Cliftii*), à 1/2 grandeur. (D'après Clift.) — Bords de l'Irawadi.

qu'à présent séparé le mastodonte de l'éléphant. » J'ai fait reproduire ci-contre deux des molaires qui ont été dessinées par Clift (fig. 232 et 233) ; on peut voir combien elles ressem-

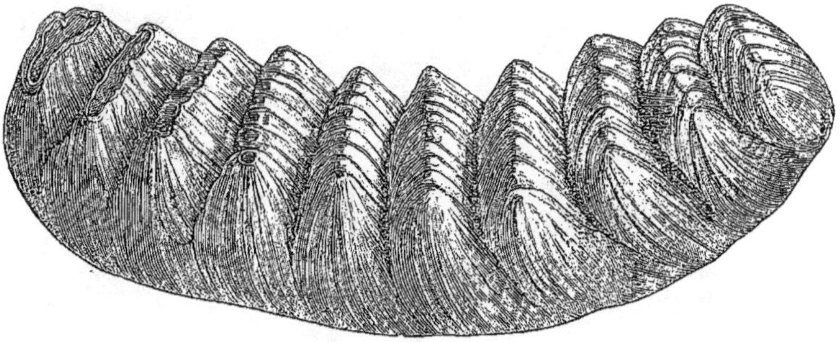

FIG. 233.—Molaire inférieure de *Mastodon elephantoides*, au 1/3 de grandeur. (D'après Clift.) — Bords de l'Irawadi.

blent à des dents de mastodontes dont les collines se seraient multipliées. La raison qui avait déterminé Falconer à les inscrire sous le titre de dents d'éléphants était la présence d'un peu de cément dans les vallées, mais il y a aussi du cément dans les vallées des *Mastodon Humboldtii* et *perimensis*; on a trouvé

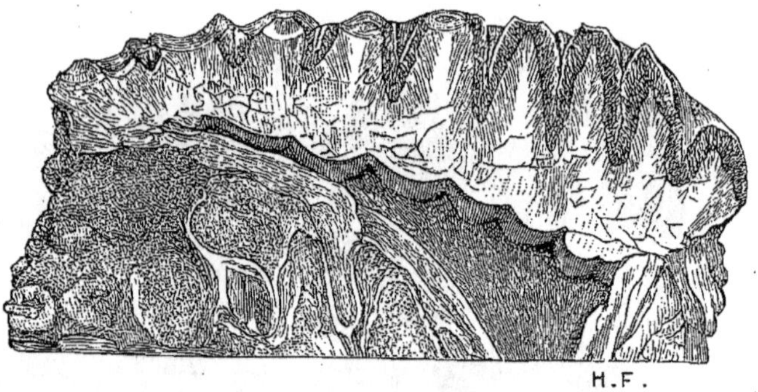

FIG. 234. — Coupe d'une dernière molaire supérieure d'*Elephas ganesa*, à 1/2 grandeur. — Collines Sewalik. (D'après Falconer et Cautley.)

dans le crag du Norfolk une molaire qui a les caractères du *Mastodon turicensis* et qui pourtant est remplie de cément. En

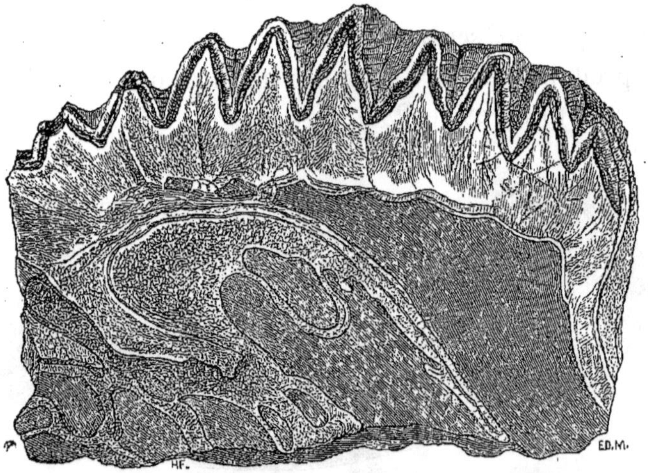

FIG. 235. — Coupe d'une molaire supérieure d'*Elephas insignis*, au 1/3 de grandeur. — Collines Sewalik. (D'après Falconer et Cautley.)

réalité, il est impossible de dire à quel moment une dent cesse de pouvoir être attribuée à un mastodonte pour être attribuée à un éléphant.

Supposons que les collines du *Mastodon elephantoides* continuent à s'exhausser et que leurs intervalles se remplissent

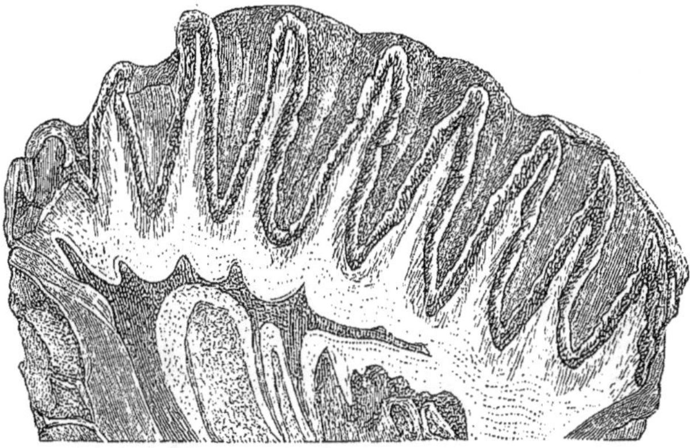

FIG. 236. — Coupe d'une avant-dernière molaire supérieure d'*Elephas planifrons*, à 1/2 grandeur. — Collines Sewalik. (D'après Falconer et Cautley.)

d'un peu plus de cément, on aura la forme à laquelle Falconer a donné le nom d'*Elephas ganesa* (fig. 234); si le cément aug-

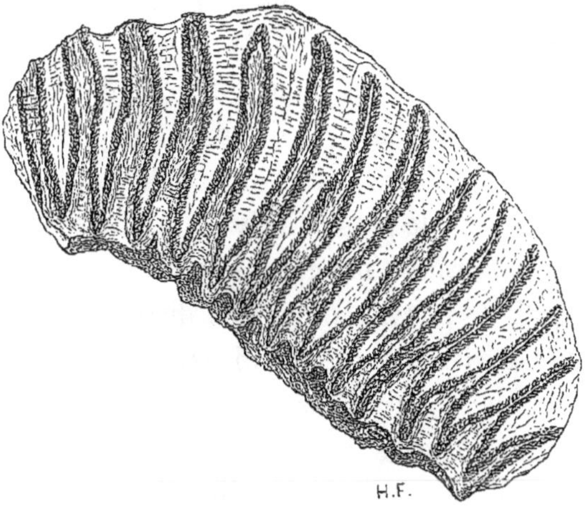

FIG. 237. — Coupe d'une molaire supérieure d'*Elephas meridionalis* trouvée à Chagny (Côte-d'Or) par M. Hamy, au 1/4 de grandeur.

mente, on aura la forme que le même naturaliste a appelée *Elephas insignis* (fig. 235). Supposons encore que les collines continuent à se multiplier, à s'exhausser, et que leurs intervalles soient comblés tout à fait par du cément, l'*Elephas insignis* deviendra l'*Elephas planifrons* (fig. 236) et ensuite l'*Elephas meridionalis* (fig. 237). Supposons toujours que les collines continuent à se multiplier, à s'exhausser, l'*Elephas meridionalis* deviendra à son tour un *Elephas antiquus* [1] ou un éléphant du type actuel de l'Inde (fig. 238) ; les collines sont trans-

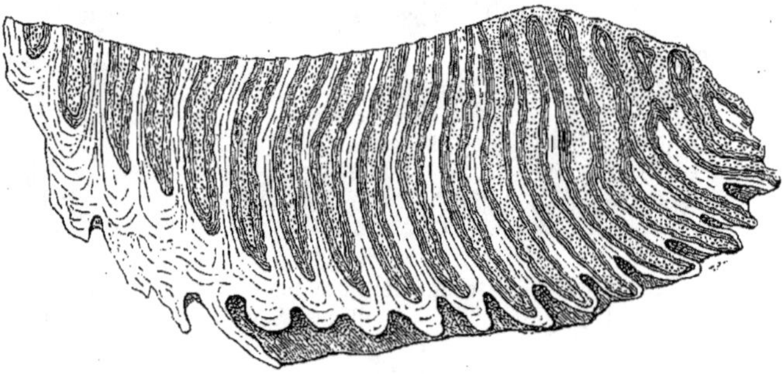

FIG. 238. — Coupe d'une dernière molaire inférieure d'*Elephas indicus*, au 1/4 de grandeur.

formées en nombreuses lames d'ivoire couvertes d'émail et unies par du cément.

Ces exemples montrent comment on peut concevoir le passage insensible entre les molaires des mastodontes qui présentent le type le plus parfait des omnivores et celles des éléphants qui présentent le type le plus parfait des herbivores. Falconer, qui a essayé d'établir des sous-genres dans les proboscidiens, a bien compris qu'il ne pouvait baser des distinctions sur la forme si changeante des collines des molaires chez les mastodontes ; il les a basées sur le nombre des collines. Il a cru remarquer que dans une même espèce les molaires intermédiaires ont un égal nombre de collines ; il a appelé trilophodontes [2] les mastodontes chez lesquels les dents intermédiaires ont trois collines (fig. 239),

1. MM. le professeur Duncan et le docteur A. Leith Adams ont exprimé l'opinion que l'*Elephas namadicus* de l'Inde était simplement une forme locale de l'*Elephas antiquus* (*Quarterly Journal*, vol. XXXIII, p. 133 ; février 1877).

2. Τρεῖς, trois ; λόφος, crête ; ὀδών, dent.

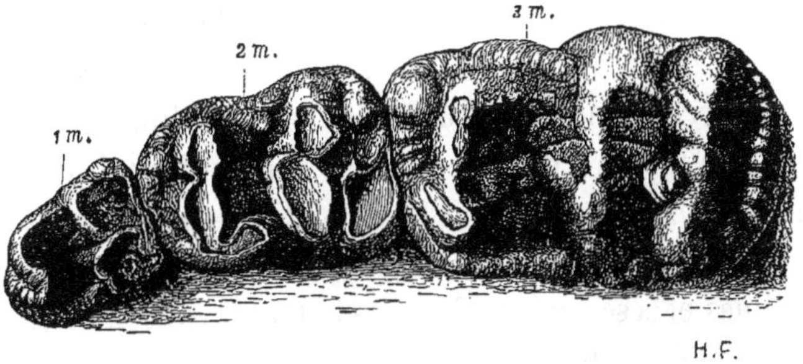

FIG. 239. — Molaires supérieures de lait du *Mastodon angustidens*, aux 2/3 de grandeur. — 1*m*. première molaire; 2*m*. seconde molaire à deux collines; 3*m*. troisième molaire à trois collines. — Miocène moyen de Sansan.

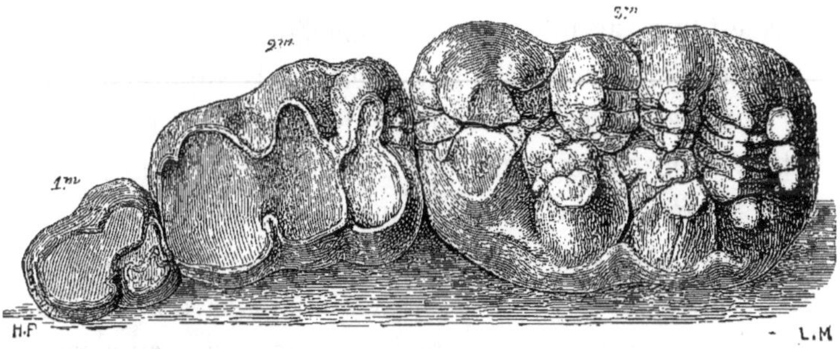

FIG. 240. — Molaires supérieures de lait du *Mastodon longirostris*, aux 2/3 de grandeur. — 1*m*. première molaire; 2*m*. seconde molaire à trois collines; 3*m*. troisième molaire à quatre collines. — Miocène supérieur d'Eppelsheim. (D'après M. Kaup.)

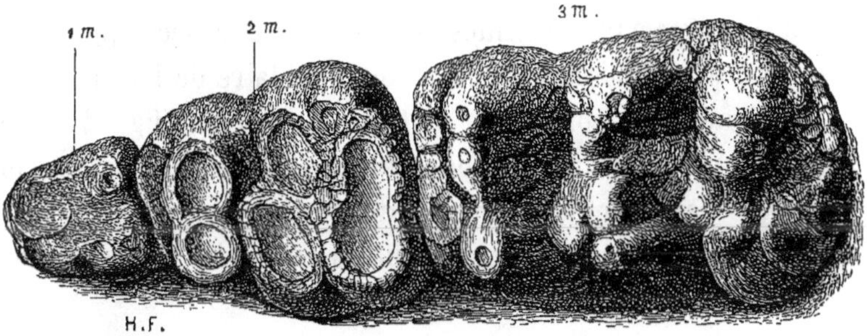

FIG. 241. — Molaires supérieures de lait du *Mastodon Pentelici*, aux 2/3 de grandeur. — 1*m*. première molaire; 2*m*. seconde molaire à trois collines; 3*m*. troisième molaire à trois collines. — Miocène supérieur de Pikermi.

tétralophodontes[1] les mastodontes où ces dents ont quatre collines (fig. 240), pentalophodontes[2] les mastodontes où les mêmes dents ont cinq collines. Falconer supposait que la dernière arrière-molaire avait toujours une colline de plus et que la seconde molaire de lait avait une colline de moins. Ainsi, dans les trilophodontes tels que le *Mastodon angustidens* et le *Mastodon turicensis*, la dernière arrière-molaire devrait avoir quatre collines et la seconde molaire de lait ne devrait en avoir que deux (fig. 239); dans les tétralophodontes tels que le *Mastodon longirostris*, la dernière arrière-molaire aurait cinq collines et la seconde molaire de lait en aurait trois (fig. 240). Mais ces règles souffrent des exceptions. Lartet a fait la remarque que dans le *Mastodon angustidens* la forme de la dernière molaire est très-variable, soit à la mâchoire supérieure, soit à la mâchoire inférieure; il y a quelquefois suppression et plus rarement addition d'une rangée de mamelons. Le même naturaliste a constaté que dans le *Mastodon turicensis* il pouvait y avoir suppression d'une colline aux dernières molaires supérieures ou inférieures. Le *Mastodon longirostris* d'Eppelsheim doit avoir cinq rangées de mamelons à sa dernière molaire supérieure ou inférieure, mais parfois il y a eu suppression ou augmentation d'une rangée; ainsi une dent de tétralophodonte prend un caractère tantôt d'un trilophodonte, tantôt d'un pentalophodonte. Quant à la seconde molaire de lait, elle présente aussi des variations : la seconde molaire de lait du *Mastodon Andium* a trois collines, bien que cette espèce appartienne au type trilophodonte, où la seconde molaire de lait ne devrait avoir que deux collines. J'ai fait représenter (fig. 241) une dentition de lait d'un mastodonte de Pikermi, où l'on voit une seconde dent semblable à celle des tétralophodontes (fig. 240) et une troisième dent semblable à celle des trilophodontes

1. Τέσσαρες, quatre; λόφος et ὀδών.
2. Πέντε, cinq. Falconer a abandonné le nom de pentalophodontes et laissé parmi les tétralophodontes le *Mastodon sivalensis*, qui a cinq collines aux molaires intermédiaires et six collines à la dernière molaire.

(fig. 239). Ainsi, chez les mastodontes, le nombre des collines n'est guère plus constant que leur forme; chez les éléphants, il est encore plus variable.

La différence entre les molaires des mastodontes et des éléphants ne consiste pas seulement dans la forme ou le nombre des collines, mais aussi dans le mode de croissance. Par exemple, si on regarde le dessin suivant (fig. 242) d'une mâ-

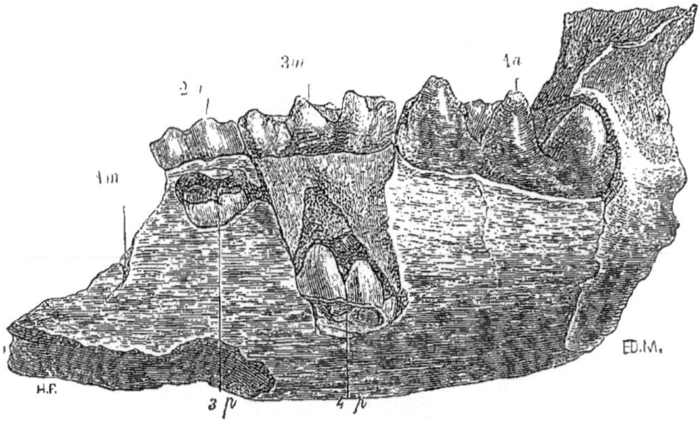

FIG. 242. — Mandibule de *Mastodon angustidens*, vue sur la face interne, au 1/3 de la grandeur. — 1 *m*. alvéole de la première molaire de lait; 2*m*. et 3*m*. les seconde et troisième molaire de lait; 3*p*. première prémolaire qui pousse au-dessous de la seconde molaire de lait; 4*p*. seconde prémolaire qui pousse entre les racines de la troisième molaire de lait; 1 *a*. première arrière-molaire. — Miocène moyen de Simorre (Gers). (D'après Lartet.)

choire de *Mastodon angustidens* qui a été préparée par Lartet, on verra que dans les mastodontes, comme dans la plupart des mammifères, il y a des prémolaires, c'est-à-dire des dents à évolution verticale qui remplacent les molaires de lait. Au contraire, chez les éléphants, il n'y a pas de prémolaires. Mais ces règles ne sont pas absolues. Warren, qui a étudié un grand nombre de pièces du *Mastodon americanus*, n'a pas aperçu des dents de remplacement dans cette espèce. Lartet a signalé une de ces dents chez le *Mastodon turicensis* de Sansan; quant à moi, je n'en ai pas vu chez le *Mastodon turicensis* de Pikermi. On n'en a pas observé sur le *Mastodon arvernensis*. D'autre part, Falconer a trouvé des molaires de remplacement sur un des éléphants fossiles de l'Inde, l'*Elephas planifrons*.

De même que les molaires, les incisives offrent des différences qui permettent en général de distinguer les mastodontes des éléphants, car les premiers ont souvent des défenses aux mâchoires inférieures et supérieures, ainsi qu'on le voit dans la figure 226 ; au contraire, chez les éléphants, il n'y a pas de défenses aux mâchoires inférieures, et les défenses supérieures prennent quelquefois un énorme développement, comme le montre la figure 243 qui représente une espèce fossile de

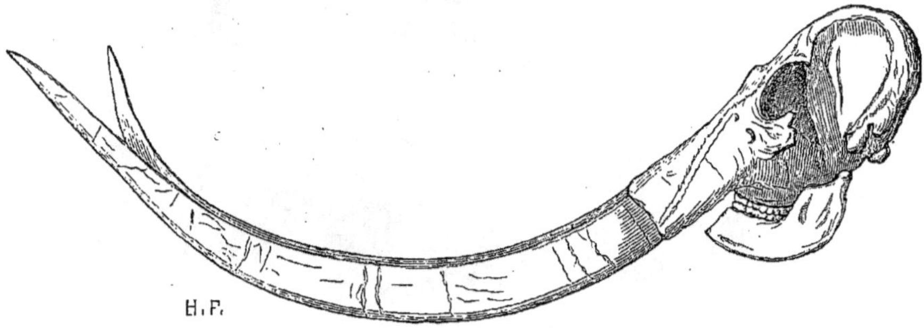

FIG. 243. — *Elephas ganesa*, au 1/32 de la grandeur. — Collines Sewalik. (D'après Falconer et Cautley.)

l'Inde où les défenses égalent environ trois fois la longueur du crâne. Mais les dents des éléphants sont loin d'avoir toujours un pareil développement. Dans les mastodontes, les défenses inférieures subissent de grandes variations ; elles sont portées sur un menton très-plat et extrêmement allongé chez le *Mastodon longirostris* et surtout chez le *Mastodon angustidens* (fig. 226). D'autres espèces ont un menton court et n'ont pas de défenses inférieures ; c'est ce qu'on observe dans le *Mastodon arvernensis*, qui a été nommé aussi *brevirostris* pour indiquer la brièveté de son menton. Le *Mastodon americanus* présentait un état intermédiaire, car il avait dans le jeune âge de petites défenses et il en était dépourvu dans l'âge adulte.

La tête de l'éléphant s'éloigne de celle de tous les animaux de la nature actuelle; elle est d'une élévation singulière : la hauteur des molaires, l'insertion des énormes défenses exigent beaucoup de place, et, si à leur poids on joint celui de la trompe, on conçoit qu'une tête si lourde a besoin d'être retenue

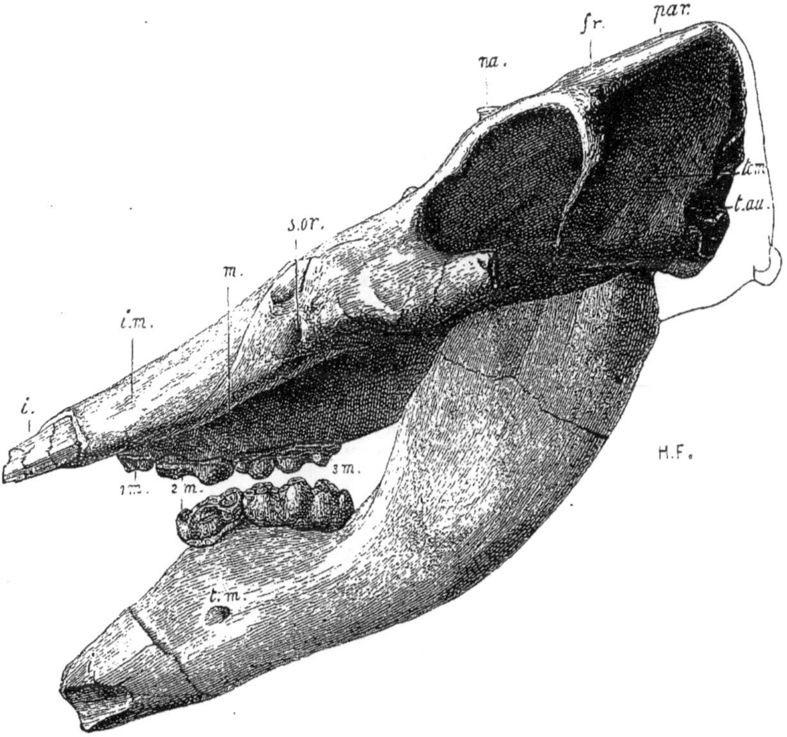

Fig. 244. — Crâne d'un jeune *Mastodon Pentelici*, au 1/5 de grandeur. — *i.m.* inter-maxillaire; *m.* maxillaire; *s.or.* trou sous-orbitaire; *na.* nasal; *fr.* frontal; *par.* pariétal; *tem.* temporal; *t.au.* trou auditif; *t.m.* trou mentonnier; *i.i.* incisive supérieure et alvéole de l'incisive inférieure; 1*m.*, 2*m.*, 3*m.* les molaires de lait. — Miocène supérieur de Pikermi.

par un ligament cervical et des muscles releveurs d'une force considérable; pour leur donner une surface d'insertion suffisamment grande, le crâne doit s'élever en arrière. Chez les mastodontes, où les défenses et les molaires avaient un moindre développement, la tête était moins pesante, avait moins de hauteur et ne s'éloignait pas autant des formes habituelles des autres animaux ongulés; ainsi la tête allongée du mastodonte de Pikermi[1] dont on voit ici le dessin (fig. 244) devait avoir un aspect différent de celui que présentait la tête si élevée

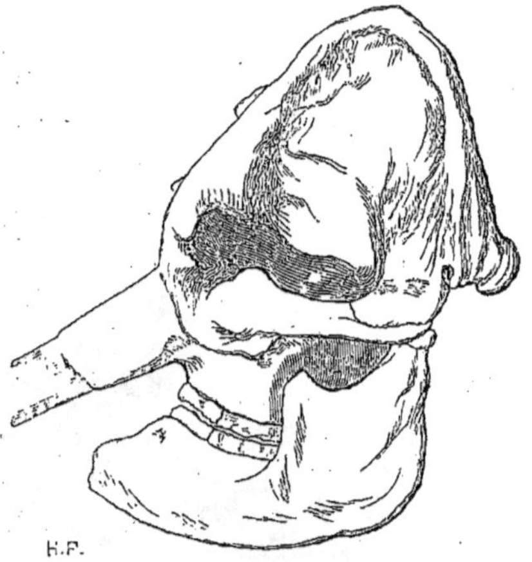

FIG. 245. — *Mastodon sivalensis*, à 1/16 de grandeur. — Collines Sewalik. (D'après Falconer et Cautley.)

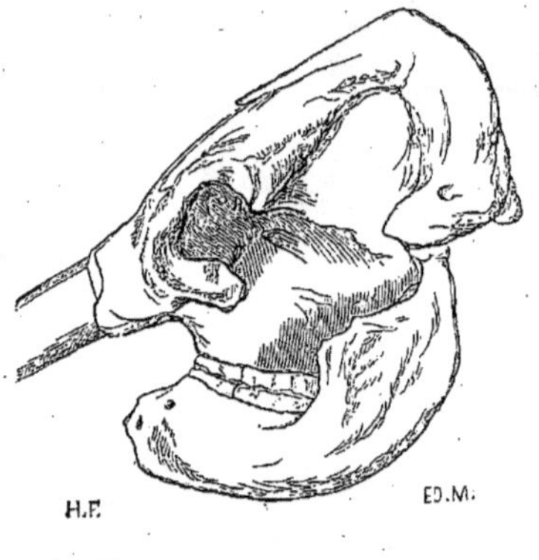

FIG. 246. — *Elephas planifrons*, au 1/16 de grandeur. — Collines Sewalik. (D'après Falconer et Cautley.)

de l'*Elephas ganesa* (fig. 243). Mais les têtes des éléphants et des mastodontes offrent des variations nombreuses ; il y a eu des mastodontes, tels que le *Mastodon sivalensis* (fig. 245),

1. Il convient de tenir compte de la jeunesse du sujet qui est ici figuré. La tête est plus élevée chez les vieux individus que chez les jeunes.

dont la tête était plus élevée que celle de certains éléphants, comme par exemple l'*Elephas planifrons* (fig. 246).

Les pièces du tronc et des membres présentent quelques différences chez les mastodontes et les éléphants actuels. Ces derniers sont très-hauts sur jambes; leur cou est court; tout leur tronc est peu allongé relativement à la hauteur des membres; leurs membres de devant surtout sont très-développés. On n'a qu'à jeter les yeux sur le *Mastodon angustidens* du Musée de Paris dont j'ai donné le dessin figure 226, page 171, on verra que son cou et tout son tronc étaient plus allongés que dans les éléphants comparativement à la hauteur du corps, que les os des membres étaient aussi épais tout en étant plus courts, que les métacarpiens et les métatarsiens étaient plus trapus et plus arrondis à la partie inférieure; dans son ensemble, cet animal paraît moins éloigné que les proboscidiens actuels des formes ordinaires des ongulés, et cela est digne d'être pris en considération, si on réfléchit qu'il est un des plus anciens représentants de son ordre. Mais rien ne prouve que les différences aient été également sensibles entre toutes les espèces de mastodontes et d'éléphants; la meilleure preuve qu'elles ne sont parfois que des nuances légères, c'est que les paléontologistes se trouvent dans l'embarras quand ils ont à séparer les os isolés des éléphants et des mastodontes dans les gisements où l'on rencontre à la fois les restes de ces animaux. Si on examine le magnifique ouvrage de Warren [1] sur les mastodontes américains et que l'on compare les dessins de ces animaux avec la figure du *Mastodon angustidens* (fig. 226), on voit que, par l'ensemble de leur squelette comme par leur tête, les derniers représentants du genre mastodonte ont moins différé que les premiers de la forme éléphant.

Les remarques précédentes semblent indiquer que les mastodontes ont eu des liens avec les êtres de la nature actuelle. Les

1. Warren. *Description of a skeleton of the Mastodon giganteus;* Boston 1852. — *The Mastodon giganteus of North America.* 2ᵉ édition. Boston, 1855.

Dinotherium[1] n'ont pas eu la même destinée ; ils se sont éteints sans laisser de postérité ; aucun animal aujourd'hui vivant ne s'en rapproche. Aussi leur détermination a beaucoup embarrassé les naturalistes. Cuvier en vit des molaires isolées et supposa qu'elles provenaient d'un tapir gigantesque ; en effet, elles ont quelques rapports avec celles des tapirs, ainsi qu'on en pourra juger par la figure 247. A l'époque où furent pu-

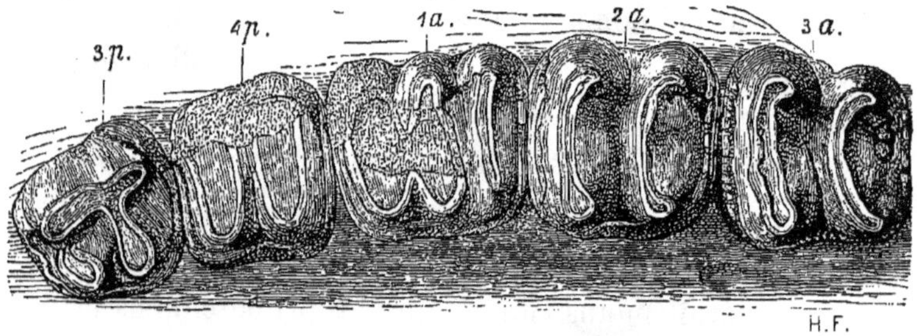

FIG. 247. — Côté gauche de la mâchoire supérieure du *Dinotherium giganteum*, au 1/4 de grandeur. — *3p.*, *4p.* les prémolaires ; *1a.*, *2a.*, *3a.* les arrière-molaires. — Miocène moyen de Samaran (Gers). (Collection du Muséum.)

bliées les *Recherches sur les ossements fossiles*, on avait encore peu de motifs pour croire que les genres fossiles présentent des types intermédiaires entre d'autres genres et réunissent des caractères qui sont aujourd'hui répartis entre des êtres différents. En 1837, de Klipstein trouva à Eppelsheim, dans la Hesse-Darmstadt, la tête entière du *Dinotherium* (fig. 248) ; la découverte de cette énorme pièce fit sensation dans le monde des naturalistes ; on admira ses défenses inférieures recourbées en dessous, son occipital déprimé, ses condyles

1. Δεινὸς, terrible ; θηρίον, animal. Ce nom a été donné par M. Kaup. Le savant directeur du Muséum de Darmstadt a contribué plus qu'aucun paléontologiste à faire connaître le *Dinotherium ;* on pourra consulter pour l'étude de cette étrange et gigantesque créature les ouvrages suivants :

Description d'ossements fossiles de mammifères inconnus jusqu'à présent, qui se trouvent au Museum grand-ducal de Darmstadt. Texte in-4°, atlas in-fol. Darmstadt, 1832-1839.

Description d'un crâne colossal de Dinotherium giganteum. In-4°, avec atlas in-fol. Paris, 1837.

très-relevés, sa grande ouverture nasale. «*En voyant ce crâne,* disait M. Kaup, *chaque zoologiste conviendra avec moi qu'il n'y a rien au monde de moins infaillible que certaines théo-*

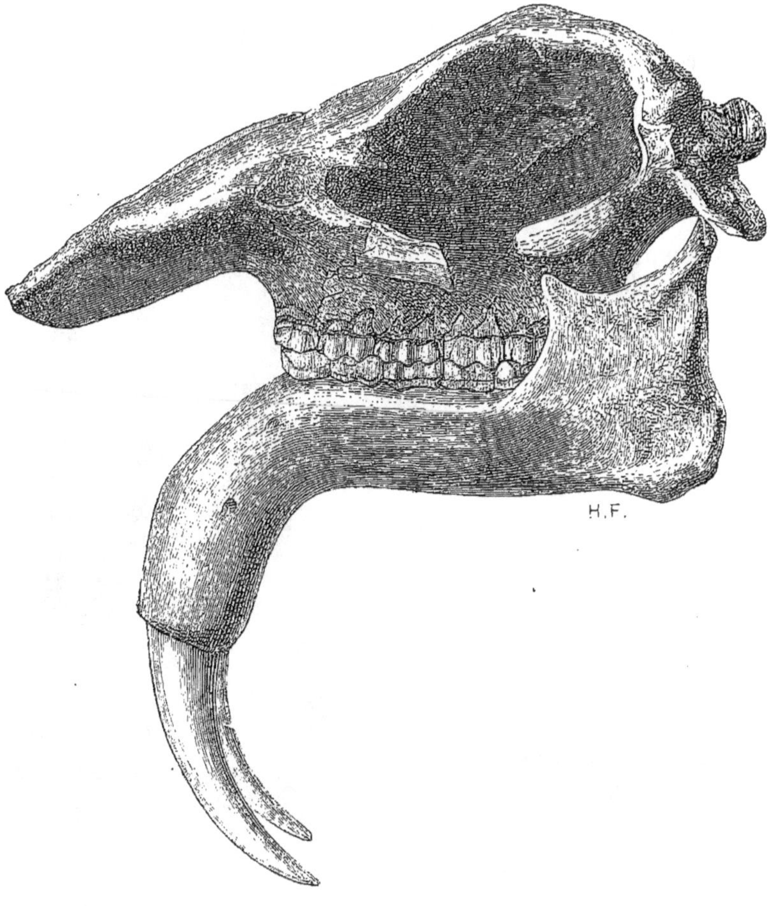

FIG. 248. — Crâne du *Dinotherium giganteum*, vu de profil, à 1/12 de grandeur. (D'après le moulage qui a été exécuté sous la direction de M. Kaup.) — Miocène supérieur d'Eppelsheim.

ries qui, sur la vue d'un fragment d'ossement, prétendent reconstruire à l'instant tout l'animal. » Le savant naturaliste de Darmstadt aurait pu ajouter que, même avec un crâne entier, on est encore parfois très-embarrassé pour déterminer un genre fossile ; car il pensa que le crâne du *Dinotherium* appartenait à un édenté dont on avait précédemment trouvé les phalanges à Eppelsheim; bientôt après, il reconnut que c'était une erreur et plaça le *Dinotherium* près des hippopotames. Buckland, Strauss supposèrent que ce quadrupède était du groupe des mammifères aquatiques; la première impression de Blainville fut qu'il appartenait au même ordre que les lamantins; Pictet a partagé cette opinion. Cependant, dès 1785, Kennedy avait attribué une dent de *Dinotherium* à un proboscidien. L'année même où on découvrait le crâne entier d'Eppelsheim, Lartet écrivait à de Blainville : « *Je vous avoue que j'aurais bien de la peine à admettre que le* Dinotherium *fût un habitant de nos mers tertiaires. Ses restes se retrouvent fréquemment très-près de la chaîne actuelle des Pyrénées et à des distances considérables des rivages de l'ancienne mer.... Comment soupçonner que des cours d'eau furent assez*

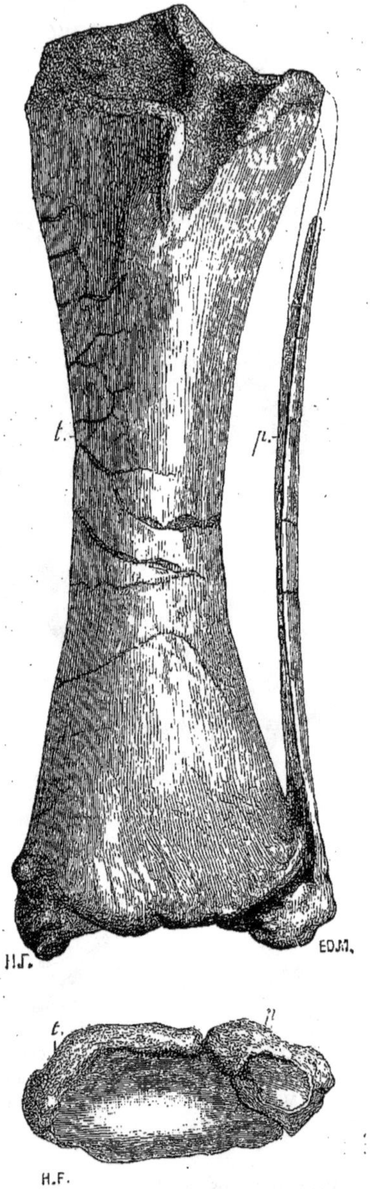

Fig. 250. — Os de la jambe du *Dinotherium giganteum*, au 1/8 de grandeur, vus sur la face antérieure et sur la face inférieure. — *t.* tibia ; *p.* péroné. — Miocène supérieur de Pikermi.

considérables pour permettre à des mammifères marins du volume des Dinotherium *de les remonter presque jusqu'à leur source? Et, si cela eût été, pourquoi le lamantin*[1], *si commun dans nos terrains tertiaires, n'aurait-il pas aussi remonté nos fleuves et laissé ses débris avec ceux du* Dinotherium? *Au contraire, celui-ci se retrouve presque toujours en compagnie de mastodontes, de* Palæotherium[2] *et quelquefois de ruminants*[3]. » La justesse des vues de Lartet paraît

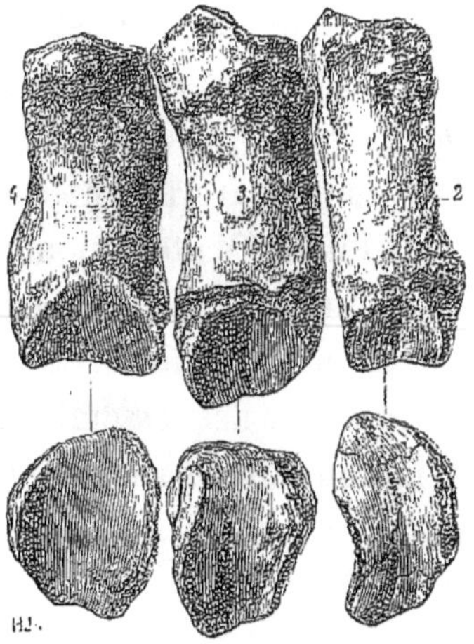

Fig. 249. — Métacarpiens du *Dinotherium giganteum*, vus en avant et en dessous, au 1/8 de grandeur. — 2. Second métacarpien ; 3. troisième métacarpien ; 4. quatrième métacarpien. — Miocène supérieur de Pikermi.

avoir été confirmée par la découverte de plusieurs os des membres qui probablement appartiennent au *Dinotherium* et indiquent un animal du groupe des mastodontes et des éléphants ; à Pikermi notamment, j'ai recueilli des os des membres qui par leur dimension gigantesque s'accordent bien avec le crâne d'Eppelsheim et se rapprochent de ceux des mastodontes, tout en présentant quelques différences ; ainsi, on voit,

1. Lartet indique sous ce nom l'animal très-voisin des lamantins qu'on appelle aujourd'hui *Halitherium*.

2. Lartet désigne sans doute ainsi l'*Anchitherium*.

3. *Lettre insérée dans une note de Blainville à l'Académie des sciences*, séance du 18 septembre 1837.

figure 250, un tibia long de $0^m,94$, remarquable par l'extrême élargissement de la face astragalienne ; figure 249, on a représenté d'énormes métacarpiens qui sont plus allongés que ceux des mastodontes et sont creusés à la face distale, indiquant ainsi une articulation très-serrée avec les doigts.

Comme les mastodontes, les *Dinotherium* ont brusquement apparu dans nos contrées. D'où sont-ils venus, de quels quadrupèdes ont-ils été dérivés? Nous l'ignorons encore. Les mastodontes ont des incisives et des molaires qui rappellent les rongeurs. Leurs dents ont une certaine ressemblance tantôt avec celles des *Lophiodon*, tantôt avec celles des cochons et des *Entelodon*. Les *Dinotherium* ont quelque chose des kanguroos, des lamantins, des tapirs. La découverte d'un éléphant pygmée (*Elephas melitensis*) dans l'île de Malte a montré que la grandeur de leur taille n'a pas toujours été un caractère qui permît de distinguer à première vue les proboscidiens. Cependant la somme des différences, comparée à celle des ressemblances, est trop grande pour qu'on puisse indiquer une parenté entre les proboscidiens et les animaux des autres ordres connus jusqu'à présent.

CHAPITRE VIII

LES ÉDENTÉS, LES RONGEURS, LES INSECTIVORES ET LES CHEIROPTÈRES

Dans les pages précédentes, j'ai parlé des ongulés; il me reste à traiter des onguiculés. Entre les types extrêmes des ongulés et des onguiculés, on observe des différences considérables, puisque, chez les premiers, les membres ne sont que des instruments de locomotion, tandis que chez les seconds, ils servent à saisir aussi bien qu'à marcher. Mais, comme les usages que les animaux font de leurs pattes présentent des variations infinies, il y a chez les onguiculés des modifications très-nombreuses dans la disposition des doigts, et on passe d'une manière insensible du mammifère qui mérite le nom d'ongulé à celui qui saisit peu ou mal, de celui-ci à l'animal qui saisit bien et de ce dernier à celui qui offre le plus parfait type de l'onguiculé.

Je réunis dans ce chapitre les ordres des édentés, des rongeurs, des insectivores et des cheiroptères sur l'étude desquels je m'arrêterai peu de temps, parce que leurs espèces tertiaires sont trop imparfaitement connues pour qu'il soit possible de bien raisonner sur leurs enchaînements.

Les animaux auxquels on donne le nom d'édentés n'habitent point l'Europe; la plupart vivent en Amérique. Les terrains tertiaires supérieurs ou quaternaires de cette contrée en renferment de nombreuses espèces, dont quelques-unes peuvent être considérées comme les ancêtres des espèces actuelles ; au contraire les terrains éocènes et miocènes n'en ont fourni encore aucun reste, malgré les habiles recherches des savants américains [1], de sorte que, si on bornait ses regards au Nouveau-Monde, on pourrait croire que les édentés ont brusquement apparu sur la terre. Mais, par une étrange compensation, tandis qu'ils n'ont pas été découverts dans les anciens dépôts tertiaires de l'Amérique où ils sont actuellement si nombreux, on en a rencontré quelques espèces dans le miocène de l'Europe où ils sont aujourd'hui complétement inconnus, et même M. Gervais a dernièrement signalé des débris qui semblent révéler l'existence d'édentés à Paris pendant l'époque éocène. Cela montre que si, en explorant les assises d'une contrée, nous voyons une famille apparaître brusquement, nous devons nous garder d'en conclure que cette famille n'a pas existé pendant une époque antérieure dans quelque autre pays.

Au premier abord, le tardif développement de l'ordre des édentés paraît offrir une objection contre la doctrine de l'évolution, car cet ordre est inférieur à plusieurs de ceux qui l'ont précédé dans les temps géologiques. Mais il faut distinguer dans les individus deux sortes d'infériorité ; l'une résulte de ce qu'ils n'ont pas encore atteint l'âge adulte, l'autre provient de ce qu'ils l'ont dépassé et ont commencé à décroître. Ce que nous voyons lorsque nous suivons le développement d'un même individu depuis sa naissance jusqu'à sa mort, nous pouvons aussi le constater lorsque nous suivons à travers les âges géologiques les métamorphoses des espèces. Peut-être plusieurs genres de l'ordre des édentés doivent être considérés comme des exemples de types qui ont appartenu primitivement à d'autres ordres, et qui ont pris, en se dégradant, des caractères

1. M. Marsh a trouvé dans les dépôts pliocènes des territoires à l'ouest des États-Unis deux espèces de grands édentés. Ce sont les premiers représentants tertiaires de l'ordre des édentés en Amérique. Ils ont reçu le nom de *Morotherium*.

assez différents pour être attribués à un ordre particulier. J'ai entendu dire à Gratiolet qu'en regardant certains de ces animaux, tels que les paresseux, il s'imaginait voir des vieillards dont les mouvements sont devenus très-lents, chez lesquels les os des doigts se sont ankylosés et les dents de devant sont tombées. Certainement leur infériorité ne provient pas de ce que leur évolution n'est pas assez avancée, car la richesse de leurs placentas montre qu'au point de vue embryogénique ce sont des mammifères très-élevés. S'il en est ainsi, nous ne saurions nous étonner d'apprendre que les édentés ne sont devenus nombreux qu'à l'époque où le monde animal avait eu le temps de vieillir.

Il faut avouer que le premier édenté retiré des couches tertiaires a été loin de servir la doctrine des enchaînements; Édouard Lartet, qui l'a fait connaître sous le nom de *Macrotherium*[1], a montré que ses pattes avaient un mécanisme particulier; leurs doigts se relevaient de telle sorte que leurs énormes ongles ne gênassent pas la marche (fig. 251); chez les

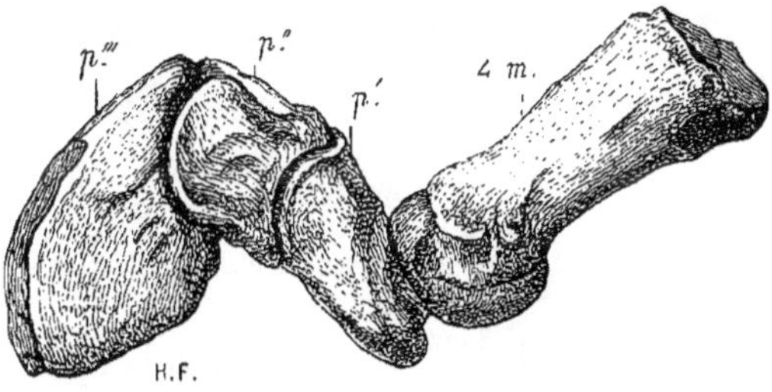

FIG. 251. — Quatrième doigt du *Macrotherium sansaniense*, vu de profil, à 1/3 de grandeur.— *4m.* métatarsien; *p.'* première phalange qui se relève sur le métatarsien; *p.''* seconde phalange; *p.'''* phalange onguéale qui est fendue. — Miocène moyen de Sansan.

chats, ce sont les phalanges onguéales qui se renversent sur les secondes phalanges; chez le *Macrotherium*, au contraire, c'étaient les premières phalanges qui se retournaient vers les métacarpiens et les métatarsiens. Malgré cette disposition favo-

1. Μακρὸς, grand; θηρίον, animal.

rable pour la marche, le *Macrotherium* avait, par la forme des os de ses doigts, de l'avant-bras (fig. 253) et du bras (fig. 252), de grands rapports avec les animaux grimpeurs : ses quatre membres devaient être mal d'aplomb sur un terrain plat,

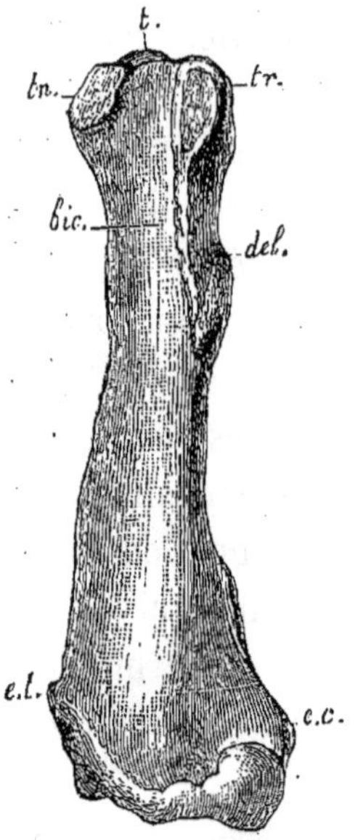

FIG. 252. — Humérus du *Macrotherium sansaniense*, vu de face, à 1/8 de grandeur. — *t.* tête ; *tr.* trochiter ; *tn.* trochin ; *bic.* coulisse bicipitale ; *del.* crête deltoïde ; *é.t.* épitrochlée ; *é.c.* épicondyle. — Miocène moyen de Sansan.

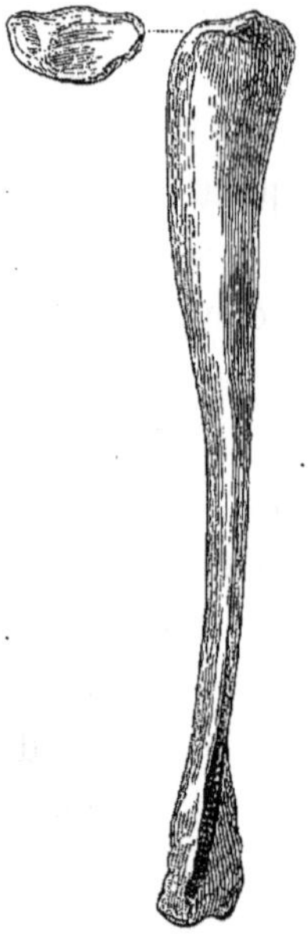

FIG. 253. — Radius de la même espèce, vu en avant, à 1/8 de grandeur. La face proximale a été dessinée à part. — Sansan.

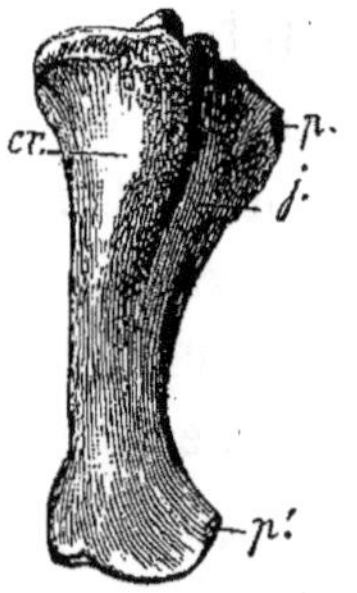

FIG. 254. — Tibia de la même espèce, vu en avant, à 1/8 de grandeur. — *cr.* crête antérieure ; *j.* fosse du jambier ; *p.p.'* facettes d'insertion du péroné. — Sansan.

attendu qu'il avait une attitude inverse de celle qu'on a remarquée sur plusieurs des quadrupèdes secondaires ; ses membres de derrière (fig. 254) étaient beaucoup plus courts que ses membres de devant (fig. 253). La disposition de la trochlée de l'humérus (fig. 252) montre que la flexion ne se faisait pas exactement d'arrière en avant, mais que la main se portait un peu en dedans; c'est là également une disposition qu'on voit chez les grimpeurs. Lartet a fait observer que le radius ne pouvait pas tourner sur le cubitus; il paraît même que dans les vieux individus ces os étaient soudés; mais chez les pangolins les mouvements de supination sont impossibles et pourtant ces animaux montent dans les arbres. Néanmoins je ne veux point dire que le *Macrotherium* fût un grimpeur, je dis seulement qu'il pouvait l'être, car je doute que cet énorme édenté trouvât souvent des arbres où il pût monter commodément. De ce qu'un animal a des organes disposés pour exercer une fonction, il ne s'ensuit pas qu'il l'exerce; le tamanoir et le tamandua sont deux édentés d'une extrême ressemblance, et pourtant l'un reste à terre, l'autre monte dans les arbres.

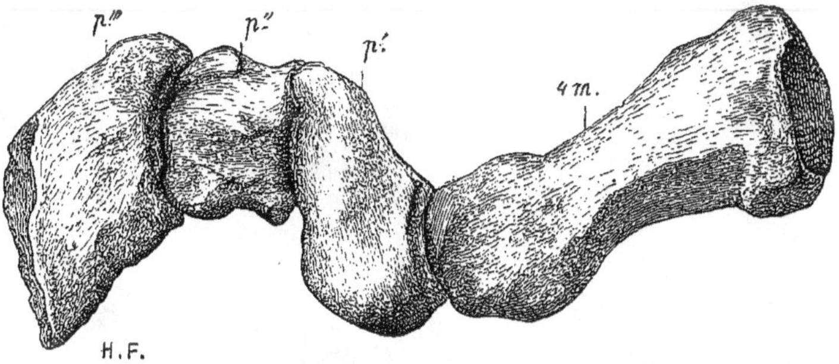

Fig. 255. — Quatrième doigt d'un pied de derrière de l'*Ancylotherium Pentelici*, vu de profil, à 1/3 de grandeur. — *4m.* quatrième métatarsien ; *p.'* première phalange ; *p.''* seconde phalange ; *p.'''* troisième phalange. — Pikermi.

Le gisement de Pikermi a fourni les restes d'un second genre d'édenté qui diminue l'isolement où le *Macrotherium* semblait être et montre le passage du type grimpeur au type marcheur. Cet édenté est l'*Ancylotherium*[1]. Ses pattes (fig. 255) avaient le même mécanisme que chez le *Macrotherium;* mais il présentait plusieurs différences qui concouraient à en faire un animal d'un type essentiellement marcheur. Il était mieux d'aplomb

1. Ἀγκύλος, crochu ; θηρίον, animal.

sur ses quatre pattes; ses membres de derrière (fig. 258) étaient presque aussi longs que ses membres de devant (fig. 257). Non-seulement il était plus grand que le *Macrotherium*, il avait proportionnément des os bien plus épais. Son humérus avait une profonde fosse olécrânienne, et son épicondyle était plus développé que son épitrochlée (fig. 256), comme chez les ani-

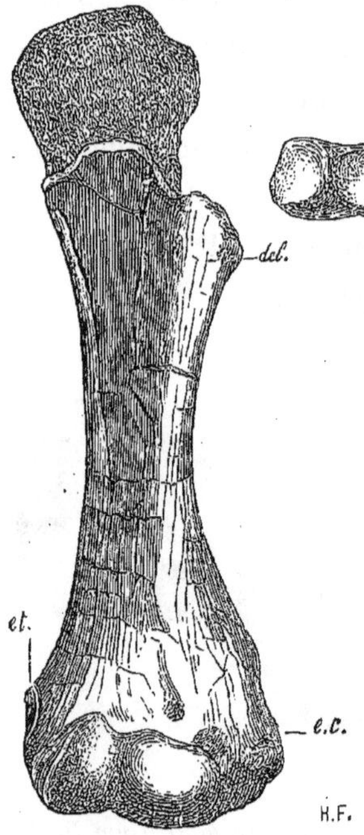

Fig. 256. — Humérus de l'*Ancylotherium Pentelici*, vu en avant, à 1/8 de grandeur. — *del.* crête deltoïde; *é.t.* épitrochlée; *é.c.* épicondyle. — Pikermi.

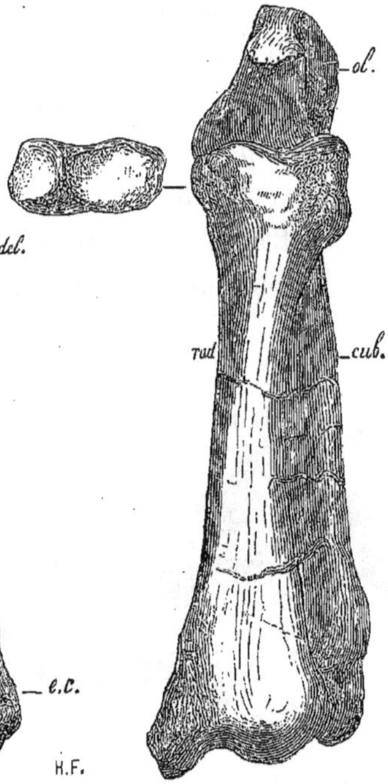

Fig. 257. — Os de l'avant-bras de l'*Ancylotherium Pentelici*, vus de face, à 1/8 de grandeur. La face proximale du radius est dessinée à part. — *rad.* radius; *cub.* cubitus; *ol.* olécrâne. — Pikermi.

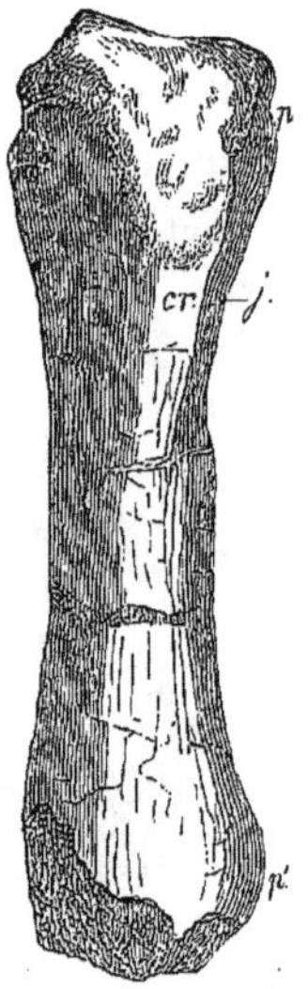

Fig. 258. — Tibia de l'*Ancylotherium Pentelici*, vu de face, à 1/8 de grandeur. — *cr.* crête antérieure; *j.* fosse du jambier; *p.p.'* facettes du péroné. — Pikermi

maux où les membres de devant servent plutôt pour marcher que pour saisir. Le radius (fig. 257) était fortement soudé au cubitus; sa face supérieure s'élargissait pour mieux supporter le poids de l'os du bras, ainsi qu'on le voit chez les pachydermes et les ruminants; dans la flexion, l'avant-bras restait dans le même plan que le bras. Les phalanges onguéales (fig. 255) n'avaient pas autant de jeu que celles du *Macrotherium*, ce qui indique sans doute des facultés de préhension plus bornées. Sans vouloir prétendre que l'*Ancylotherium* fût un proche parent des ongulés, je crois pouvoir dire qu'il a un peu diminué la grande distance qui semblait exister entre ces animaux et les onguiculés.

J'ai vu des pièces d'un édenté peut-être encore moins éloigné des ongulés que l'*Ancylotherium* de Pikermi; ce sont des phalanges que M. Rossignol a découvertes dans les phosphorites du Quercy (fig. 259); elles ressemblent à celles de l'*Ancylotherium*,

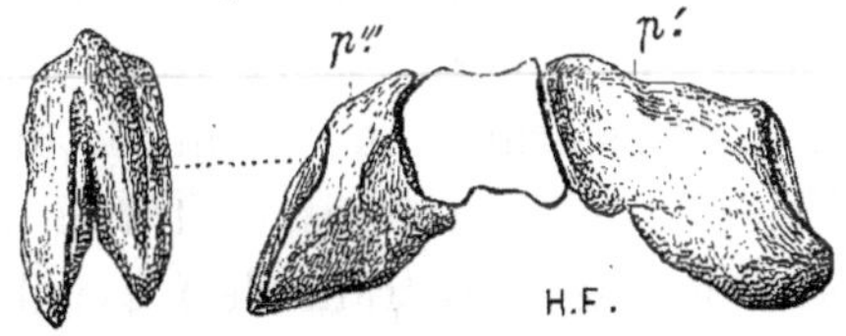

FIG. 259. — Phalanges d'un animal inscrit provisoirement sous le nom d'*Ancylotherium priscum*, aux 3/5 de grandeur, vues de profil. — *p.'* première phalange; *p.'''* phalange onguéale; cette phalange est dessinée vue en avant, pour montrer sa large fissure. — Phosphorites du Quercy.

rium, mais la forme de leurs facettes articulaires montre que le doigt était moins crochu.

L'histoire géologique des rongeurs paraît avoir été très-différente de celle des édentés. S'il est permis de dire que, dans la classe des mammifères, plusieurs des édentés représentent un groupe de vieillards dont les facultés sont en décroissance, on peut ajouter qu'au contraire l'ordre des rongeurs a conservé, à certains égards, un air de jeunesse et semble en partie composé de types dont l'évolution est restée inachevée. Ainsi que me l'a montré mon excellent maître, M. Gerbe, il ne faut pas croire que l'allantoïde des rongeurs indique un haut degré d'évolution parce que le placenta est discoïde comme dans l'espèce humaine; car, chez les rongeurs, c'est la vésicule ombilicale qui entoure presque tout le fœtus; l'allantoïde reste très-petite, dans un état intermédiaire entre celui des marsupiaux et celui des placentaires les plus élevés. Il me semble donc qu'il y a lieu de s'attendre à rencontrer des restes de rongeurs dans les terrains où l'on découvrira les plus anciens placentaires. Malheureusement, les rongeurs sont pour la plupart de si chétives créatures que leurs débris doivent se dissimuler facilement dans les couches terrestres. « *La petite taille des rongeurs*, a dit Pictet[1], *les a fait ordinairement négliger par les ouvriers qui exploitent les carrières où l'on en pourrait retrouver les fragments;.... il est impossible de rien conclure de positif du fait que leurs ossements n'ont pas encore été signalés dans tel ou tel gisement.* »

C'est, je pense, à cause de leur grande ancienneté que les rongeurs forment à l'époque tertiaire un ordre plus divergent, plus séparé des autres ordres que la plupart des mammifères. M. Forsyth Major, dans un intéressant travail sur les rongeurs fossiles[2], a signalé quelques traits de ressemblance entre ces animaux et les ongulés, par exemple entre le *Pseudosciurus*[3] et l'*Hyracotherium*, entre le *Sciuroides*[4] et le *Dichobune.* Il y a peut-être là des similitudes d'adaptation plutôt que des indices de filiation.

S'il est difficile de marquer les enchaînements des rongeurs tertiaires avec les quadrupèdes qui les ont précédés, on peut au contraire constater leurs ressemblances avec les formes actuelles. Par exemple, les paléontologistes ont fourni la preuve que le genre écureuil n'a point brusquement apparu de nos jours; ils en ont rencontré des espèces dans le gypse de Montmartre[5], dans le miocène de Saint-Gérand-le-Puy[6] et de San-

1. Pictet. *Traité de Paléontologie*, 2e édition, vol. I, p. 234; 1853.
2. *Nagerüberreste aus Bohnerzen Süddeutschlands und der Schweiz, nebst Beiträgen zu einer vergleichenden Odontographie von Ungulaten und Unguiculaten* (*Palæontographica*, XXIIe vol., p. 75 ; 1873).
3. *Sciurus*, écureuil (σκιὰ, ombre; οὐρὰ, queue), et ψευδὴς, faux.
4. *Sciurus* et εἶδος, apparence.
5. *Sciurus fossilis.*
6. *Sciurus Feignouxi.*

san[1]. D'après une pièce qui a été trouvée à Weisenau[2], il faut penser que le spermophile existait au milieu de l'époque tertiaire. Le loir a été indiqué par Cuvier dans le gypse de Montmartre[3], et par Lartet dans le miocène de Sansan[4]. Il n'est pas facile de distinguer du castor actuel le *Castor issiodorensis* découvert dans le pliocène de Perrier et le *Castor Jœgeri* que M. Kaup a cité dans le miocène supérieur d'Eppelsheim. Il y avait déjà, pendant l'époque du miocène supérieur, des porcs-épics en Grèce[5]. Des lièvres ont laissé leurs vestiges dans le pliocène d'Auvergne[6]. Des *Lagomys*[7] qui ressemblent aux espèces actuelles ont été signalés dans le miocène d'Œningen[8] et de Montpellier[9].

Outre ces espèces qu'on a cru pouvoir attribuer à des genres vivants, il en est quelques-unes pour lesquelles on a créé de nouveaux noms génériques ; mais en général celles-là même se rapprochent assez des formes actuelles pour permettre de soupçonner qu'elles ont eu des liens de parenté avec elles. Par exemple, la principale différence entre les *Titanomys*[10] du terrain miocène (fig. 260) et les *Lagomys* qui vivent aujourd'hui (fig. 261) consiste dans la suppression de la toute petite molaire *3a*. persistante chez ces derniers. Les *Palæolagus*[11] du miocène du Nébraska ne sont pas très-loin des lièvres. Les *Sciuroides* du sidérolithique de la Souabe, qui ont été récemment bien étudiés par M. Forsyth Major, ont des tendances vers les écureuils (*Sciurus*). Le *Plesiarctomys*[12] de Saint-Per-

1. *Sciurus sansaniensis* et *Gervaisianus*.
2. *Spermophilus speciosus*.
3. *Myoxus ? spelæus*.
4. *Myoxus sansaniensis*.
5. *Hystrix primigenia*.
6. *Lepus Lacosti*.
7. Λαγὼς, lièvre, et μῦς, rat, à cause de la petitesse des *Lagomys*.
8. *Lagomys œningensis* et *Meyeri*.
9. *Lagomys loxodus*.
10. Τιτὰν, ᾶνος, Titan, et μῦς, rat.
11. Παλαιὸς, ancien ; λαγὼς, lièvre.
12. Πλησίον, près ; *Arctomys*, marmotte (ἄρκτος, ours ; μῦς, rat).

réal en Vaucluse est, ainsi que son nom l'indique, peu éloigné des marmottes (*Arctomys*). On trouve dans le miocène un petit

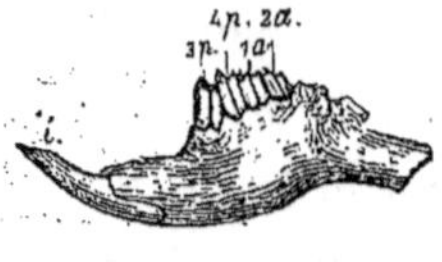

FIG. 260. — Mandibule gauche du *Titanomys visenoviensis*, vue sur la face externe, de grandeur naturelle. — *i.* incisive; *3p.* et *4p.* les prémolaires; *1a.*, *2a.* la première et la seconde arrière-molaire. (D'après M. Gervais.) — Miocène de Saint-Gérand-le-Puy.

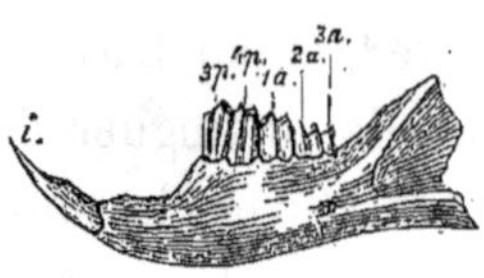

FIG. 261. — Mandibule gauche d'un *Lagomys* actuel, vue sur la face externe, de grandeur naturelle. Mêmes lettres que dans la figure précédente. On voit en *3a.* une troisième arrière-molaire formée d'un seul lobe.

rongeur qui a été appelé *Cricetodon*[1] (fig. 262), parce qu'on a jugé qu'il se rapproche des *Cricetus* (fig. 263); il ne se distingue des rats ordinaires (fig. 264) que par sa prémolaire *4p.* plus

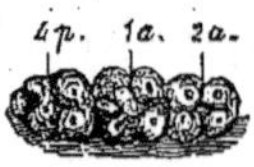

FIG. 262. — Molaire inférieure gauche de *Cricetodon gerandianum*, vue en dessus, au triple de la grandeur. — *4p.* prémolaire unique; *1a.*, *2a.* les arrière-molaires. (D'après M. Gervais.)—Miocène de Langy (Allier).

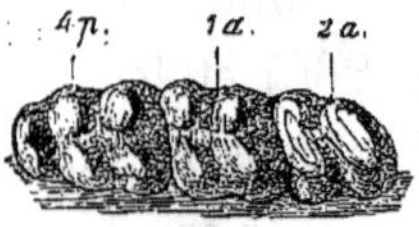

FIG. 263. — Molaires inférieures gauches d'un *Hamster* actuel (*Cricetus frumentarius*), vues en dessus, au triple de la grandeur. Mêmes lettres que dans la figure précédente.

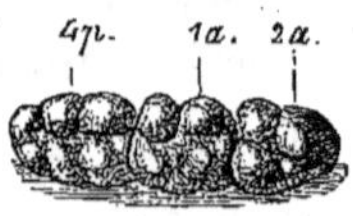

FIG. 264. — Molaires inférieures gauches d'un surmulot actuel (*Mus decumanus*) du Malabar, grandies cinq fois. Mêmes lettres.

petite et munie en avant d'un seul denticule. M. Pomel, auquel on doit d'importantes recherches sur les rongeurs fossiles[2],

1. *Cricetus, hamster;* ὀδών, dent.

2. *Catalogue méthodique et descriptif des vertébrés fossiles découverts dans le bassin hydrographique supérieur de la Loire, et surtout dans la vallée de son*

a décrit sous le nom de *Myarion*[1] des rats du miocène d'Auvergne qu'il suppose très-voisins des rats d'Amérique appe-

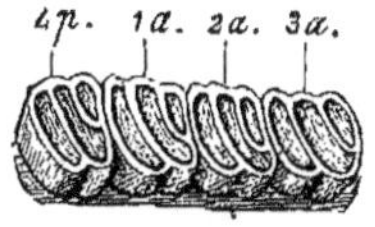

Fig. 265. — Molaires supérieures gauches d'*Archæomys arvernensis* (*chinchilloides*), au double de grandeur. — 4*p*. prémolaire unique; 1*a*., 2*a*., 3*a*. les trois arrière-molaires. (D'après M. Gervais.) — Miocène lacustre d'Issoire.

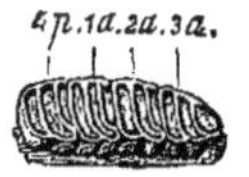

Fig. 266. — Molaires supérieures gauches du *Chinchilla lanigera* de l'Amérique méridionale, grandeur naturelle. Mêmes lettres que dans la figure précédente.

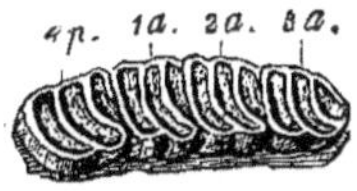

Fig. 267. — Molaires supérieures gauches d'un *Lagotis peruvianus* du Chili, grandeur naturelle. Mêmes lettres.

lés *Hesperomys*. M. Jourdan a montré que les mâchoires du miocène d'Issoire connues sous le titre d'*Archæomys*[2] (fig. 265) rappellent le chinchilla (fig. 266); M. Gervais a fait remarquer

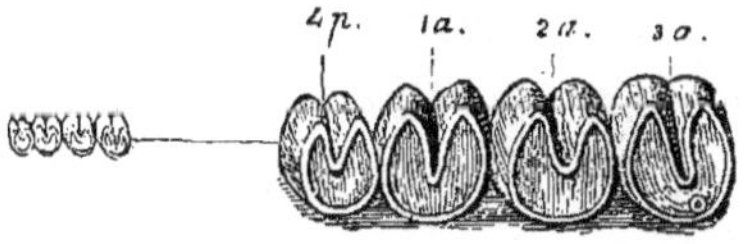

Fig. 268. — Molaires supérieures d'*Issiodoromys pseudanæma*, de grandeur naturelle et grandies trois fois. — 4*p*. prémolaire unique; 1*a*., 2*a*., 3*a*. les arrière-molaires. (D'après M. Gervais.) — Miocène lacustre entre Cournon et Pérignat (Puy-de-Dôme).

Fig. 269. — Molaires supérieures droites de l'*Helamys capensis*, de grandeur naturelle. Mêmes lettres. — Cap de Bonne-Espérance.

qu'elles rappellent également le *Lagotis* (fig. 267). Suivant le même naturaliste, la dentition de l'*Issiodoromys*[3] (fig. 268)

affluent principal, l'Allier. Paris, in-8°; 1854. Cette brochure de M. Pomel renferme la description d'un grand nombre de mammifères tertiaires; la partie relative aux rongeurs et aux insectivores contient surtout beaucoup d'indications nouvelles.

1. Diminutif de μῦς, rat.

2. Ἀρχαῖος, ancien, et μῦς.

3. Rat d'Issoire (*Issiodurum*); c'est le même animal que M. Pomel nomme *Palanœma antiquus*.

a de grands rapports avec celle de l'*Helamys* (fig. 269). La dentition du *Theridomys*[1] n'est pas éloignée de celle du *Steneofiber*[2] (fig. 270), et celle-ci n'est pas éloignée de celle des castors.

FIG. 270. — Molaires inférieures gauches de *Steneofiber viciacensis*, à différents degrés d'usure, grandeur naturelle. — Miocène lacustre de Saint-Gérand-le-Puy.

Tout en étant frappé de la ressemblance des rongeurs fossiles avec les rongeurs vivants, nous devons avouer que nous sommes encore peu capables de préciser quelles sont les formes actuelles avec lesquelles les genres éteints ont la plus proche parenté; cela provient de ce qu'en général nous n'avons que des pièces isolées. Or il importe de ne pas oublier que chaque fois que nous faisons des déterminations d'espèces fossiles avec des pièces isolées, ces déterminations ne peuvent être considérées que comme provisoires. La nécessité de cette remarque est particulièrement manifeste quand nous étudions les rongeurs. Ces animaux offrent des types très-variés : il y en a d'herbivores, de frugivores, de granivores et d'omnivores; les uns sont des grimpeurs, d'autres sont des coureurs, d'autres sont des sauteurs; on en voit qui ont le pelage le plus doux et d'autres qui portent les piquants les plus rudes; ceux-ci ont une grande queue velue, ceux-là ont une queue dépourvue de poils, ou bien n'ont presque pas de queue. Ces variations sont indépendantes les unes des autres; on ne saurait conclure de la disposition extérieure ou de la conformation interne du squelette qu'un rongeur a été granivore ou herbivore. Si nous ne possédions que des molaires de castor, de porc-épic, d'agouti, de paca et d'*Anomalurus*, nous ne soupçonnerions pas les différences importantes qui

1. Θηρίδιον, petite bête; μῦς, rat.
2. Στενὸς, étroit; *fiber*, castor; ce nom a été donné à cause de la forme étroite du crâne.

existent entre ces animaux pour l'aspect extérieur et pour la forme des membres. Dans l'état actuel de la science, les zoologistes ont beaucoup de peine à établir des séparations un peu tranchées entre les diverses tribus de l'ordre des rongeurs; cette difficulté pourra bien devenir une impossibilité, lorsqu'aux espèces actuelles viendront se joindre de nombreuses espèces fossiles.

L'ordre des insectivores comprend trois familles : celle des hérissons, celle des musaraignes et celle des taupes. Ces familles ont eu des représentants dans les temps géologiques. On trouve de véritables hérissons dans le miocène d'Auvergne [1] et de Sansan [2], des animaux voisins des hérissons dans le miocène du Puy-en-Velay [3]. A l'époque miocène, il y avait des taupes en Auvergne [4], au pied des Pyrénées [5] et sur les bords du Rhin [6]; en considérant le dessin ci-contre (fig. 271) d'un humérus trouvé

FIG. 271.—Humérus de *Talpa telluri*, grandeur naturelle. (D'après de Blainville.) — Miocène moyen de Sansan.

à Sansan, on reconnaîtra que les membres de devant des taupes miocènes devaient avoir déjà la curieuse organisation que ces animaux fouisseurs offrent aujourd'hui. Il y a eu des musaraignes dans le Bourbonnais [7] et à Sansan [8], ainsi que des genres voisins des musaraignes qu'on a nommés *Plesiosorex* [9]

1. *Erinaceus arvernensis.*
2. *Erinaceus sansaniensis.*
3. *Tetracus nanus.*
4. *Talpa acutidens.*
5. *Talpa telluris* de Sansan.
6. *Talpa brachychir* de Weisenau, près de Mayence.
7. *Sorex antiquus.*
8. *Sorex sansaniensis.*
9. Πλησίον, près ; *sorex*, musaraigne.

et *Mysarachne*[1]. Non-seulement les genres actuels de l'ordre des insectivores peuvent avoir eu des liens avec les animaux des âges passés, mais encore il me semble que les trois familles des hérissons, des musaraignes et des taupes dont cet ordre est composé, n'ont pas été toujours très-nettement séparées pendant les temps tertiaires, car je remarque qu'un même animal a été appelé par Blainville hérisson (*Erinaceus*

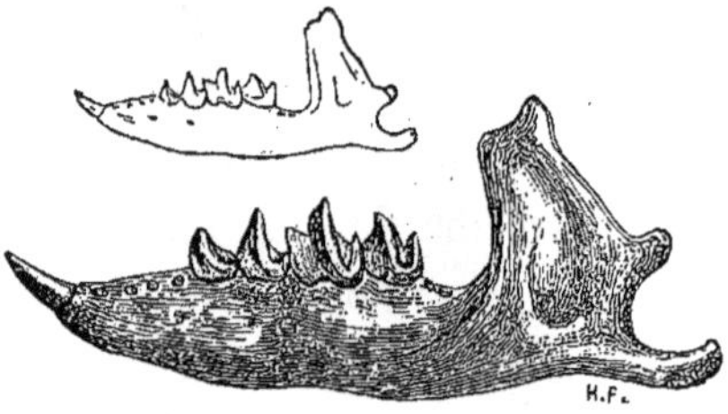

Fig. 272. — Mâchoire inférieure de *Plesiosorex soricinoides* (*Erinaceus soricinoides*), dessinée de profil, au double de grandeur ; le dessin qui n'est pas ombré est de grandeur naturelle. (D'après Blainville.) — Miocène lacustre d'Issoire.

soricinoides, fig. 272), par M. Gervais *Plesiosorex soricinoides*, et par M. Pomel *Plesiosorex talpoides*, c'est-à-dire *Plesiosorex* qui a une apparence de taupe.

Les cheiroptères sont représentés aujourd'hui en France par les *Vespertilio* et les *Rhinolophus ;* ces genres se rencontrent également à l'état fossile dans nos terrains tertiaires ; on a signalé des *Rhinolophus* dans les phosphorites du Quercy, des *Vespertilio* dans les mêmes phosphorites, dans la pierre à plâtre de Montmartre, à Sansan, à Aix en Provence. M. de Saporta a trouvé à Aix, dans l'étage du gypse, un morceau de chauve-souris si bien conservé qu'on y aperçoit même quelques indices de la membrane de l'aile ; M. Gervais, qui a décrit cet échantillon, s'exprime ainsi : « *L'impression de la membrane*

1. Μῦς, rat; ἀράχνη, araignée; ce nom n'est que la forme grecque du mot musaraigne (*mus*, *aranea*).

alaire se voit encore entre les doigts ainsi qu'entre le dernier de ceux-ci et l'avant-bras, et l'on retrouve même l'empreinte d'une partie des poils de l'épaule[1].» La pièce découverte par M. de Saporta a été donnée au Muséum où chacun peut l'étudier; j'ai fait représenter les os dans la figure ci-contre (fig. 273);

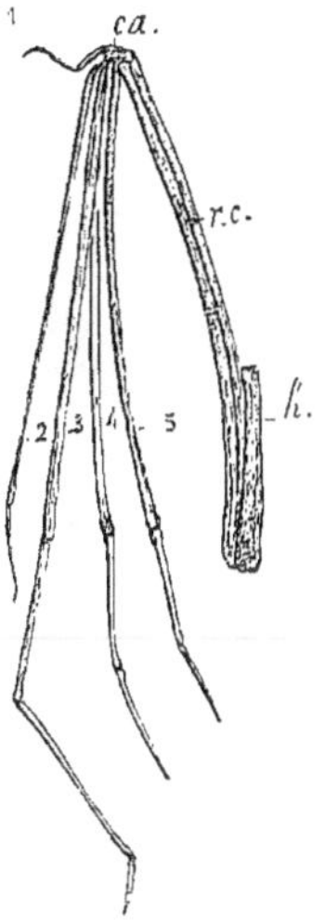

FIG. 273. — Aile du *Vespertilio aquensis*, grandeur naturelle. — *h*. humérus; *r*. et *c*. radius et cubitus; *ca*. carpe; 1, le pouce qui est isolé et devait servir à l'animal pour se suspendre aux rochers; 2. 3. 4. 5. les quatre doigts allongés qui soutenaient la membrane de l'aile. — Marnes gypsifères d'Aix en Provence.

quand on les compare avec ceux des chauves-souris actuelles, ils montrent assez de ressemblance pour permettre de supposer que les chauves-souris éocènes ont eu des liens de parenté avec les espèces qui vivent actuellement. En même temps ils suggèrent la pensée que les cheiroptères doivent remonter à une époque ancienne, car l'allongement des métacarpiens et des phalanges indique une aile fort développée. Agassiz et M. Gervais ont constaté que chez les chauves-souris à l'état embryonnaire, les os qui forment l'aile sont proportionnément

1. *Zoologie et paléontologie générales*, p. 161, 1867-69.

plus courts qu'à l'état adulte, de telle sorte qu'à leur début ces animaux commencent par être moins éloignés des mammifères ordinaires; il est donc naturel de supposer que les cheiroptères, qui ont apparu les premiers dans les âges géologiques, ont eu aussi des doigts peu allongés et des ailes rudimentaires.

CHAPITRE IX

LES CARNIVORES

De même que les herbivores, les carnivores ont été précédés dans les temps géologiques par des espèces qui leur ressemblent assez pour qu'il ne soit pas déraisonnable de les croire leurs ancêtres. Ainsi, l'ours du pliocène d'Auvergne (fig. 281)

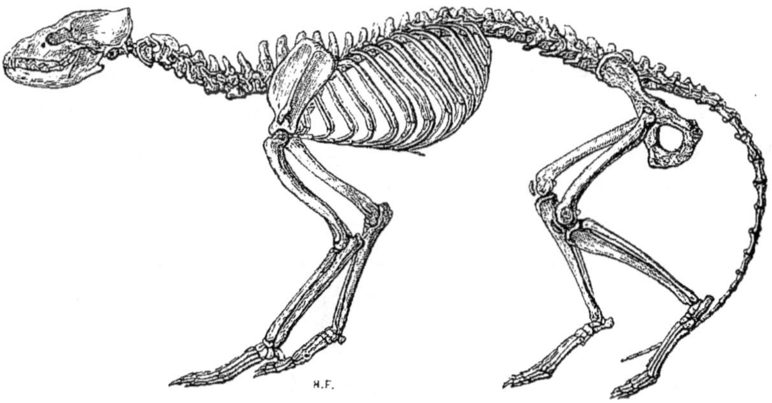

Fig. 274. — Restauration du squelette de l'*Ictitherium robustum*, à 1/9 de grandeur. — Miocène supérieur de Pikermi.

rappelle l'ours orné de l'Amérique du Sud. Les trois espèces d'hyènes qui existent de nos jours ont leurs analogues à l'état fossile : l'hyène tachetée correspond à l'*Hyæna Perrieri* du pliocène de Perrier, l'hyène brune correspond à l'*Hyæna eximia* de Pikermi (fig. 275), l'hyène rayée correspond à l'*Hyæna*

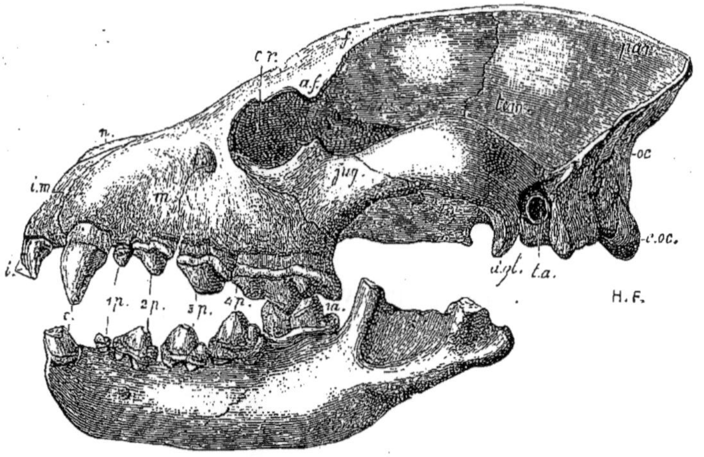

FIG. 275.— Tête de l'*Hyæna eximia*, vue de profil, à 1/3 de grandeur.— *i.* incisives; *c.* canines; *1p.*, *2p.*, *3p.*, *4p.* les prémolaires; *1a.* arrière-molaire inférieure en forme de carnassière, qui est opposée à la quatrième prémolaire supérieure en forme de carnassière; *i.m.* inter-maxillaire; *m.* maxillaire; *t.s.* trou sous-orbitaire; *n.* nasal; *or.* orbite; *jug.* jugal; *f.* frontal; *a.f.* apophyse post-frontale; *tem.* temporal; *a.gl.* apophyse post-glénoïde; *t.a.* trou auditif; *par.* pariétal; *oc.* occipital; *c.oc.* condyle occipital. — Pikermi.

arvernensis de Perrier. Les caractères de plusieurs des chats vivants sont si peu tranchés qu'on ne sait comment distinguer leurs espèces de leurs variétés; la difficulté devient plus grande encore quand on ajoute aux formes existantes les chats indiqués dans le pliocène de Perrier sous les noms de *Felis arvernensis*, *pardinensis*, *brachyrhina*, *issiodorensis*, *brevirostris*, le chat du crag rouge d'Angleterre appelé *Felis pardoides*, celui du pliocène de Montpellier nommé *Felis Christolii*, les chats du miocène supérieur d'Eppelsheim que M. Kaup a décrits sous les titres de *Felis prisca*, *ogygia*, *antediluviana*, les chats de Pikermi et de Sansan, etc. Personne, je pense, ne voudrait affirmer qu'il n'y a aucun lien de parenté entre les chiens actuels et les *Canis* du pliocène d'Auvergne, entre notre genette et les *Viverra* du miocène moyen de Sansan et du miocène inférieur du Bourbonnais, entre nos martes et celles de Pikermi ou de Sansan, entre la loutre vulgaire et les loutres du pliocène d'Auvergne et de Montpellier ou celles du miocène de Sansan.

L'étude de la paléontologie ne nous montre pas seulement des espèces fossiles qui pourraient être les ancêtres des espèces des carnivores actuels ; elle commence à nous révéler des traits d'union entre des genres qui paraissent aujourd'hui très-séparés les uns des autres. Tous les animaux que l'on réunit sous le nom de carnivores sont loin d'avoir le même régime : le lion est un mangeur de chair fraîche, l'hyène dévore les cadavres, certains ours sont aussi omnivores que les cochons. De là résultent des différences considérables dans la forme des dents ; plus un animal est carnivore, plus ses dents sont coupantes et plus ses carnassières sont grandes ; quand son genre de vie se rapproche des omnivores, ses dents tuberculeuses, qui servent à broyer, prennent de l'importance [1]. Les membres des carnivores présentent aussi des différences considérables correspondant à celles de leur genre de vie : l'ours, qui court peu et grimpe aux arbres, ne peut avoir les mêmes membres que le chien, animal coureur ; les pattes avec lesquelles le lion déchire ses victimes ne doivent pas être faites comme celles de l'hyène. Les nombreuses variations des carnivores ont permis de diviser ces animaux en six familles qui ont pour types les genres suivants :

OURS. Premières molaires $\frac{3}{4}$; carnassières $\frac{1}{1}$; tuberculeuses $\frac{2}{2}$.
CHIEN. Premières molaires $\frac{3}{4}$; carnassières $\frac{1}{1}$; tuberculeuses $\frac{2}{2}$.
CIVETTE. Premières molaires $\frac{3}{4}$; carnassières $\frac{1}{1}$; tuberculeuses $\frac{2}{2}$.
MARTE. Premières molaires $\frac{3}{4}$; carnassières $\frac{1}{1}$; tuberculeuses $\frac{1}{1}$.
HYÈNE. Premières molaires $\frac{3}{4}$; carnassières $\frac{1}{1}$; tuberculeuses $\frac{1}{0}$.
CHAT. Premières molaires $\frac{2}{2}$; carnassières $\frac{1}{1}$; tuberculeuses $\frac{1}{0}$.

1. J'emploie les expressions de dents tuberculeuses et de dents carnassières, parce que la distinction de ces dents a une importance capitale dans l'étude des carnivores ; mais sur les figures je continue à numéroter les dents comme je l'ai fait dans tout le cours de cet ouvrage, afin de mieux faire saisir les homologies ; la carnassière inférieure est la première arrière-molaire *1a.* ; la première tuberculeuse inférieure est la seconde arrière-molaire *2a.* ; la seconde tuberculeuse infé-

Malgré la séparation qui paraît exister entre le chien (fig. 276) et l'ours (fig. 281), on connaît des carnivores fossiles qui rendent possible l'idée d'une parenté entre ces animaux. Tel est, par exemple, l'*Amphicyon*[1] (fig. 277); ce quadrupède, qui est un des fossiles les plus caractéristiques du milieu de l'époque tertiaire, appartient certainement, ainsi que son nom l'indique,

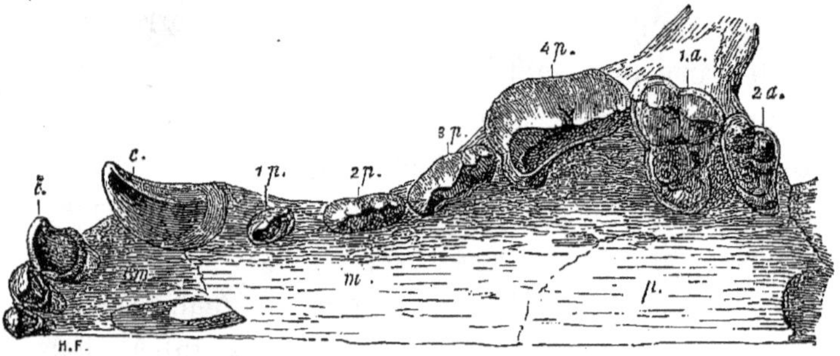

FIG. 276. — Côté gauche de la mâchoire supérieure du *Canis lupus*, vu sur la face palatine, aux 2/3 de grandeur. — *i.* incisives; *c.* canine; *1p.*, *2p.*, *3p.* les trois premières prémolaires; *4p.* quatrième prémolaire (carnassière); *1a.*, *2a.* les arrière-molaires (tuberculeuses); *i.m.* inter-maxillaire; *m.* maxillaire; *p.* palatin. — Époque actuelle.

au groupe des chiens; cela est si vrai que les paléontologistes sont quelquefois embarrassés pour distinguer les restes d'*Amphicyon* d'avec ceux des chiens. Cependant l'*Amphicyon* était plantigrade et peut-être grimpeur comme les ours, au lieu que les vrais chiens sont digitigrades, coureurs et non grimpeurs; ses canines supérieures étaient bien plus longues et plus droites que chez les chiens (fig. 276); ses prémolaires et sa carnassière étaient plus petites, et au contraire la surface occupée par les

rieure est la troisième arrière-molaire *3a.*; la carnassière supérieure est la quatrième prémolaire *4p.*; la première tuberculeuse supérieure est la première arrière-molaire *1a.*; la seconde tuberculeuse supérieure est la seconde arrière-molaire supérieure; dans l'*Amphicyon* et l'*Otocyon*, il y a une troisième tuberculeuse qui représente la dernière arrière-molaire supérieure des pachydermes; en outre, dans l'*Otocyon*, il y a une quatrième arrière-molaire inférieure qu'on n'a pas encore signalée chez les pachydermes. M. Goubaux m'a montré à l'École vétérinaire d'Alfort un chien qui offrait le même caractère.

1. Ἀμφὶ, autour de, auprès de; κύων, chien.

tuberculeuses 1*a.*, 3*a.*, 2*a.*, c'est-à-dire par les dents omnivores, était plus grande comparativement à l'étendue des dents coupantes; ces caractères concourent à indiquer des tendances vers les ours.

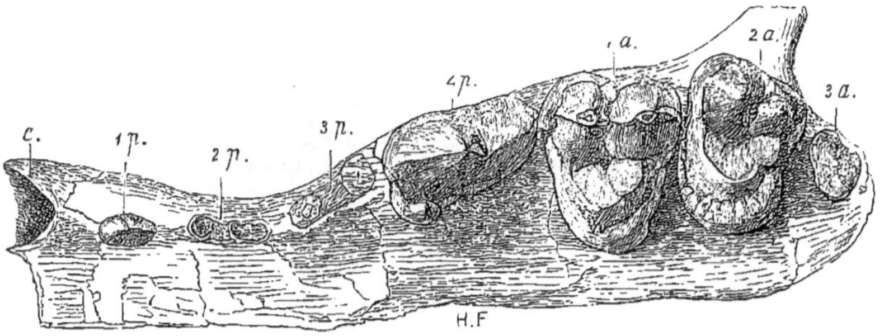

FIG. 277. — Côté gauche de la mâchoire supérieure de l'*Amphicyon major*, vu sur la face palatine, aux 3/5 de grandeur. — *c.* alvéole de la canine; 1*p.* première prémolaire; 2*p.* et 3*p.* alvéoles de la seconde et de la troisième prémolaire; 4*p.* quatrième prémolaire (carnassière); 1*a.*, 2*a.*, 3*a.* les trois arrière-molaires (tuberculeuses). — Miocène moyen de Sansan.

Il y a un genre fossile chez lequel les affinités avec les ours sont encore plus marquées que chez l'*Amphicyon*,

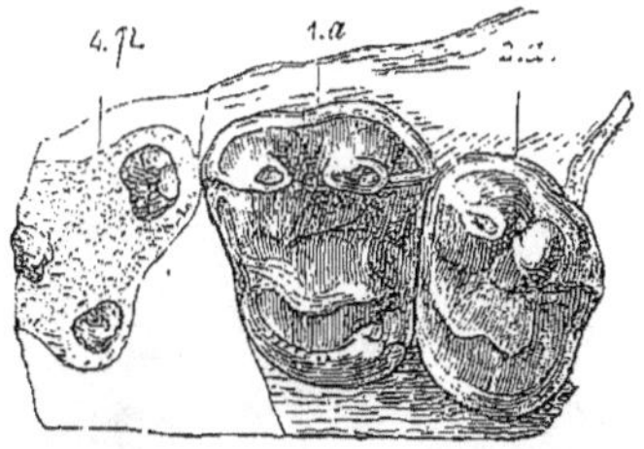

FIG. 278. — Côté gauche d'un fragment de la mâchoire supérieure de l'*Hyænarctos hemicyon*, vu sur la face interne, aux 3/5 de grandeur. — 4*p.* vestiges de la quatrième prémolaire (carnassière); 1*a.*, 2*a.* première et seconde arrière-molaire (tuberculeuses). (D'après M. Gervais.) — Sansan.

c'est l'*Hyænarctos* [1]. On en a trouvé dans le miocène moyen de Sansan un morceau dont je reproduis ici le dessin

1. Ὕαινα, hyène, et ἄρκτος, ours. Ce nom a été mal choisi, car l'*Hyænarctos* n'a pas de rapports avec l'hyène.

(fig. 278); ses tuberculeuses sont plus larges que dans l'*Amphicyon*, tout en ayant encore leur forme triangulaire; mais,

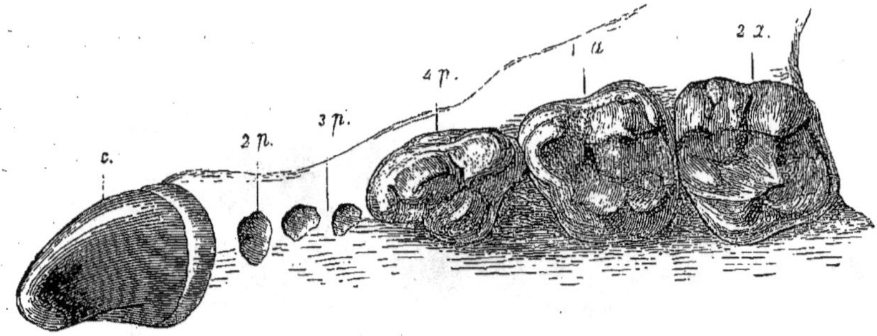

FIG. 279. — Côté gauche de la mâchoire supérieure de l'*Hyænarctos sivalensis*, aux 3/5 de grandeur. — *c.* canine; *2p.*, *3p.* alvéoles de la seconde et de la troisième prémolaire; *4p.* quatrième prémolaire (carnassière); *1a.*, *2a.* les deux premières arrière-molaires (tuberculeuses). — Miocène supérieur des collines Sewalik.

chez les espèces qu'on a découvertes à des niveaux plus élevés, et par conséquent plus rapprochés de ceux où l'on rencontre des ours, les tuberculeuses ont pris une forme carrée, et, au

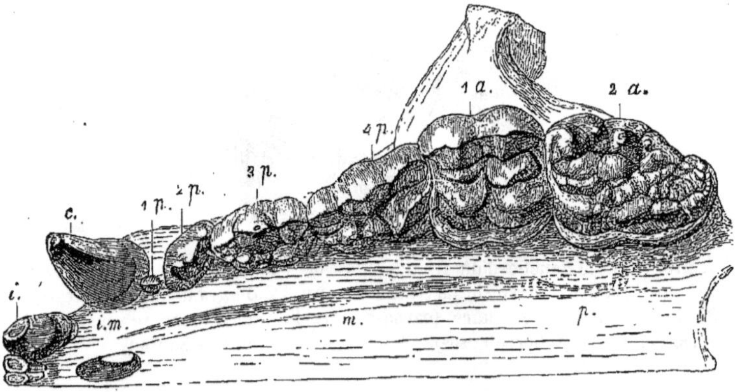

FIG. 280. — Côté gauche de la mâchoire supérieure de l'*Æluropus melanoleucus*, vu sur la face palatine, aux 2/3 de grandeur. — Mêmes lettres que dans la figure précédente. — Époque actuelle (Chine).

lieu du seul denticule interne des chiens, il y a deux denticules internes bien développés; c'est ce qu'on voit dans l'*Hyænarctos* du pliocène de Montpellier et dans celui des collines Sewalik (fig. 279). Supposons que la seconde tuberculeuse soit devenue de plus en plus grande, on aura la disposition de l'*Æluropus* (fig. 280) et enfin celle de l'ours, qui est le carnivore dont les dents sont le plus rapprochées du type omnivore des pachydermes (fig. 281)[1].

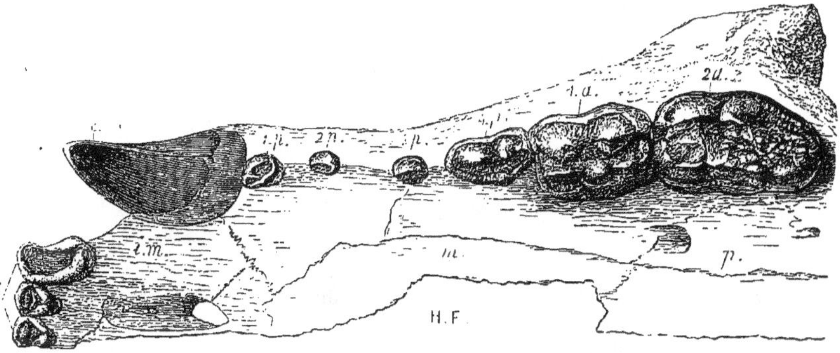

Fig. 281. — Côté gauche de la mâchoire supérieure de l'*Ursus arvernensis*, aux 3/4 de grandeur. — *i.* incisives; *c.* canine; *1p.*, *2p.*, *3p.*, *4p.* les quatre prémolaires; *1a.*, *2a.* les arrière-molaires; *i.m.* inter-maxillaire; *m.* maxillaire; *p.* palatin. — Pliocène de Perrier.

Dans la nature actuelle, les civettes ont une dentition qui se distingue de celle des chiens, parce que leur mâchoire inférieure a une tuberculeuse de moins[2] et parce que leur carnassière porte un grand denticule interne. Mais cette double distinction n'a pas été constante ; on trouve à l'état fossile un genre *Cynodon*[3] qui est voisin des chiens par plusieurs de ses caractères et se rapproche des civettes par le développement du denticule interne de la carnassière inférieure (fig. 282 et 283). Grâce à l'abondance des débris découverts dans les phosphorites du Quercy, M. Filhol a pu mettre en lumière l'excessive variabilité du *Cynodon* ; il a cru devoir admettre pour ce seul

1. L'*Ursus spelæus* du quaternaire est encore plus ours que les ours tertiaires.

2. De nos jours, le *Cuon* offre l'exemple d'un animal du groupe chien dont la dentition a la formule des civettes, car il n'a qu'une seule tuberculeuse inférieure.

3. Κύων, κυνὸς, chien ; ὀδών, dent. M. Aymard a fait connaître ce carnivore dans une note intitulée : *Du Cynodon, Mammifère carnassier fossile trouvé dans les calcaires marneux de Ronzon, près le Puy* (*Ann. de la Soc. académique du Puy*, vol. XV, p. 92, 1851).

genre dix-sept noms d'espèces. Ces noms représentent les oscillations d'un type qui a incliné tantôt vers la civette, tantôt vers le chien, de telle sorte qu'il est impossible de dire où le chien a fini, où la civette a commencé.

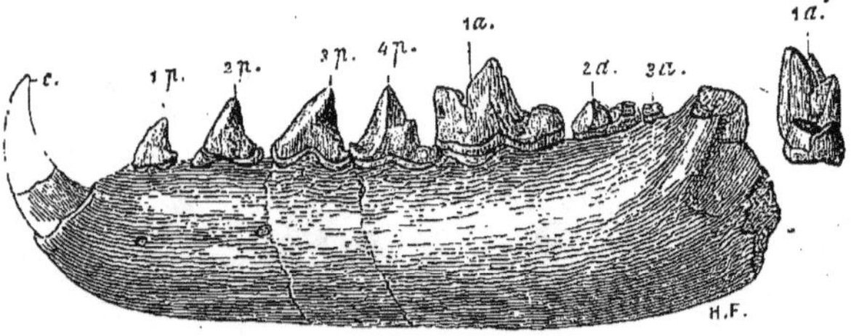

FIG. 282. — Mandibule gauche du *Cynodon lacustris*, vue sur la face externe, de grandeur naturelle.— *c.* canine ; *1p.*, *2p.*, *3p.*, *4p.* les quatre prémolaires ; *1a.* première arrière-molaire (carnassière) ; *2a.*, *3a.* seconde et troisième arrière-molaire (tuberculeuses). On a représenté à part la carnassière vue en arrière, pour montrer l'élévation de son denticule interne. — Lignite éocène de la Débruge.

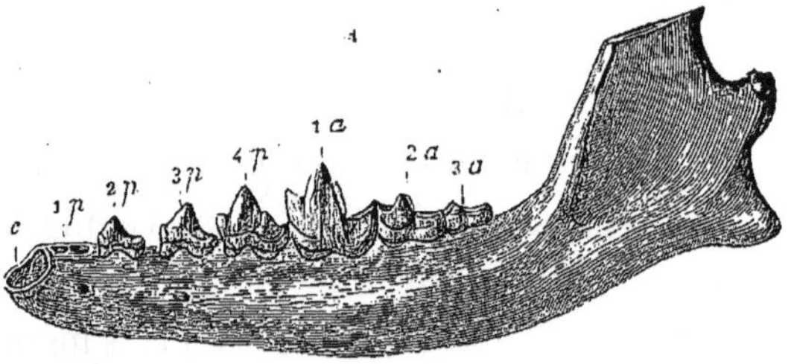

FIG. 283. — Mandibule gauche du *Cynodon exilis*, dessinée sur la face externe, au double de la grandeur naturelle. Mêmes lettres que dans la figure précédente. Cette pièce est remarquable par sa seconde arrière-molaire dont les denticules pointus rappellent un peu la disposition de plusieurs marsupiaux. — Phosphorites du Quercy. (Collection de M. Filhol.)

Les hyènes sont aujourd'hui assez distinctes des civettes. Mais il n'en a pas toujours été ainsi. Une des principales différences des hyènes et des civettes actuelles consiste en ce que les premières ont leurs tuberculeuses très-peu développées ; à la mâchoire supérieure, l'hyène tachetée n'a qu'une petite tuberculeuse, tandis que les civettes ont deux tuberculeuses assez grandes ; il en est de même dans un animal de Pikermi que j'ai décrit sous le nom d'*Ictitherium*[1] *Orbignyi* (fig. 284); mais, dans une autre espèce du même genre, la seconde tuber-

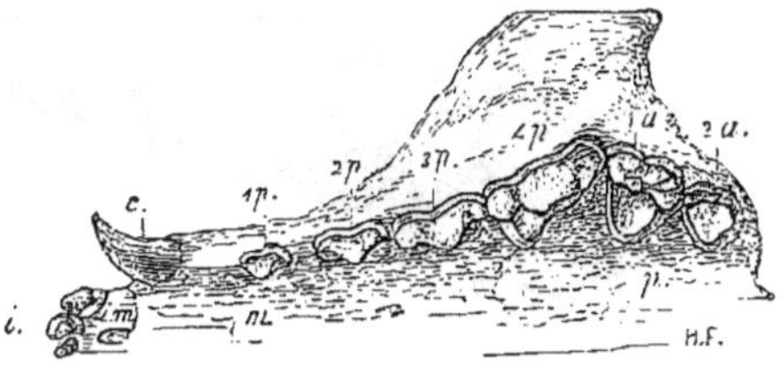

FIG. 284.— Côté gauche de la mâchoire supérieure de l'*Ictitherium Orbignyi*, vu sur la face palatine, grandeur naturelle. — *i.* incisives; *c.* canine; *1p.*, *2p.*, *3p* les trois premières prémolaires; *4p.* la quatrième prémolaire (carnassière); *1a.*, *2a.* la première et la seconde arrière-molaire (tuberculeuses); *i.m.* inter-maxillaire; *m.* maxillaire; *p.* palatin. — Pikermi.

culeuse devient plus petite comparativement aux dents coupantes (*Ictitherium robustum*, fig. 274 et 285), et dans une

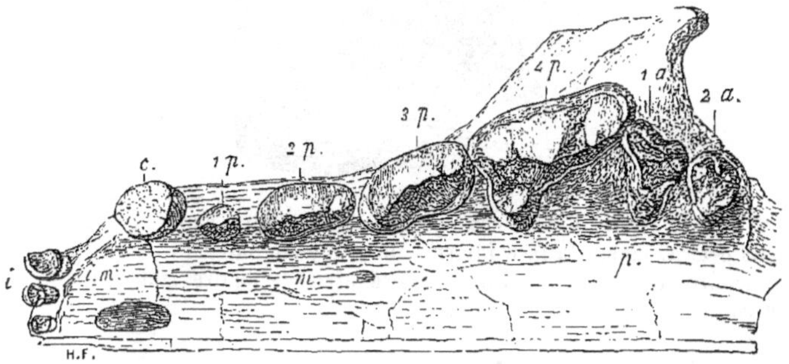

FIG. 285. — Côté gauche de la mâchoire supérieure de l'*Ictitherium robustum*, vu sur la face palatine, grandeur naturelle. Mêmes lettres. — Miocène supérieur de Pikermi.

troisième espèce, elle est encore beaucoup moindre (*Ictitherium hipparionum*, fig. 286). Supposons que cette dent si réduite disparaisse, la mâchoire supérieure de l'*Ictitherium* ressemblera à celle d'une sorte d'hyène à laquelle j'ai donné le nom d'*Hyænictis*[2] (fig. 287). Dans cette *Hyænictis*, la pre-

1. Ἰκτίς, fouine; θηρίον, animal.

2. Ὕαινα, hyène, et ἰκτίς, fouine, parce que cet animal présente la réunion de caractères propres aux hyènes et aux fouines.

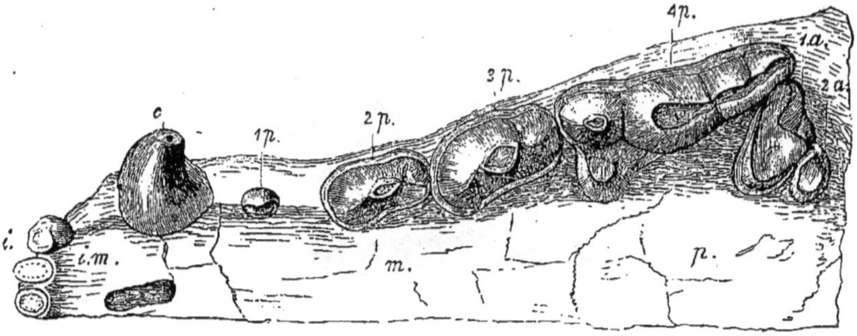

Fig. 286. — Côté gauche de la mâchoire supérieure de l'*Ictitherium hipparionum*, grandeur naturelle. — *i.* incisives; *c.* canine; *1p.*, *2p.*, *3p.* les premières prémolaires; *4p.* la quatrième prémolaire (carnassière); *1a.* première arrière-molaire (tuberculeuse); *2a.* seconde arrière-molaire (seconde tuberculeuse); *i.m.* inter-maxillaire; *m.* maxillaire; *p.* palatin.— Pikermi.

Fig. 287. — Fragment d'un côté gauche de mâchoire supérieure de l'*Hyænictis græca*, vu sur la face interne, de grandeur naturelle.—*4p.* quatrième prémolaire (carnassière); *1a.* première arrière-molaire (tuberculeuse). — Pikermi.

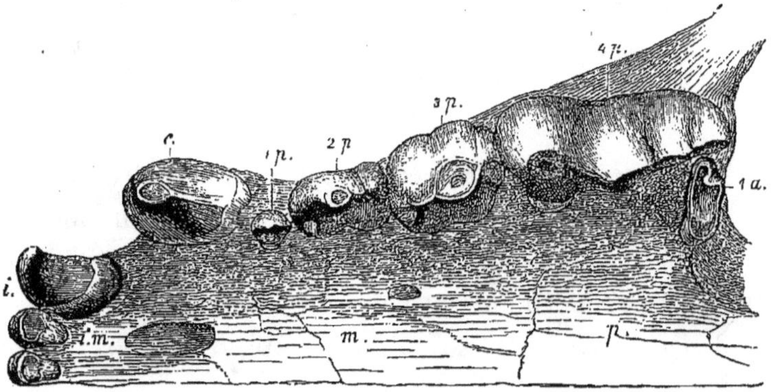

Fig. 288.—Côté gauche de la mâchoire supérieure de l'*Hyæna eximia*, vu sur la face palatine, aux 2/3 de grandeur. Mêmes lettres que dans la figure 286. — Pikermi.

mière tuberculeuse est encore fort grande; mais, de même que nous venons de voir la seconde tuberculeuse diminuer, nous voyons la première tuberculeuse s'amoindrir, si nous considérons d'abord l'*Hyæna eximia* (fig. 288), puis l'*Hyæna Perrieri* du pliocène et l'hyène tachetée de l'époque actuelle dont la tuberculeuse est tout à fait rudimentaire. A la mâchoire inférieure, les hyènes se distinguent aujourd'hui des civettes parce qu'elles n'ont pas de tuberculeuses; dans l'hyène fossile que je viens de citer sous le nom d'*Hyænictis*, il y a une petite tuberculeuse (fig. 289, 2*a*). Parmi les caractères

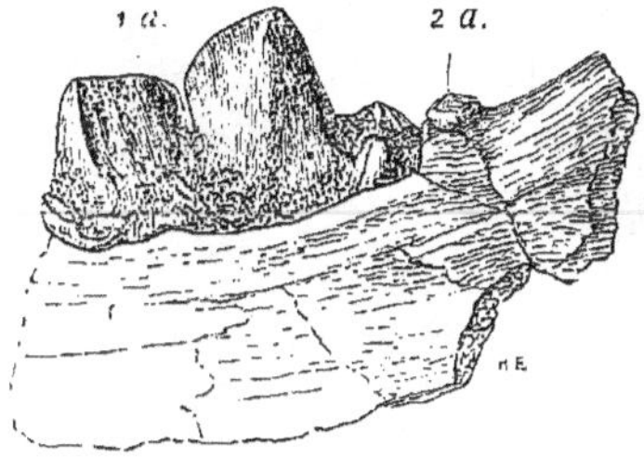

FIG. 289. — Fragment de mandibule droite de l'*Hyænictis græca*, vu sur la face interne, de grandeur naturelle. — 1*a*. première arrière-molaire (carnassière); 2*a*. seconde arrière-molaire (tuberculeuse). — Pikermi.

des hyènes vivantes, on peut encore mentionner l'épaisseur des prémolaires qui leur permet de broyer les os des cadavres; mais, d'une part, dans la famille des civettes on voit le genre *Ictitherium* comprendre des espèces où les prémolaires sont épaissies[1], et, d'autre part, j'ai signalé une *Hyæna Chæretis* où les prémolaires sont bien plus minces que dans les espèces actuelles. On a remarqué aussi entre les hyènes qui vivent maintenant et les civettes, cette différence que les premières ont quatre doigts aux pattes de derrière, tandis que les civettes en ont cinq; mais les civettes du genre *Ictitherium* (fig. 274) avaient quatre doigts, comme les hyènes,

1. Dans le mont Léberon, j'ai trouvé des coprolithes d'*Ictitherium* qui montrent que ces animaux broyaient les os comme les hyènes.

aux pattes de derrière. Ainsi, la paléontologie nous montre le passage des hyènes aux civettes.

Les membres de la famille des martes ne se distinguent pas toujours facilement de ceux de la famille des civettes; leur caractère différentiel le plus constant est l'absence de la seconde tuberculeuse. Néanmoins on a découvert dans le tertiaire moyen d'Auvergne un animal qui, étant voisin de la loutre, doit être rangé dans la famille des martes et où cependant il devait y avoir deux tuberculeuses (*Lutrictis* [1], fig. 290).

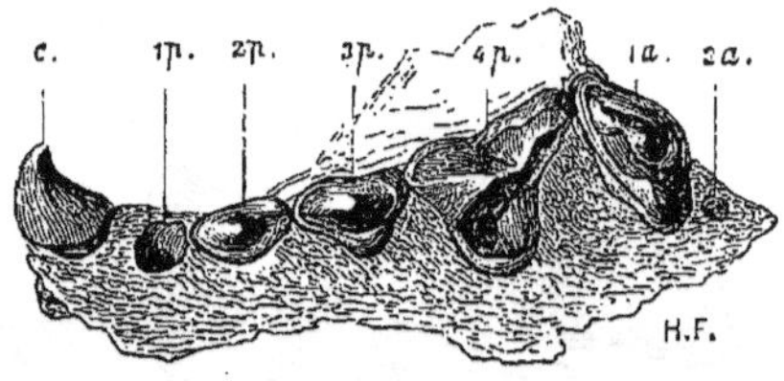

FIG. 290. — Côté gauche de la mâchoire supérieure de la *Lutrictis Valetoni*, vu sur la face palatine, de grandeur naturelle. — *c.* canine ; *1p.* alvéole de la première prémolaire ; *2p.*, *3p.* seconde et troisième prémolaire ; *4p.* quatrième prémolaire (carnassière) ; *1a.* première arrière-molaire (première tuberculeuse) ; *2a.* alvéole d'une toute petite seconde arrière-molaire (seconde tuberculeuse). (D'après M. Pomel.) — Miocène lacustre de l'Allier.

La principale différence qui sépare la dentition des chats actuels de celle des mustélidés consiste dans l'absence d'une tuberculeuse inférieure [2] et d'une seconde prémolaire ; cette différence n'a pas été toujours aussi tranchée dans les temps géologiques ; car on trouve dans les terrains miocènes de l'Europe et de l'Amérique des animaux qui, tout en ressemblant beaucoup aux chats, ont eu soit une seconde prémolaire, soit une petite tuberculeuse comme chez les putois, qui sont des animaux de la famille des martes. Je reproduis ici (fig. 291) le dessin d'une mandibule de *Pseudœlurus* [3] avec un alvéole qui

1. *Lutra*, loutre ; *ictis*, fouine.

2. Dans la nature actuelle, le lynx offre un exemple d'un animal de la famille des chats, qui a une petite tuberculeuse comme les mustélidés.

3. Ψευδής, faux ; αἴλουρος, chat.

indique l'existence d'une seconde prémolaire, et dans la figure 292 je représente une mâchoire d'un genre améri-

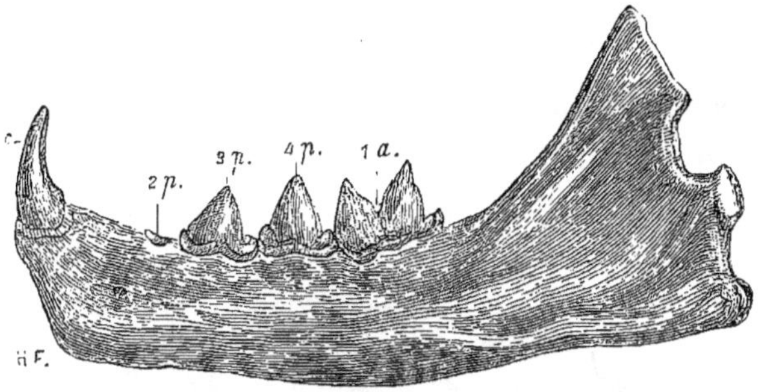

Fig. 291. — Mandibule gauche de *Pseudœlurus Edwardsii*, vue sur la face externe, de grandeur naturelle. — *c.* canine; *2p.* alvéole de la seconde prémolaire; *3p.* ,*4p.* troisième et quatrième prémolaire; *1a.* arrière-molaire (carnassière). (D'après M. Filhol.) — Phosphorites du Quercy.

cain, la *Dinictis*[1], qui porte non-seulement une seconde prémolaire, mais aussi une tuberculeuse. Ces dents sont fort

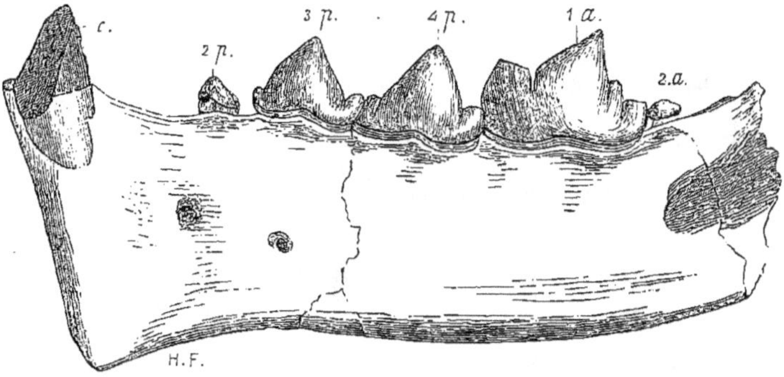

Fig. 292. — Mandibule gauche de *Dinictis felina*, vue sur la face externe, de grandeur naturelle. — *c.* canine; *2p.*, *3p.*, *4p.* prémolaires; *1a.* première arrière-molaire (carnassière); *2a.* seconde arrière-molaire (tuberculeuse). (D'après M. Leidy.) — Miocène inférieur du Dakota.

petites, comme le sont aussi la tuberculeuse inférieure de l'*Hyænictis* (fig. 289), la seconde tuberculeuse supérieure de la

1. Δεινὸς, redoutable; ἴκτὶς, fouine.

Lutrictis (fig. 290), etc. Cet état chétif dans lequel nous trouvons les organes au moment où ils viennent d'apparaître ou lorsqu'ils sont sur le point de disparaître appuie la doctrine de l'évolution, car il nous prouve que les changements se sont opérés progressivement.

Il ressort des observations contenues dans les pages précédentes que les carnivores des temps actuels se lient à ceux des temps passés; mais, de même que beaucoup d'herbivores

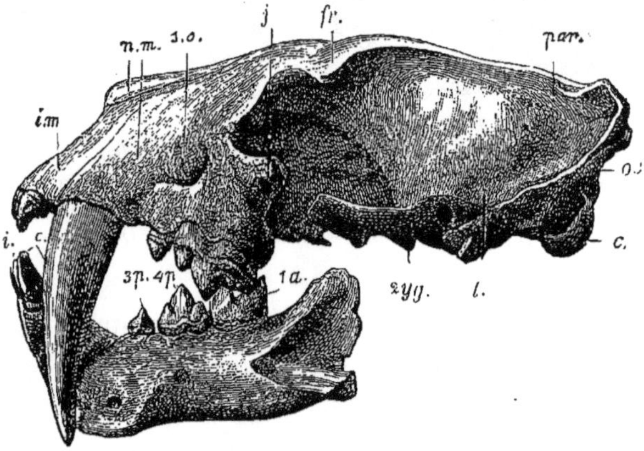

FIG. 293. — Tête du *Machærodus megantheréon*, vue de profil, à 1/3 de grandeur. — *i.* incisives; *c.* canines; *3p.* troisièmes prémolaires; *4p.* quatrièmes prémolaires; celle de la mâchoire supérieure représente la carnassière; *1a.* première arrière-molaire inférieure (carnassière); *i.m.* inter-maxillaire; *m.* maxillaire; *s.o.* trou sous-orbitaire; *n.* nasal; *j.* jugal; *fr.* frontal; *par.* pariétal; *t.* temporal; *zyg.* arcade zygomatique; *oc.* occipital; *c.* condyle occipital. — Pliocène de Perrier, près d'Issoire.

se sont éteints sans arriver jusqu'à nos jours, on doit croire aussi que certains carnivores ont eu leur règne dans les temps géologiques et sont morts sans laisser de postérité; je citerai comme exemple le *Machærodus* (fig. 293); ainsi que son nom l'indique [1], cet animal avait des canines allongées et aussi tranchantes que des lames de poignard, avec lesquelles il devait enlever des lanières dans le cuir épais des pachydermes; aucune bête de notre époque ne paraît être la descendante de ce terrible carnivore.

1. Μάχαιρα, poignard; ὀδοὺς, dent.

Nous n'avons pas à comparer les carnivores de l'époque tertiaire avec les herbivores de cette époque pour chercher à découvrir entre eux des liens de parenté. Le *Stereognathus* de la grande oolithe de Stonesfield en Angleterre nous apprend que déjà, dans le milieu du secondaire, il y avait des herbivores très-distincts des carnivores; le *Microlestes*, l'*Hypsiprymnopsis* et le *Dromatherium* du trias nous montrent l'extrême antiquité des mammifères carnivores. Les premiers mammifères qui ont paru dans le monde ont-ils reçu les instruments des carnivores afin de mieux supporter la concurrence vitale? Ont-ils été des herbivores comme les jeunes batraciens qui sont herbivores quand ils sont têtards et ensuite deviennent carnivores? Ont-ils été des êtres mixtes? C'est là un mystère encore impénétrable.

CHAPITRE X

LES QUADRUMANES

On a imaginé le nom de quadrumanes pour les plus parfaits des animaux (fig. 294), chez lesquels les pattes de derrière,

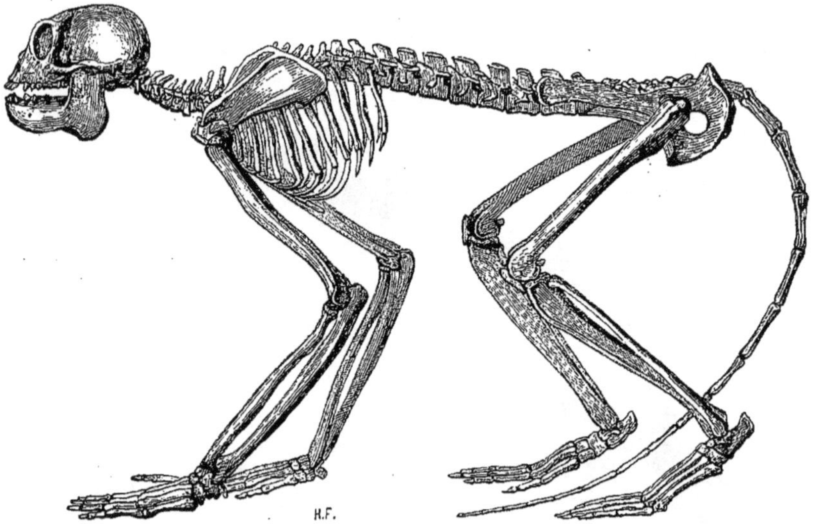

FIG. 294. — Essai de restauration du squelette du *Mesopithecus Pentelici* (individu femelle), vu de profil, à 1/5 de grandeur. — Miocène supérieur de Pikermi.

munies d'un pouce opposable aux autres doigts, peuvent remplir les fonctions de mains. Ils comprennent deux groupes : celui des lémuriens et celui des singes.

La première mention d'un lémurien fossile a été due à M. Rütimeyer. En 1862, parmi les fossiles éocènes que M. le curé Cartier a recueillis dans le sidérolithique d'Egerkingen,

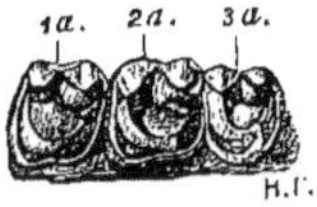

FIG. 295. — Les trois arrière-molaires supérieures du *Cœnopithecus lemuroides*, vues sur la face palatine, grandeur naturelle. (D'après M. Rütimeyer.) — Sidérolithique d'Egerkingen, près Soleure.

près de Soleure, le savant professeur de Bâle rencontra un morceau de mâchoire pourvu seulement de trois molaires, dans lequel il sut découvrir un lémurien ; il le décrivit sous le nom

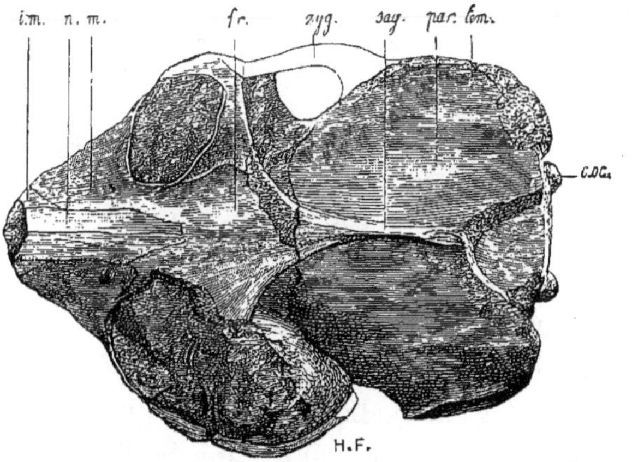

FIG. 296. — Crâne de l'*Adapis Duvernoyi* (*Palæolemur Betillei*, Delfortrie), vu en dessus, grandeur naturelle. — *i.m.* inter-maxillaire ; *m.* maxillaire ; *n.* nasal ; *fr.* frontal ; *zyg.* arcade zygomatique ; *par.* pariétal ; *sag.* crête sagittale ; *tem.* temporal ; *c.oc.* condyle occipital. (Collection de M. Delfortrie.) — Phosphorites de Béduer (Lot).

de *Cœnopithecus*[1]. On a représenté ici les dents du *Cœnopithecus* (fig. 295) ; elles rappellent celles des *Lemur* et des *Hapalemur*.

1. Καινὸς, récent ; πίθηκος, singe.

En 1873, M. Delfortrie a signalé dans les phosphorites de Béduer (Lot) une tête presque entière d'un lémurien auquel il a donné le nom de *Palæolemur*[1] (fig. 296); ses dents (fig. 297 et 298) ressemblent autant à celles des *Galagos* et des *Indris*

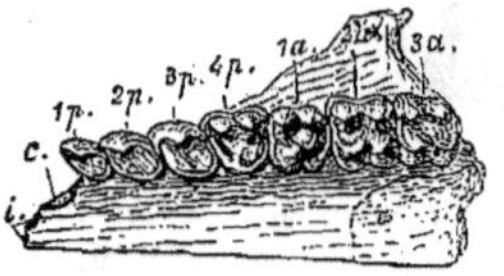

FIG. 297. — Mâchoire supérieure de l'*Adapis Duvernoyi* (*Palæolemur Betillei* de M. Delfortrie), grandeur naturelle. — *i.* alvéoles des incisives; *c.* alvéole pour une grande canine; *1p.*, *2p.*, *3p.*, *4p.* les prémolaires; *1a.*, *2a.*, *3a.* les arrière-molaires (d'après un échantillon découvert par M. Filhol; les deux dernières molaires ont été ajoutées d'après la pièce de M. Delfortrie). — Phosphorites du Quercy.

FIG. 298. — Mandibule de l'*Adapis Duvernoyi* (*Aphelotherium*), vue en dessus, de grandeur naturelle; dessinée en partie d'après les pièces de M. Delfortrie et en partie d'après un échantillon trouvé par M. Filhol. — *i.* incisives; *c.* canine; *1p.*, *2p.*, *3p.*, *4p.* les prémolaires; *1a.*, *2a.*, *3a.* les arrière-molaires. — Phosphorites du Quercy.

que les dents du *Cœnopithecus* (fig. 295) ressemblent à celles des *Lemur* et des *Hapalemur*.

Plus récemment, M. Filhol a trouvé dans les phosphorites la tête d'une seconde espèce du même genre qui se distingue par sa dimension plus grande et surtout par son allongement; on voit ici le dessin de ses molaires supérieures (fig. 299) et inférieures (fig. 300). Le même naturaliste a fait connaître un bien plus petit lémurien qu'il a appelé *Necrolemur*[2]; ce genre provient également des phosphorites du Quercy. Le *Necrolemur*, suivant M. Filhol, serait un vrai lémurien; je connais trop imparfaitement ce fossile pour avoir une opinion à son égard.

Quant aux deux autres espèces découvertes dans les phosphorites, il me semble que ce sont des lémuriens qui ont quelques traits de ressemblance avec les ongulés; en les considé-

1. Παλαιὸς, ancien, et *Lemur* (vulgairement *Maki*).
2. Νεκρὸς, mort, et *Lemur*.

rant, je me suis demandé si les lémuriens n'auraient pas eu une communauté d'origine avec plusieurs des pachydermes éocènes. Une telle question doit paraître plus naturelle aujour-

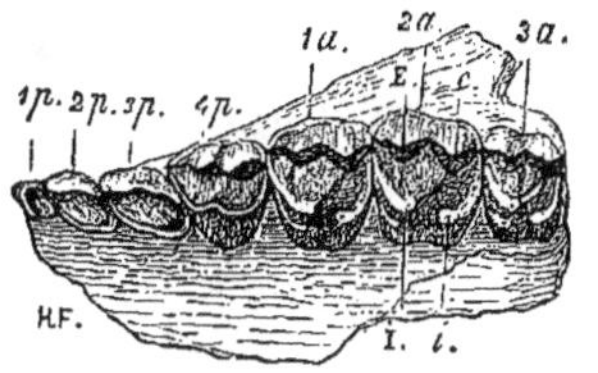

Fig. 299. — Mâchoire supérieure de l'*Adapis parisiensis* (*Adapis magnus* de M. Filhol, *Leptadapis* de M. Gervais), grandeur naturelle; restaurée d'après deux échantillons. 1*p.*, 2*p.*, 3*p.*, 4*p.* prémolaires; 1*a.*, 2*a.*, 3*a.* arrière-molaires ; E.*e.* denticules externes ; I., *i.* denticules internes. — Phosphorites du Quercy. (Collection de M. Filhol.)

Fig. 300. — Mandibule de l'*Adapis parisiensis* (*magnus*), vue sur la face externe, grandeur naturelle.— 4*p.* alvéole de la dernière prémolaire ; 1*a.*, 2*a.*, 3*a.* les trois arrière-molaires. — Phosphorites du Quercy.

d'hui que MM. Alphonse Milne Edwards et Grandidier, dans leur grand ouvrage sur les mammifères de Madagascar, ont prouvé combien les lémuriens ont d'analogie avec les ongulés. Pour montrer que plusieurs des anciens lémuriens ont eu des caractères intermédiaires entre ceux des lémuriens actuels et ceux des pachydermes éocènes, il suffit de mentionner les circonstances de leur découverte. Quand M. Delfortrie eut achevé d'étudier le crâne du petit lémurien de Béduer (fig. 296), il voulut bien me l'envoyer en communication ; en même temps il m'adressa plusieurs autres échantillons qui avaient été trouvés dans les phosphorites. Parmi ces échantillons, il y avait une mandibule (fig. 298) qui me rappela une pièce du gypse de Paris dont la détermination m'avait autrefois beaucoup préoccupé ; j'avais reconnu qu'elle ressemblait à une mandibule décrite par M. Gervais sous le nom d'*Aphelotherium* [1], mais il

1. 'Αφελής, simple ; θηρίον, animal. Dans la *Zoologie et Paléontologie françaises*, M. Gervais a placé la description des mâchoires supérieures de l'*Adapis* immédiatement après celle des mâchoires inférieures de l'*Aphelotherium*, ce qui indique que ce savant naturaliste avait pressenti leur parenté.

était bien difficile d'aller plus loin et de dire à quel groupe l'*Aphelotherium* devait être rapporté. La comparaison des mandibules de ce genre avec les pièces découvertes par M. Delfortrie et les mâchoires des lémuriens vivants m'apprit que les échantillons du savant naturaliste de Bordeaux et les mâchoires d'*Aphelotherium* provenaient sans doute d'une même espèce de lémurien. Je me souvins en même temps qu'il y avait dans l'éocène supérieur un fossile dont la détermination n'était pas moins embarrassante que celle de l'*Aphelotherium ;* ce fossile, c'est l'*Adapis*[1] *parisiensis ;* il me vint à la pensée que l'*Adapis* était également du même genre que le lémurien des phosphorites. Je suis encouragé à croire que cette opinion est vraisemblable, parce qu'elle a été adoptée par MM. Gervais et Filhol. Si elle est fondée, elle fournit la preuve qu'autrefois les lémuriens ont été moins éloignés des pachydermes qu'ils ne le sont aujourd'hui, car Cuvier a rangé l'*Adapis* parmi les pachydermes, M. Gervais a provisoirement classé aussi l'*Aphelotherium* près des pachydermes ; on ne concevrait pas que des naturalistes d'une pareille habileté eussent fait ces rapprochements si les lémuriens n'avaient pas eu anciennement des traits de ressemblance avec les pachydermes. En effet, l'*Adapis* a sa crête sagittale plus développée que dans les lémuriens actuels ; ses orbites sont plus petites, ses prémolaires sont au nombre de $\frac{4}{4}$, tandis qu'elles ne dépassent pas le nombre de $\frac{3}{3}$ dans les lémuriens ; la partie postérieure ou massétérienne des mandibules est plus élargie que dans les lémuriens ; les molaires inférieures rappellent celles des pachydermes du groupe des *Lophiodon* que l'on a décrits sous les noms de *Pachynolophus*,

1. Cuvier a dit que le nom d'*Adapis* a été employé quelquefois pour le daman. L'*Adapis parisiensis*, découvert d'abord dans le gypse et retrouvé plus tard par M. Gervais dans les lignites de la Débruge, est un peu plus grand que l'*Adapis* (*Aphelotherium*) *Duvernoyi* du gypse de Paris, des phosphorites du Quercy et des lignites de la Débruge. L'*Adapis magnus* a dépassé très-peu l'*Adapis parisiensis ;* il n'est pas prouvé qu'il appartienne à la même espèce, mais il n'est pas non plus prouvé qu'il appartienne à une espèce différente ; dans cet état provisoire, on peut le laisser sous le même nom.

de *Lophiotherium* (fig. 77) ou d'*Hyracotherium siderolithicum.* Il est vrai que les molaires supérieures de ces pachydermes sont différentes, car leurs denticules médians ne sont pas aussi atrophiés; mais nous avons vu (p. 60 et suivantes) avec quelle faci-

FIG. 77. — Molaires inférieures gauches de *Pachynolophus cervulus* (*Lophiotherium cervulum*), vues en dessus, de grandeur naturelle.— *1p.*, *2p.*, *3p.*, *4p.* les prémolaires; *1a.*, *2a.*, *3a.* les arrière-molaires; *I.i.* denticules internes; *E.e.* denticules externes.— Phosphorites du Quercy. (Collection de M. Filhol.)

lité s'atrophient les denticules médians. La meilleure preuve qu'on puisse donner que l'*Adapis*[1] offre des caractères intermédiaires entre les ongulés et les lémuriens, c'est qu'aujourd'hui encore, bien que les paléontologistes en possèdent de nombreux débris, ils ne sont pas d'accord sur la place qu'il doit occuper dans la nomenclature; MM. Delfortrie, Gervais et moi pensons que c'est un lémurien; M. Filhol le conteste.

Quoique l'*Adapis*, à en juger par la tête, me semble mériter le nom de lémurien, il a conservé assez de caractères des pachydermes pour qu'on puisse se demander si les membres ont retenu la plupart des caractères des pachydermes ou ont acquis ceux des lémuriens. Il est donc intéressant de rechercher les os de ses membres. J'ai vu dans la collection des phosphorites de M. Ernest Javal une partie d'humérus (fig. 301) où la forme de la tête, du trochiter, du trochin et de la gouttière bicipitale rappelle le type des quadrumanes et notamment des lémuriens; comme il s'accorde pour la taille avec l'*Adapis Duvernoyi*, je pense qu'il pourrait en provenir. Un astragale de la collection de M. Filhol (fig. 302) a également frappé mon attention par ses caractères de lémurien : sa grande facette péronière *p.*,

1. M. le docteur Lemoine vient de trouver dans l'éocène inférieur de Béru des molaires supérieures et inférieures d'un petit animal qui semble établir le passage de l'*Adapis* au *Pachynolophus* (c'est le *Plesiadapis* de M. Gervais).

son étroite facette tibiale *t.*, la gorge *g.* très-caractéristique qu'il a en arrière lui donnent une extrême ressemblance avec l'astragale des makis. Je ne veux pas affirmer qu'il appartienne à un lémurien ; quand je trouve des os isolés tels que cet astragale, l'humérus (fig. 301), le péroné dessiné dans la figure 211 ou les métacarpiens et métatarsiens (fig. 141 et 152), etc., je présente mes déterminations avec la plus grande réserve ; car la paléontologie démontre que, dans plusieurs genres fossiles, les caractères ont été associés d'une autre manière que chez les

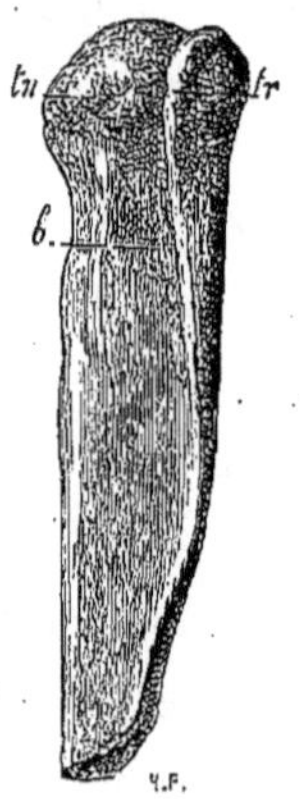

FIG. 301. — Partie supérieure d'un humérus attribué dubitativement à l'*Adapis Duvernoyi*, grandeur naturelle — *tn.* trochin ; *tr.* trochiter; *b.* coulisse bicipitale. — Phosphorites du Quercy. (Collection de M. Javal.)

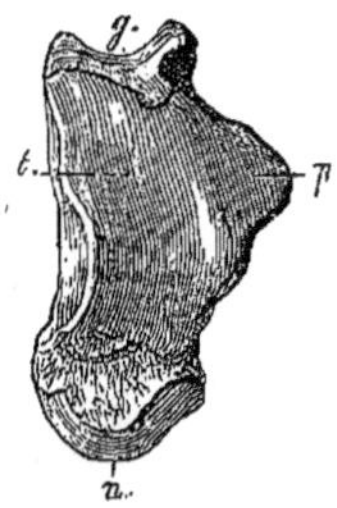

FIG. 302. — Astragale gauche d'un lémurien vu en dessus, de grandeur naturelle. — *t.* facette pour le tibia ; *p.* facette pour le péroné ; *n.* tête qui est reçue dans le naviculaire ; *g.* gorge contre laquelle s'appuie le calcanéum, comme dans les animaux grimpeurs. — Phosphorites du Quercy. (Collection de M. Filhol.)

genres actuels ; comme je l'ai dit dans le chapitre où j'ai traité des marsupiaux, il est dangereux de trop compter sur la loi de connexion des organes. Ainsi, il ne serait pas impossible que l'astragale de la figure 302 provînt de quelque marsupial ou d'un onguiculé grimpeur autre qu'un lémurien ; ses caractères indiquent une adaptation au régime des grimpeurs, et, lorsque nous comparons des astragales de divers quadrumanes ou de divers marsupiaux, nous voyons avec quelle facilité ces os se modifient, selon qu'ils appartiennent à un genre plus grimpeur ou plus marcheur. Cependant, je peux dire que les lémuriens sont les animaux dont l'astragale me paraît ressembler le plus à celui de ma figure 302, et par conséquent, jusqu'à preuve du contraire, je suis porté à supposer que cet os provient d'un lémurien de grande taille.

Dans les Western Territories, les savants américains ont récemment trouvé plusieurs espèces qui présentent, comme les *Adapis*, des passages entre les lémuriens et les pachydermes.

De même que les lémuriens, les singes pourraient, dans les temps passés, avoir été moins séparés des autres ordres de mammifères qu'ils ne le sont aujourd'hui. Dans les lignites de

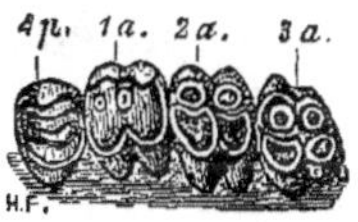

Fig. 303. — Côté gauche de la mâchoire supérieure du *Cebochœrus anceps*, de grandeur naturelle. *4p.* dernière prémolaire; *1a.*, *2a.*, *3a.* les trois arrière-molaires; (d'après M. Gervais). — Lignite de la Débruge.

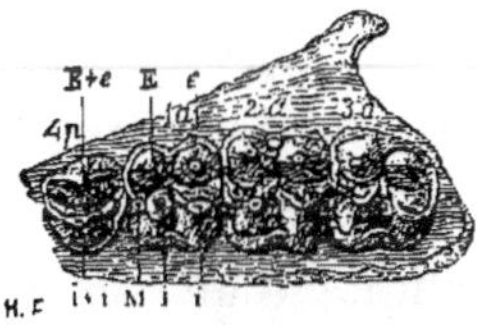

Fig. 304. — Côté gauche de la mâchoire supérieure du *Cebochœrus? minor*, de grandeur naturelle.—*4p.* dernière prémolaire; *1a.*, *2a.*, *3a.* arrière-molaires; *E.e.* denticules externes; *M.* denticule médian du lobe antérieur; *I.i.* denticules internes. — Phosphorites du Quercy. (Collection de M. Ernest Javal.)

la Débruge, on a découvert un morceau de mâchoire supérieure (fig. 303) avec quatre dents qui ont une singulière ressemblance avec celles des singes. M. Gervais a eu l'heureuse idée d'inscrire cette pièce sous le nom de *Cebochœrus*[1], par lequel sont bien exprimés ses rapports avec les pachydermes et les singes. Les phosphorites du Quercy ont fourni plusieurs mâchoires d'un autre pachyderme qui présente aussi des caractères ambigus; on l'a provisoirement classé avec le *Cebo-*

1. Κῆβος, singe; χοῖρος, cochon.

chœrus; ses molaires supérieures (fig. 304) rappellent le *Rhagatherium* et le *Chœropotamus;* mais, pour peu que leur denticule médian *M.* se soit atténué, elles ont dû se rapprocher de celles du *Cebochœrus anceps;* ses molaires inférieures (fig. 305) sont celles du sous-genre de *Palæochœrus* que Lartet a nommé *Chœromorus;* leurs denticules internes s'allongent quelque-

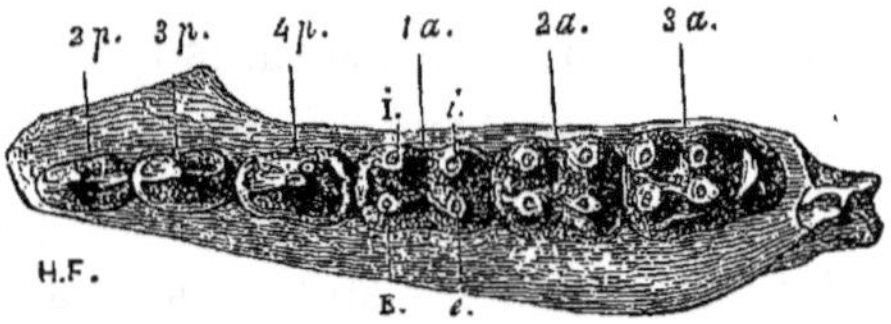

FIG. 305. — Mandibule gauche de *Cebochœrus? minor*, grandeur naturelle. — 2*p.*, 3*p.*, 4*p.* les prémolaires; 1*a.*, 2*a.*, 3*a.* les arrière-molaires; I. *i.* denticules internes; E.*e.* denticules externes. — Phosphorites du Quercy. (Collection de M. Filhol.)

fois transversalement, comme chez les semnopithèques; cette modification est curieuse, parce que, d'une part elle indique la possibilité d'un passage du type cochon au type tapir, et d'autre part elle annonce la forme des dents de semnopithèques. On ne peut aussi s'empêcher de remarquer les tendances de l'*Acotherulum* vers la dentition des singes; par ses molaires, il se rapproche tellement des *Cebochœrus* qu'il est difficile de l'en distinguer. Enfin chacun, je pense, sera disposé à admettre que certaines dents du petit pachyderme appelé *Hyracotherium* ont quelque similitude avec celles des singes, car M. Richard Owen a reconnu que les dents trouvées dans l'argile de Londres, pour lesquelles il avait proposé le nom de *Macacus eocænus*, et plus tard d'*Eopithecus* (singe aurore) ne sont pas les restes d'un singe, mais de l'*Hyracotherium;* cette méprise d'un anatomiste si justement illustre est la meilleure preuve qu'il a existé une certaine ressemblance entre les dents des singes et celles des pachydermes omnivores.

Tandis que des pachydermes fossiles marquent une tendance vers la dentition des singes, il y a un singe qui me paraît avoir conservé quelque souvenir de la forme pachyderme : c'est l'*Oreopithecus*[1], dont M. Gervais a décrit une mâchoire trouvée dans le miocène d'Italie (fig. 306). Ses dents semblent avoir

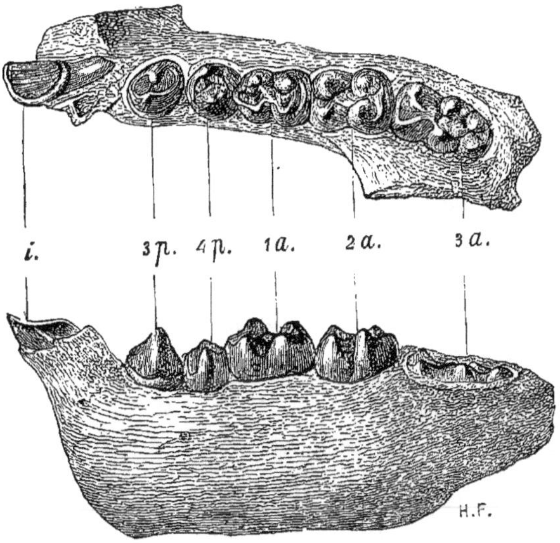

FIG. 306.— Mandibule droite d'*Oreopithecus Bambolii*, vue de profil et en dessus, grandeur naturelle. — *i.* incisive ; *3p.*, *4p.* les deux prémolaires ; *1a.*, *2a.*, *3a.* les arrière-molaires. — Miocène de Monte Bamboli (Toscane).

quelques rapports avec celles du *Chœropotamus* et du *Palæochœrus* où les mamelons internes ont une tendance vers la disposition en croissants. Je rappellerai aussi que sur les dents de certains macaques et sur celles du singe de Pikermi[2], j'ai observé des tubercules inter-lobaires où l'on pourrait voir des atavismes des tubercules inter-lobaires de plusieurs cochons.

Assurément, il faut prendre garde d'exagérer les conclusions tirées de quelques organes isolés ; la similitude des dents peut être souvent un simple phénomène d'adaptation à un régime semblable et se rencontrer chez des animaux qui sont bien différents les uns des autres. L'*Acotherulum* nous fournit la preuve de la réserve qu'il convient de mettre dans nos déterminations, car son crâne, que M. Filhol vient de figurer dans l'ouvrage sur

1. Ὄρος, εος-ους, colline ; πίθηκος, singe.
2. *Animaux fossiles et géologie de l'Attique*, pl. I, fig. 6 et 7, in-4°, 1862.

les phosphorites du Quercy, est très-différent de celui des singes; il a encore plusieurs des caractères des cochons, bien que ses arrière-molaires aient une tendance vers la forme des singes. On ne saurait prétendre que la paléontologie a révélé le passage des pachydermes aux singes; néanmoins il est permis de dire que, si un jour on découvrait des intermédiaires entre les os du squelette comme on commence à en apercevoir entre les arrière-molaires, on pourrait concevoir comment s'est faite la transition entre ces animaux qui sont si éloignés dans la nature actuelle.

Quoi qu'il en soit de l'origine des singes, toujours est-il que leurs types principaux se montrent constitués dès le milieu de l'époque miocène; on trouve dans les terrains de cette époque les singes ordinaires et les singes anthropomorphes.

Le premier singe fossile que l'on ait connu est le *Semnopithecus*[1] *subhimalayanus*, rencontré en 1836 par Baker et Durand dans le miocène supérieur des collines Sewalik; il avait la grandeur d'un orang-outan. Bientôt après, Falconer et Cautley ont extrait des collines Sewalik une autre espèce plus petite de semnopithèque. M. Gervais a signalé à Montpellier quelques pièces qu'il a attribuées à un semnopithèque. Une mâchoire de macaque a été tirée du pliocène du Val d'Arno. Le seul singe fossile dont on ait de nombreux débris est le *Mesopithecus Pentelici;* c'est M. Wagner qui l'a découvert; j'ai recueilli à Pikermi les restes de vingt-cinq individus; d'après tous ces matériaux, on peut se faire quelque idée de son aspect et de ses mœurs (voir son squelette fig. 294, son crâne fig. 307, sa mâchoire inférieure représentée de profil et en dessus fig. 308). Son angle facial de 57 degrés semble indiquer un singe dont l'intelligence était dans la bonne moyenne; ses dents montrent qu'il n'était pas essentiellement frugivore, mais qu'il se nourrissait de bourgeons, de feuillages; ses ischions

1. Σεμνὸς, sacré; πίθηκος, singe, parce que cet animal est l'objet d'une vénération particulière.

aplatis en arrière font penser qu'il avait des fesses calleuses; l'égalité de ses membres de devant et de derrière prouve que c'était plutôt un marcheur qu'un grimpeur ; comme j'ai trouvé huit crânes dans un seul bloc, je suppose qu'il vivait en petites troupes. La connaissance que nous avons des diverses parties

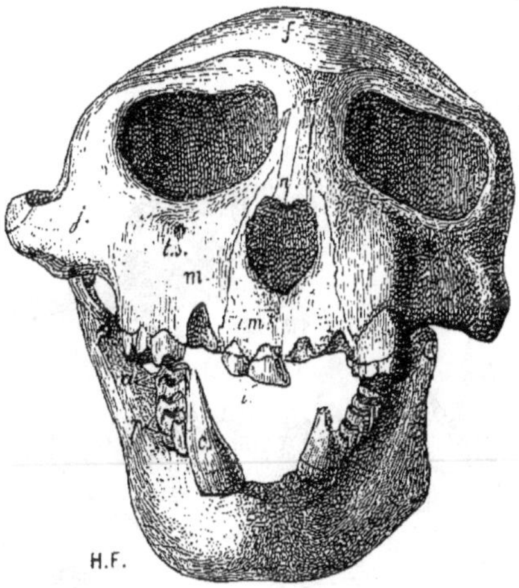

FIG. 307. — Crâne d'un *Mesopithecus Pentelici* (individu mâle),vu de face, aux 2/3 de grandeur.— *i.* incisives ; *c.* canines ; *p.* prémolaires ; *a.* arrière-molaires ; *i.m.* inter-maxillaire ; *m.* maxillaire ; *t.s.* trou sous-orbitaire ; *j.* jugal ; *n.* nasal ; *f.* frontal. — Miocène supérieur de Pikermi.

du squelette du *Mesopithecus* a révélé que ce singe forme la transition entre deux genres actuellement vivants. En 1840, Roth et Wagner, ayant vu un crâne un peu déformé, crurent qu'il provenait d'un animal intermédiaire entre les semnopithèques et les gibbons, et pour cette raison ils proposèrent le nom de mésopithèque[1]. En 1855, je rapportai des crânes en bon état de conservation, montrant que le mésopithèque n'était nullement un intermédiaire entre le semnopithèque et le gibbon qui est un singe anthropomorphe ; il sembla à Lartet et à moi que la création du nom de mésopithèque était inutile et qu'on pouvait laisser le singe de Grèce parmi les semnopithèques. M. le professeur Beyrich, ayant pu étudier un crâne envoyé de Pikermi

1. Μέσος, intermédiaire ; πίθηκος, singe.

à Berlin, confirma notre opinion. Cependant, en 1860, je repris le chemin de la Grèce et je rapportai non-seulement des crânes, mais un grand nombre d'os des membres qui m'apprirent que le mésopithèque mérite son nom de singe intermédiaire, car s'il avait une tête de semnopithèque, il avait des membres de macaque.

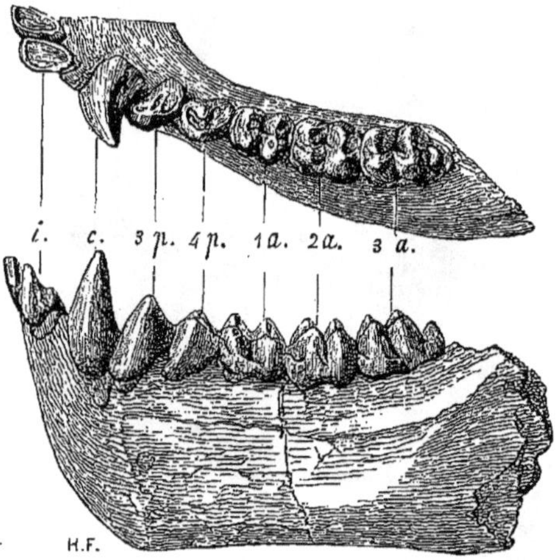

Fig 308. — Mandibule gauche de *Mesopithecus Pentelici* mâle, vue de profil et en dessus, grandeur naturelle. — *i.* incisives; *c.* canines; *3p.* et *4p.* les deux prémolaires; *1a.*, *2a.*, *3a.* les trois arrière-molaires. — Miocène supérieur de Pikermi.

C'est à Édouard Lartet qu'on doit la découverte des singes fossiles du groupe anthropomorphe. En 1837, il a signalé à Sansan le *Pliopithecus*[1] *antiquus*, animal probablement voisin des gibbons (fig. 309). Plus tard, il a décrit le *Dryopithecus*[2] (fig. 310) ; on n'en possède malheureusement que la mâchoire inférieure et l'humérus ; il a été trouvé par M. Fontan à Saint-

1. Πλεῖον, plus; πίθηκος. Le nom de pliopithèque signifie sans doute que cet animal est plus près des singes anthropomorphes que des semnopithèques et des macaques. Isidore Geoffroy Saint-Hilaire appelait les singes anthropomorphes des pithéciens.

2. Δρῦς, υὸς, chêne ; dans le voisinage, on trouve des lignites avec des troncs qui ont été attribués à des chênes ; on en a conclu que le *Dryopithecus* vivait sur les chênes.

Gaudens, associé avec les mêmes os de rhinocéros, de *Macrotherium* et de *Dicrocerus* qu'on rencontre à Sansan; par conséquent il y a lieu de penser qu'il appartient au miocène moyen.

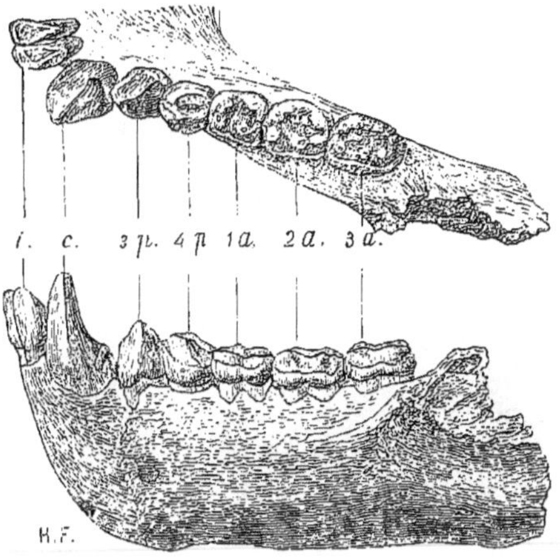

FIG. 309. — Mâchoire inférieure de *Pliopithecus antiquus*, vue de profil et en dessus, grandeur naturelle. — *i.* incisives; *c.* canines; *3p.*, *4p.* prémolaires; *1a.*, *2a.*, *3a.* arrière-molaires. — Miocène moyen de Sansan.

Le *Dryopithecus* était un singe d'un caractère très-élevé. Il se rapprochait de l'homme par plusieurs particularités. La taille devait être à peu près la même; les incisives étaient petites; les arrière-molaires avaient des mamelons moins arrondis que dans les races européennes, mais assez semblables aux mamelons des molaires d'Australiens; on a supposé (cela n'est pas certain) que la dernière molaire poussait après la canine, comme la dent de sagesse chez l'homme. A côté de ces ressemblances, il y a une différence qui frappe aussitôt qu'on place, comme nous le voyons dans les figures 310 et 311, une mâchoire humaine au-dessous de la mâchoire du *Dryopithecus* : dans une mâchoire humaine où la première arrière-molaire est plus forte que chez le *Dryopithecus*, la canine et les prémolaires sont au contraire plus faibles; cette différence est d'une importance considérable, car le raccourcissement des dents de devant est en rapport avec le peu de saillie de la face, et par conséquent est une marque de la supériorité humaine ; ce qui caractérise essentiellement la tête de l'homme,

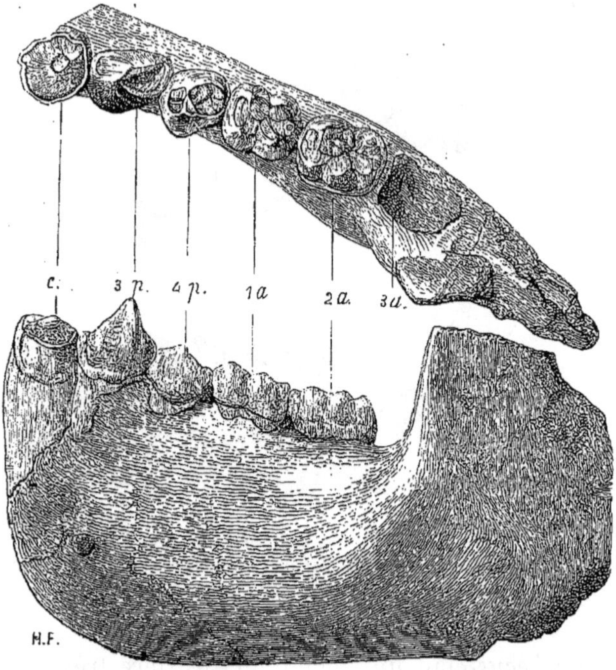

FIG. 310. — Mandibule gauche de *Dryopithecus Fontani*, vue sur la face externe et en dessus, de grandeur naturelle. — *c.* canine ; *3p.* et *4p.* prémolaires ; *1a.*, *2a.* les deux premières arrière-molaires ; *3a.* alvéole de la dernière arrière-molaire. — Miocène moyen de Saint-Gaudens (Haute-Garonne).

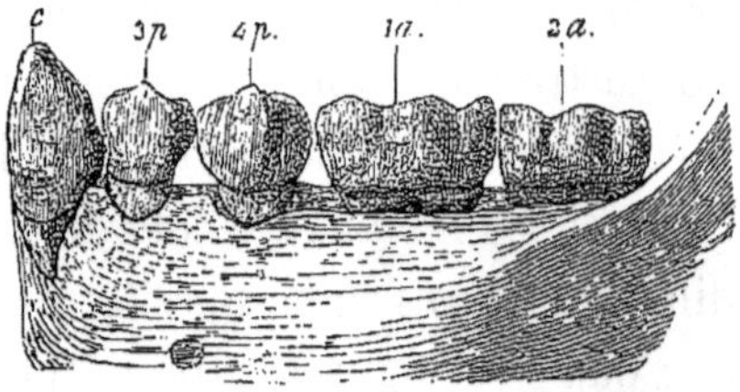

FIG. 311. — Mandibule gauche d'un Tasmanien âgé de 11 à 12 ans, vue sur la face externe, de grandeur naturelle. Mêmes lettres que dans la figure précédente. — Cette pièce appartient à la collection du Muséum ; M. Hamy, qui me l'a communiquée, m'a dit qu'elle provenait des îles Furneaux.

c'est un développement extrême des os qui entourent l'encéphale, siége de la pensée, et une diminution des os de la face tellement grande qu'au lieu de former un museau, ils ne sont plus que la façade de la tête. En outre, bien que brisée, la canine du *Dryopithecus* laisse voir qu'elle devait dépasser notablement les autres dents ; c'est là encore une différence importante ; le singe mâle est armé d'énormes canines ; quant à l'homme, il semble que pour protéger sa compagne il n'ait pas besoin d'être armé ; son génie lui tient lieu d'instruments d'attaque et de défense. Enfin on a signalé comme caractère différentiel un léger bourrelet qui se montre sur les dents du *Dryopithecus* et manque sur les dents humaines.

La question des rapports et des différences entre l'homme et le *Dryopithecus* a pris une importance plus grande, depuis ces dernières années, par suite des découvertes que l'on a cru faire de vestiges humains dans le terrain miocène. En 1868, un savant bien connu, M. le colonel Laussedat, a présenté à l'Académie des sciences une mâchoire de rhinocéros provenant du miocène de Billy (Allier), sur laquelle se voit une entaille que plusieurs naturalistes ont pensé avoir été faite par l'homme ; M. l'abbé Delaunay a rencontré dans le miocène de Pouancé (Maine-et-Loire) une côte d'*Halitherium* portant des entailles qui ont été également attribuées à l'action humaine ; M. Garrigou a émis l'opinion que certains ossements de Sansan avaient été brisés par l'homme ; M. le baron de Ducker a exprimé la même croyance au sujet des ossements de Pikermi. Peu de personnes admettent aujourd'hui ces suppositions. Mais il n'en est pas de même des observations qui ont été faites par M. l'abbé Bourgeois dans le miocène de Thenay, près de Pont-Levoy (Loir-et-Cher). Ce savant géologue a trouvé des silex qu'il regarde comme ayant été taillés par un être plus intelligent que les animaux actuels, et son opinion a été partagée par des anthropologistes très-habiles, parmi lesquels je citerai MM. le marquis de Vibraye, Vorsae, de Mortillet, de Quatrefages et Hamy. Je représente ici (fig. 312) quatre silex de Thenay que M. l'abbé Bourgeois m'a communiqués : celui du milieu, qui est allongé, est considéré comme appartenant au type appelé couteau ; les autres sont rapportés au type que Lartet nommait perçoir à base dilatée ; celui de gauche est représenté sur ses deux faces ; une d'elles laisse voir le bulbe de percussion ; dans ce silex et les deux autres figurés à droite, le sommet présente des petites entailles extrêmement fines disposées comme si on avait voulu obtenir une pointe servant de burin.

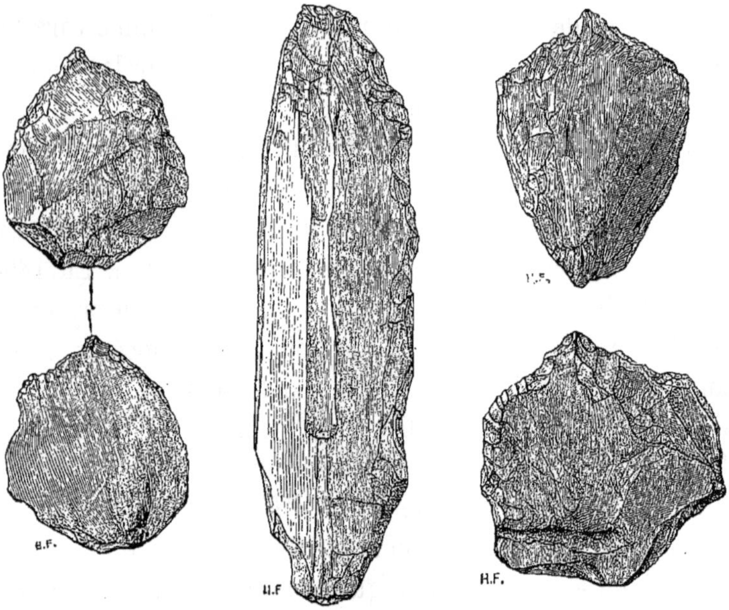

Fig. 312. — Silex recueillis par M. l'abbé Bourgeois dans le calcaire de Beauce, à Thenay (Loir-et-Cher), grandeur naturelle. — Miocène moyen.

M. l'abbé Bourgeois a bien voulu me conduire à Thenay ; sous sa direction, j'y ai pris la coupe suivante :

Faluns coquilliers, 3 *mètres*.
Sables de l'Orléanais, 2 *mètres*.

Étage du calcaire de Beauce.	*Calcaire de Beauce compacte*, 1 *mètre*.
	Calcaire marneux, 2 *mètres*.
	Limon verdâtre avec cailloux noirs, 3 *mètres*. (*Gisement principal des silex taillés*).

Il est incontestable que le limon à cailloux noirs où se trouvent les silex considérés comme taillés repose régulièrement sous l'étage du calcaire de Beauce. Du reste, M. l'abbé Bourgeois est un trop habile géologue pour qu'on ait mis en doute l'exactitude de ses déterminations stratigraphiques. Toute la question est de savoir si les silex ont été taillés. Ils sont enfouis dans une couche de silex roulés, et il me semble que, si on met à côté les uns des autres un grand nombre de ces silex, peu de personnes parviendront à établir, avec une lucidité qui ne laisse aucun doute dans leur esprit, une limite entre le silex regardé comme taillé et celui qui ne l'est pas. Lorsqu'il s'agit d'instruments humains, je suis disposé à avoir plus confiance dans les appréciations des savants qui en ont fait une étude toute spéciale que dans mon propre jugement. Cependant, devant l'annonce d'un fait aussi important que l'existence d'un tailleur de cailloux à l'époque du miocène moyen, j'aimerais avoir des preuves que tous les géologues pussent apprécier sans aucune hésitation. L'époque du miocène moyen est d'une grande antiquité : après la faune des calcaires de Beauce et des faluns, il y a eu la faune du miocène supérieur d'Eppelsheim, de Pikermi, du Léberon qui en est différente ; après la faune du miocène supérieur, il y a eu celle du pliocène inférieur de Montpellier ; après la faune de Montpellier, il y a eu celle du pliocène de Perrier, de Solilhac, du Coupet ; après cette faune, il y a eu celle du forest-bed de Cromer ; l'époque du forest-bed a été suivie par l'époque glaciaire du boulder-clay, qui a dû être longue, à en juger par les dépôts du Norfolk ; l'époque du boulder-clay a été suivie à son tour par celle du diluvium ; puis est venu l'âge du renne et enfin l'âge actuel.

Quelle que soit la manière dont on suppose que tant de changements ont été produits, soit qu'ils aient été les résultats de créations distinctes et indépendantes, soit qu'ils aient été les résultats de transformations, aucun géologue ne peut douter qu'ils aient exigé un temps immense. Il n'y a pas, à l'époque du miocène moyen, une seule espèce de mammifère identique avec les espèces actuelles. Lorsqu'on se place au point de vue de la paléontologie pure, il est difficile de supposer que les tailleurs de silex de Thenay sont restés immobiles au milieu de ce changement universel. Si donc il venait à être démontré que les silex du calcaire de Beauce recueillis par M. l'abbé Bourgeois ont été taillés, l'idée la plus naturelle qui se présenterait à mon esprit serait qu'ils ont été taillés par les *Dryopithecus*.

RÉSUMÉ

Ce qui ressort surtout des études de détail auxquelles je viens de me livrer, c'est la mobilité des êtres dont j'ai tâché de suivre la trace à travers les temps géologiques. Toutes les créatures ont été éphémères, et celles qui l'ont été davantage sont souvent celles-là même qui ont été les plus puissantes. Parmi les principaux représentants des âges passés, on peut citer dans l'ordre des proboscidiens le *Dinotherium*, dans celui des pachydermes l'*Anthracotherium*, le *Dinoceras* et le *Brontotherium*, dans celui des ruminants le *Sivatherium* et l'*Helladotherium*, dans celui des édentés l'*Ancylotherium*, dans celui des carnassiers le *Machairodus;* ces géants ont eu une courte durée ; on dirait que plus ils ont dépensé de force vitale, plus vite cette force s'est épuisée en eux ; dans le monde animal, les royautés n'ont pas été longtemps héréditaires. La contemplation des êtres fossiles nous révèle une diversité si immense qu'elle est incompréhensible pour l'entendement humain ; chaque moment des âges géologiques a vu s'épanouir une forme nouvelle ; il y a dans ce mouvement perpétuel de la vie quelque chose de vertigineux.

Heureusement, au milieu de tant de mobilité, notre esprit aperçoit çà et là des enchaînements qui peuvent nous servir de fils conducteurs. A côté de leurs différences, les êtres qui se sont succédé dans les diverses époques ont souvent gardé des traits de ressemblance. Étant les derniers venus de la création, nous n'avons pas assisté à leur naissance; d'Archiac disait : « *Nous sommes comme les Éphémères qui meurent au soir du jour qui les a vus naître; nous n'avons pas eu le temps de contempler les métamorphoses du monde organique.* » Cependant, lorsque nous étudions les débris enfouis dans les couches terrestres, les analogies que nous découvrons entre les animaux des temps présents et leurs prédécesseurs nous portent souvent à admettre leur parenté. Par exemple, on trouve à l'état fossile des hyènes, des civettes, des chats, des éléphants, des rhinocéros, des tapirs, des cochons, des cerfs, des gazelles, des dauphins, des rorquals, etc., qui se distinguent à peine des espèces actuelles; je suis porté à supposer qu'ils en sont les ancêtres, attendu que leurs différences ne dépassent guère celles des races issues d'une même origine; dans les temps géologiques, aussi bien que dans les temps actuels, les espèces se sont fractionnées en races, et il est impossible de dire où commence l'espèce, où s'arrête la race[1].

Ce ne sont pas seulement les espèces d'un même genre qui ont des indices de parenté; quand je remarque que le cheval a succédé à l'hipparion, l'éléphant au mastodonte, le rhinocéros au *Palæotherium*, le tapir au *Lophiodon*, la loutre au *Lutrictis*, l'hyène à l'*Ictitherium*, le chien à l'*Amphycion*, le semnopithèque au *Mesopithecus*, etc., je pense que ces genres ont eu des liens étroits, car la somme de leurs ressemblances l'emporte infiniment sur celle de leurs différences.

Si je crois à la parenté d'animaux de genres distincts, je crois aussi à celle d'animaux d'ordres distincts; en effet, je vois des ruminants et des solipèdes remplacer des pachydermes qui s'en rapprochent tellement que nul ne peut tracer la limite

1. L'ouvrage sur les *Animaux fossiles du mont Léberon* a été composé principalement dans le dessein de montrer qu'il y a eu des races dans les temps géologiques.

des ordres des pachydermes, des solipèdes et des ruminants.

Ainsi, il me semble que les paléontologistes sont autorisés à dire qu'ils ont découvert de nombreux liens de parenté entre les animaux actuels et les mammifères qui les ont précédés dans les temps géologiques. Avons-nous trouvé plus que des liens de parenté? Connaissons-nous les paternités et pouvons-nous déclarer que telle espèce est l'ancêtre directe de telle autre? Dans la plupart des cas, nous n'en sommes pas là. En réunissant les matériaux de cet ouvrage, je me suis convaincu des innombrables lacunes que nous rencontrons, lorsque nous cherchons à établir d'une manière rigoureuse les filiations des êtres anciens. Ce que nous savons est peu de chose comparativement à la richesse des formes enfouies dans le sein de notre terre, et ce serait grand hasard qu'ayant encore rassemblé seulement quelques anneaux des chaînes du monde organique, nous ayons justement mis la main sur les anneaux qui se suivent.

Mais c'est déjà un curieux résultat que de découvrir des parentés là où nous n'apercevions que des entités isolées les unes des autres. Au milieu des difficultés qu'offre le groupement des êtres innombrables de la nature passée et présente, le moindre trait d'union devient précieux. La recherche des enchaînements des anciens êtres intéresse surtout les géologues qui tâchent de reconnaître l'âge des terrains au moyen des fossiles qu'ils renferment. Autrefois, ils étaient obligés de retenir les longues listes des espèces notées comme les plus caractéristiques de chaque étage. Si la doctrine de l'évolution est vraie, la détermination de l'âge des couches fossilifères deviendra un travail de raisonnement plutôt qu'un travail de mémoire. Du moment qu'il sera admis que, dans nos pays, les mammifères ont eu un développement progressif jusqu'à l'époque du miocène supérieur et qu'ensuite ils ont diminué, il pourra quelquefois suffire, pour déterminer l'âge d'un terrain, de considérer le degré d'évolution auquel sont parvenus les animaux dont il renferme les débris. Par exemple, lorsque nous voyons des assises où les mammifères sont nombreux, mais encore presque tous différents des genres actuels et ne présentent pas ces divergences extrêmes dont les animaux supérieurs offrent aujourd'hui le spectacle, quand nous ne rencontrons ni vrais ruminants, ni solipèdes, ni proboscidiens, ni singes, il y a de grandes probabilités pour que nous soyons en face d'une formation éocène. Voici maintenant des couches où les genres actuels sont moins rares, où les marsupiaux sont sur le point de disparaître, où certains pachydermes tendent vers les solipèdes, où quelques animaux ont les caractères de véritables ruminants, nous pouvons penser que le dépôt de ces couches appartient à la première moitié de l'époque miocène. Lorsqu'un terrain est rempli de fossiles qui montrent la classe des mammifères parvenue à son apogée, quand il n'y a plus de traces de marsupiaux, que les animaux supérieurs se multiplient sous la forme de ruminants, de solipèdes, de cétacés, d'édentés, de proboscidiens, de carnivores, de singes, et que non-seulement la diversité des mammifères augmente, mais aussi leur fécondité, de sorte que des accumulations d'ossements révèlent l'existence d'immenses troupeaux, et lorsque, malgré tant de similitudes avec le monde actuel, nous trouvons de nombreux genres encore un peu différents de ceux de notre époque, alors il faut supposer que le terrain où nous sommes a été formé pendant la seconde moitié des temps miocènes. Enfin, si nous rencontrons des couches où presque tous les mammifères appartiennent aux mêmes genres, mais non aux mêmes espèces que les animaux actuels, c'est que ces couches sont pliocènes.

Ainsi, l'état d'évolution des fossiles peut nous instruire sur l'âge des terrains. Mais nous devons avoir soin de baser nos raisonnements sur le plus grand nombre d'espèces possible, attendu qu'il y a eu dans l'évolution des êtres beaucoup d'inégalité; j'ai cité plusieurs exemples de cette inégalité; encore de nos jours, à côté des ruminants les plus modifiés, tels que les gazelles, on voit des ruminants tels que l'*Hyæ-*

moschus qui ont peu dépassé le degré d'évolution des pachydermes. On peut admettre comme loi générale que la longévité d'un type a été en proportion inverse de sa perfection ; les animaux dont les fonctions sont le plus élevées ont nécessairement un organisme plus compliqué ; puisqu'ils sont composés de pièces plus variées, ils ont plus de parties susceptibles de changements ; c'est donc chez eux qu'on peut le mieux surprendre les différences d'après lesquelles les naturalistes ont l'habitude d'instituer les espèces et les genres ; quand on passe d'un terrain à un autre, on rencontre de plus nombreux changements de genres et d'espèces dans la classe des mammifères que dans les classes des animaux inférieurs. Mais, en dehors de cette loi générale d'après laquelle plus un être est élevé, plus il se montre changeant, on constate beaucoup de faits spéciaux d'inégalité dont la loi nous échappe totalement, de sorte que, si nous basions des déterminations de couches sur telle ou telle espèce isolée, nous serions exposés à nous méprendre sur le degré d'évolution de la faune de ces couches et par conséquent à nous méprendre sur leur âge.

On doit également faire attention à la durée qu'a eue la formation des terrains fossilifères. Par exemple, le lignite de la Débruge est un dépôt d'une faible épaisseur, qui représente un temps relativement peu considérable ; aussi, malgré leur multitude, les ossements qu'il renferme ne montrent pas de grandes variations ; on peut en dire autant des dépôts de Sansan, de Saint-Gérand-le-Puy, du mont Léberon, d'Eppelsheim, de Pikermi. Mais il n'en est plus de même des dépôts sidérolithiques de la Suisse et surtout des phosphorites du Quercy ; ils occupent des crevasses où ils ont été formés avec une lenteur extrême ; les débris des animaux qui vivaient aux alentours sont tombés dans ces crevasses pendant la succession de plusieurs périodes géologiques, et ainsi on y trouve des espèces et des genres qui sont à des degrés très-différents de développement : les variations des *Cynodon* des phosphorites présentent à cet égard un curieux exemple.

Enfin, lorsque nous voulons apprécier le degré d'évolution d'une faune, il faut tenir compte des conditions locales. Les changements physiques ont exercé évidemment une influence. M. Darwin a montré que l'Océanie s'enfonce sous les eaux; peut-être, par suite de son abaissement, elle a été isolée à une époque très-ancienne, et c'est pour cette raison qu'elle est habitée par des marsupiaux dont l'état d'évolution ne dépasse point beaucoup celui dans lequel étaient les mammifères vers la fin de l'époque secondaire. Au contraire, le Nouveau Continent est exondé depuis des temps tellement reculés que, géologiquement parlant, il devrait être appelé l'Ancien Continent; il s'ensuit que l'évolution des mammifères terrestres a pu être en avance sur celle des animaux de l'Europe. Pendant les temps jurassiques et crétacés, une partie considérable de nos pays a été recouverte par la mer; c'est pourquoi les restes de mammifères terrestres d'âge secondaire sont très-rares. Le commencement des temps tertiaires a été marqué par un vaste exhaussement; la France n'a plus été cachée sous les flots de l'Océan; elle a pu recevoir les êtres terrestres et leur offrir une large hospitalité; mais elle a été plus d'une fois éprouvée par les révolutions; à diverses reprises, le sol s'est abaissé, laissant la mer reprendre une portion de son ancien domaine; ces révolutions ont nécessairement interrompu le développement des animaux terrestres : ils ont fui ou ont péri. Lorsque j'ai traité des ruminants, des solipèdes, des éléphants, j'ai dit que tous ces herbivores ont apparu dans nos contrées à une époque relativement récente; une pareille concordance dans le retard de l'arrivée des herbivores doit résulter en partie de ce que le règne des graminées est d'une date peu ancienne. De nos jours encore, il y a des pays où les graminées réussissent difficilement. Toutes les personnes qui ont voyagé en Orient ont été frappées de la rareté des herbages. Dans l'île de Chypre, qui est très-sèche, presque toutes les plantes deviennent si coriaces et si piquantes qu'elles rendent la marche pénible; j'ai remarqué que les chiens y prennent souvent l'habitude de marcher en sautant pour éviter d'être piqués par les plantes, et les chiens à hautes pattes, comme les lévriers, sont ceux qui se propagent davantage. Il est possible que, pendant une partie des temps éocènes, quelques régions aient présenté le même aspect que les campagnes de l'île de Chypre. Mais la rareté des herbages n'a pas été la seule cause qui a retardé l'arrivée des herbivores; l'abondance du cément sur les dents de plusieurs espèces trouvées dans les phosphorites du Quercy semble indiquer que, dès le début de l'époque miocène, il y avait des espèces variées destinées à se nourrir d'herbages, et cependant les herbivores n'ont pas eu alors tout leur développement. Le retard de leur évolution a pu provenir en partie de ce que ces animaux, nomades par nécessité, ont été gênés dans leurs courses par les bras de mer qui pendant longtemps ont coupé notre pays; au milieu des temps miocènes, il y avait encore des avances de l'Océan dans la vallée de la Loire et de la Gironde; la mer occupait le pays qu'arrose aujourd'hui le Rhône, traversait la Suisse, séparant les Alpes du Jura et constituant dans le centre de l'Europe une barrière entre les animaux du Nord et ceux du Sud. A l'époque du miocène supérieur, un exhaussement général du sol, qui a coïncidé sans doute avec le soulèvement principal des Alpes, a fait écouler les eaux de la mer de la mollasse, et, depuis ce moment, la mer n'a plus pénétré dans le milieu du continent européen; il est permis de supposer que les vastes domaines laissés aux animaux terrestres ont favorisé le développement des grands troupeaux dont les dépôts d'Eppelsheim, de Pikermi, du Léberon ont révélé l'existence; alors a apparu une faune d'une richesse incomparable. Mais sans doute l'exhaussement du sol s'est continué, et de là a pu résulter, vers le milieu de l'époque pliocène, un abaissement de température qui a amené l'extension des glaciers et a fait disparaître un grand nombre de quadrupèdes; ainsi, tour à tour, les phénomènes d'exhaussement auraient contribué à la propagation et à la diminution des mammifères.

Il ne faudrait pas cependant s'exagérer l'influence des milieux ; tout en reconnaissant que les circonstances physiques ont dû avancer ou retarder sur certains points l'évolution des êtres, on peut croire qu'en dépit des accidents locaux, l'ensemble du monde animal a poursuivi à travers les âges sa marche progressive. Les êtres organisés sont supérieurs aux corps inorganiques, et il n'est pas naturel de supposer que ceux-ci ont seuls réglé leur destinée. La preuve que les phénomènes physiques ne sont pas la cause principale des changements du monde organique, c'est que, de nos jours, plusieurs des contrées chaudes doivent être restées dans un état physique semblable à celui de la fin des temps miocènes, et pourtant presque toutes leurs espèces offrent des différences.

Outre ses applications à la géologie, l'étude de l'enchaînement des êtres me paraît appelée à rendre quelques services à la philosophie en jetant de la lumière sur une question qui, depuis bien des siècles, a agité les penseurs. Parmi les hommes qui étudient la nature, on observe deux tendances opposées. D'éminents naturalistes (parmi ceux-là il faut compter la plupart des disciples de Cuvier) croient que les espèces sont des entités immuables et qu'elles seules, dans nos classifications, ont une réalité objective ; pour eux, les notions de genres, d'ordres, de familles, de classes ne sont que des produits de notre entendement, imaginés pour aider à nous reconnaître à travers la multitude des espèces ; lorsque ces savants emploient le mot de famille naturelle, ils ne prennent pas ce mot dans son sens rigoureux ; à leurs yeux, les membres d'une famille ne représentent pas des espèces qui sont descendues les unes des autres, mais simplement des espèces qui ont des traits de ressemblance. D'autres naturalistes (et parmi ceux-là il faut compter la plupart des disciples d'Étienne Geoffroy Saint-Hilaire) supposent que les notions de genres, de familles, de classes sont de même nature que les notions d'espèces et méritent la même attention. Partant de là, ils se complaisent dans les études de synthèse, dans la recherche des rapports généraux qui unissent les êtres, au lieu que les disciples de Cuvier estiment surtout les travaux d'analyse [1].

Il me semble que ces opinions contradictoires sur la valeur des espèces et des genres doivent être vieilles comme la pensée humaine, car de tout temps il y a eu des philosophes qui, étant portés vers l'idéalisme, ont attribué une grande importance aux idées générales, et d'autres qui, inclinant vers le sensualisme, se sont attachés particulièrement aux faits d'observation et par conséquent à l'étude des individus. Nos divergences actuelles d'opinion sont un écho lointain des querelles fameuses qui, pendant tout le moyen âge, agitèrent nominalistes et réalistes. Les réalistes croyaient à la réalité des genres, des classes et n'admettaient pas la réalité des individus; au contraire, les nominalistes disaient qu'il n'y a de réalité que dans les individus; pour eux, les genres, les classes n'étaient que des noms. Les savants modernes ne discutent plus sur les individus, mais sur les collections d'individus; l'idée de l'espèce telle que l'entendent les partisans de son immutabilité n'est pas une idée générale, c'est plutôt une idée collective, puisque l'espèce n'est qu'un assemblage d'individus semblables tirés des mêmes parents. On peut donc dire que nos discussions présentes sur la question des espèces ne sont pas très-différentes de celles qui roulaient au moyen âge sur la question des individus; les partisans de l'immutabilité des espèces se rapprochent des nominalistes, tandis que les évolutionnistes actuels se rapprochent des réalistes.

Il ne faut pas s'étonner que les anciens philosophes aient été dans un extrême embarras pour raisonner sur les rapports des êtres entre eux et que les conceptualistes aient fait de vains efforts pour établir un accord entre réalistes et nominalistes; ni les uns, ni les autres n'avaient rassemblé des faits d'obser-

1. Les tendances des deux écoles opposées sont également profitables pour la science; il faut que l'analyse et la synthèse marchent d'un pas égal; plus on a fait d'œuvres remarquables d'analyse dans notre pays, plus il importe de ne pas repousser les essais de synthèse.

vation sur lesquels ils pussent baser leurs hypothèses. Sans nier qu'il y ait des notions conçues par la raison pure, nous devons admettre que, lorsqu'il s'agit d'êtres matériels comme ceux qui sont l'objet le plus habituel des études des naturalistes, nos sens sont des moyens de perception indispensables : les observations sont les points de départ de nos raisonnements. Or, les paléontologistes ont déjà réuni diverses observations dont les philosophes modernes peuvent profiter.

Par exemple, la paléontologie révèle qu'un nombre indéfini d'individus se sont succédé pendant l'immensité des âges géologiques. On ne saurait contester, ainsi que plusieurs des anciens réalistes auraient été disposés à le faire, qu'à un moment donné ces individus ont eu une réalité. Seulement dans l'individu il faut distinguer le commencement et la fin : la fin, c'est la parfaite individuation ; je me garderai de le nier, car ce serait nier les évidences dont nous sommes témoins chaque jour et je risquerais d'être entraîné à douter de la personnalité humaine. Mais, à son origine, l'individuation n'est pas manifeste; en remontant plus ou moins loin dans la série des développements embryogéniques, nous arrivons à un moment où l'enfant n'est pas distinct de sa mère. Et, lorsqu'au lieu de considérer les êtres les plus élevés, nous tournons nos regards vers le bas de l'échelle zoologique, par exemple vers les coralliaires, les médusaires à génération alternante, les sarcodaires, il nous paraît souvent difficile d'affirmer si nous avons devant nous un individu unique ou un assemblage d'individus.

Comme les individus, les collections d'individus auxquelles on donne le nom d'espèces ont à un certain moment une réalité ; ces espèces ne sont pas de chimériques inventions des naturalistes ; elles ont quelque fixité ; car aussitôt que des animaux ont pris des caractères un peu différents, ils cessent de s'unir, ou bien, s'ils s'unissent, ils donnent des produits qui ne sont pas féconds. Mais est-ce à dire que jamais les parents des êtres d'espèces différentes n'aient été rapprochés ? Quand nous voyons apparaître tour à tour dans les âges géologiques des espèces qui ont une extrême ressemblance, pouvons-nous marquer avec précision le moment où l'une finit, où l'autre commence ; on ne saurait le prétendre, puisque les observateurs les plus consciencieux et les plus expérimentés sont continuellement en désaccord sur la limite des espèces : là où celui-ci voit une espèce, celui-là ne voit qu'une race. Avant que les animaux aient été assez modifiés pour prendre des caractères divergents, ils ont pu s'unir entre eux. Tant que nous ne considérons que les coquilles fossiles, nos comparaisons portent sur un si petit nombre de caractères qu'il nous est possible d'hésiter à affirmer leur communauté d'origine ; mais, quand nous étudions des mammifères qui ont un squelette très-compliqué, il n'en est plus de même ; prenons une espèce fossile, comparons-la avec une espèce vivante qui est son analogue, mettons les têtes à côté des têtes, les vertèbres à côté des vertèbres, les humérus à côté des humérus, les radius à côté des radius, les fémurs à côté des fémurs, les pattes à côté des pattes, etc. ; souvent la somme des similitudes sera si grande proportionnément à celle des différences que l'idée de parenté s'imposera à notre esprit. Vainement voudrait-on nous montrer quelques légères nuances pour nous faire douter de cette parenté. Nous voyons trop de traits de ressemblance pour admettre qu'ils puissent être tous mensongers.

En même temps que la notion de l'immutabilité des espèces s'affaiblit dans l'esprit des paléontologistes, la notion des genres prend de l'importance. J'ai rapporté de mes voyages en Grèce une multitude d'os de rhinocéros fossiles ; je les compare à ceux des rhinocéros vivants, et en présence de leur similitude, je ne sais plus où marquer la limite des espèces de rhinocéros. Mais ce que je sais bien, c'est que ces espèces sont du genre rhinocéros ; la notion du genre rhinocéros n'est pas le résultat de ma propre imagination ; elle n'est pas plus subjective que la notion de l'espèce ; car de même qu'à un moment donné il y a des rhinocéros que tout naturaliste s'accordera à regarder comme d'espèces distinctes, il y a des séries d'animaux que tout naturaliste s'accordera à rapporter au genre rhinocéros. Un de nos plus grands paléontologistes[1] a dit : « *Pourquoi l'espèce, si difficile à distinguer de la race, est-elle choisie de préférence au genre ou à l'ordre pour représenter une entité réelle et objective ? Quelle preuve apporter de la légitimité de ce choix !* » A ces paroles si justes de M. de Saporta on peut ajouter celles-ci d'un autre paléontologiste également habile, M. Tournouër : « *Les unités zoologiques plus élevées que nous appelons genres ou familles ont toutes leur histoire ; elles naissent, grandissent et meurent ; elles vivent d'une vie aussi certaine que la vie de l'individu*[2]. »

Il me semble que M. Tournouër a bien fait d'appliquer aux familles ce qu'il a dit des genres : je place à côté les uns des autres le rhinocéros, l'*Acerotherium*, le *Palæotherium*, le *Paloplotherium*, l'*Anchitherium*, *l'Anchilophus;* je n'hésite pas à les rapporter à une même famille naturelle et je ne crois pas la notion de cette famille plus subjective que celle des genres et des espèces, car je ne doute pas qu'elle se présenterait à l'entendement de tout observateur qui voudrait entreprendre les mêmes comparaisons minutieuses que j'ai faites. On pourra sans doute appliquer un semblable raisonnement aux catégories plus élevées du monde animal. Et, de même que, dans la vie des espèces et des individus, il faut distinguer le commencement et la fin, il faut aussi, dans les familles et les ordres, distinguer le commencement et la fin : le commencement où il y a union, la fin où il y a séparation. C'est ainsi qu'on peut s'expliquer comment les familles sont aujourd'hui si éloignées les uns des autres et donnent une si merveilleuse diversité aux spectacles de la nature actuelle, tandis qu'à mesure qu'on remonte dans les âges géologiques, on voit les

1. *L'école transformiste et ses derniers travaux*, p. 10. (Brochure in-8°, extrait de la *Revue des Deux-Mondes*, livraison du 1er octobre 1869.)

2. *Étude sur les fossiles tertiaires de l'île de Cos*, p. 34. (Brochure in-4°, extraite des *Annales scientifiques de l'École normale supérieure*, 2e série, vol. V ; 1876.)

familles moins tranchées, composées de genres dont les caractères sont mixtes.

Les personnes qui ont un peu étudié la succession des espèces fossiles trouvent entre elles tant de points de ressemblance que, même en étant opposées à la doctrine de l'évolution, elles admettent volontiers que beaucoup d'espèces, auxquelles les classificateurs ont donné des noms différents, ont pu être dérivées les unes des autres. Suivant leur opinion, les naturalistes se seraient mépris sur la valeur des espèces ; ce ne serait pas l'espèce qui représenterait une entité primordiale, ce serait le genre ou même la famille. L'Auteur de la nature aurait fait des types auxquels il aurait donné une certaine somme de force qui, en s'épuisant peu à peu dans des générations successives, aurait produit une série de dégradations ; par exemple, quand, en suivant les animaux ongulés à travers les âges géologiques, on croit remarquer que des pachydermes à pattes compliquées sont devenus des ruminants dont les pattes sont réduites à un petit nombre d'os, on serait porté à supposer la création d'un pachyderme dans lequel aurait été déposée une somme de force qui, en diminuant peu à peu, aurait amené la simplification des membres et ainsi produit une multitude d'espèces. Cette hypothèse pourrait paraître suffisante si l'histoire des époques géologiques nous montrait uniquement des séries de dégradations. Mais il y a eu également des augmentations. Par exemple, l'exagération du type rhinocéros se voit dans le *Rhinoceros tichorhinus*, celle du type éléphant dans l'*Elephas primigenius*, celle du cerf dans le *Cervus megaceros*, celle du *Machairodus* dans le *Machairodus smilodon;* ces exagérations, qui marquent en réalité l'apogée du développement d'un type, ne se sont produites que longtemps après l'époque où les genres que je viens de citer ont apparu sur la terre : ainsi donc, l'histoire de certains genres offre des exemples de tendance vers l'individuation. Les éléphants actuels de l'Inde ont leurs molaires formées de collines plus nombreuses que les premiers éléphants fossiles; ceux-ci ont eu également des collines plus nombreuses que les mastodontes, dont il y a tout lieu de les croire dérivés. Les tapirs et les rhinocéros ont leurs prémolaires plus compliquées que les *Lophiodon* et les *Paloplotherium* leurs prédécesseurs. Nos rats actuels ont à leurs prémolaires un mamelon de plus que leurs parents miocènes les *Cricetodon*. Nos lièvres ont plus de dents que leurs ancêtres les *Titanomys*. Quand nous voyons les *Acerotherium* dont les pattes de devant ont quatre doigts, succéder aux *Palæotherium* qui ont des pattes à trois doigts, nous pouvons supposer qu'ils proviennent de quelque animal à quatre doigts encore inconnu, voisin des *Palæotherium;* il est permis de croire également que des animaux à trois doigts comme les *Palæotherium*, habitant dans un pays marécageux, ont eu besoin d'avoir des pattes larges et ont pris un doigt de plus. Dans les mêmes pachydermes où les pattes se sont simplifiées pour devenir les pattes fines des ruminants et des solipèdes, les dents ont subi des augmentations, car les denticules des molaires se sont plus développés en hauteur et en longueur chez les herbivores que chez leurs ancêtres présumés les omnivores. Bien que les mammifères soient en diminution depuis l'apparition de l'homme sur la terre, ils offrent encore aujourd'hui des phénomènes d'augmentation. Il y a dans les Pyrénées des chiens où les pattes de derrière ont six doigts et où les cunéiformes sont au nombre de quatre. M. Goubaux m'a montré, dans la collection de l'École vétérinaire d'Alfort, une patte de cochon où le premier doigt porte un grand métacarpien, une première, une deuxième et une troisième phalange. L'ouvrage que M. le docteur Magitot publie en ce moment sur les *Anomalies du système dentaire chez l'homme et les mammifères* renferme des exemples d'augmentation dans les dents. En réalité, l'histoire de la nature présente dans ses infinies variations des séries d'augmentations aussi bien que de diminutions. L'hypothèse que j'indiquais tout à l'heure rend compte difficilement de ces augmentations de force. Le mieux est sans doute de croire que la création du monde est continue ; quand nous considérons l'espèce, le genre, la famille, l'ordre, il nous est impossible de dire quelle est celle de ces catégories qui indique davantage une intervention de la Puissance créatrice.

Je soumets ces remarques aux hommes qui s'intéressent à la question longtemps controversée des genres et des espèces. Si le moyen âge eût connu l'histoire de la succession des êtres fossiles, peut-être les philosophes se seraient épargné des discussions où, pendant des centaines d'années, tant de talent a été dépensé sans résultat; l'idée de la réalité des genres que le génie des réalistes du moyen âge et des idéalistes de toutes les époques a su entrevoir a été le plus souvent le résultat des ressemblances d'êtres véritablement dérivés les uns des autres, parents à des degrés divers.

Si j'ai tâché, dans cet ouvrage, d'apporter quelques preuves en faveur de l'idée de l'évolution, j'ai dû laisser de côté la question des procédés que l'Auteur du monde a pu employer pour produire les changements dont la paléontologie nous montre le tableau. Cette étude des procédés est ce qu'on appelle le Darwinisme, du nom du savant illustre qui en a été le principal promoteur. Assurément, c'est un sujet bien digne de l'attention des naturalistes que l'examen des causes des modifications des êtres. Mais, sur ce sujet, j'avoue mon ignorance. Mon rôle se borne à signaler les indices d'enchaînements que je crois apercevoir entre les êtres des âges géologiques. C'est aux physiologistes, qui font des expériences sur les créatures vivantes, de nous expliquer comment les changements se produisent aujourd'hui et ont dû se produire autrefois; en employant une expression de M. Claude Bernard, je dirai qu'il leur appartient de nous faire connaître le *déterminisme* des espèces, des genres, des classes, c'est-à-dire les causes secondes qui ont déterminé leur formation. Tout ce que je peux assurer, c'est que la découverte des vestiges enfouis dans l'écorce terrestre nous apprend qu'une constante harmonie a présidé aux transformations du monde organique. Quels que soient les fossiles dont nous entreprenions l'étude, la beauté de la nature se révèle à nous.

Cette beauté de la nature qui apparaît à toutes les époques est le secret de l'entraînement que subissent tant de géologues dont la vie est vouée aux recherches paléontologiques et dont l'esprit trouve dans ces recherches un charme toujours renaissant. Lorsque Georges Cuvier put, dans sa pensée, redonner l'existence aux quadrupèdes du gypse de Paris, il dut éprouver de singuliers mouvements d'étonnement et de plaisir; là où s'étend aujourd'hui notre grande ville, il pensait voir des lacs où se baignaient les *Anoplotherium;* sur leurs rives bordées de palmiers, il apercevait des *Palæotherium* d'espèces et d'allures variées, s'entre-croisant avec les *Chœropotamus* et les *Dichobune;* d'élégants *Xiphodon* et des *Amphimeryx* couraient dans les plaines; à côté d'eux, de plus petits animaux de différents ordres contribuaient à donner de la diversité aux paysages: c'étaient des écureuils, des sarigues, des chauves-souris et même des quadrumanes.

Quand MM. Kaup et de Klipstein remirent au jour à Eppelsheim le gigantesque et étrange *Dinotherium* avec le mastodonte au long menton, l'*Hipparion*, d'énormes sangliers, le *Machairodus* à canines en forme de lames de poignard, ils ressentirent une jouissance dont leurs écrits portent la vive empreinte.

J'ai compté parmi les meilleurs moments de ma vie les mois que j'ai passés, dans le ravin de Pikermi, à extraire les débris des quadrupèdes qui ornaient autrefois les campagnes de la Grèce. En vérité, ces animaux de Pikermi devaient former de magnifiques spectacles: ici des singes gambadaient, là errait l'énorme *Ancylotherium* aux doigts crochus. Les plaines étaient au loin couvertes de troupeaux d'hipparions et de ruminants; les cornes de ces animaux présentaient des dispositions variées: les unes étaient en forme de lyre, d'autres rappelaient celles des gazelles actuelles; il y en avait de très-grandes et arquées comme chez les *Oryx*, d'autres qui formaient une spirale carénée, ainsi que chez les *Canna*, d'autres encore qui par leur aplatissement ressemblaient à celles des chèvres. Avec ces bêtes aux allures légères contrastaient de lourds rhinocéros et d'énormes sangliers. Un petit nombre de carnassiers modérait ce qu'il y avait d'excessif dans le développement des herbivores ; à en juger par la forme des dents, on peut croire que les carnassiers les plus nombreux, les hyènes et les *Ictitherium*, avaient surtout la charge de faire disparaître les cadavres et ainsi de tenir les campagnes exemptes de souillures. Enfin, au milieu d'animaux si divers, on voyait un rassemblement de puissants quadrupèdes tel qu'on le chercherait vainement aujourd'hui dans les contrées où le monde animal est le plus largement représenté : il y avait une girafe, l'*Helladotherium*, deux espèces de mastodontes et le *Dinotherium*. Quelle ampleur de formes et quelle variété sur le théâtre de la vie ! Bêtes géantes et innombrables de Pikermi, la pensée de vos imposantes cohortes a souvent transporté mon esprit ; je ne peux songer à vous sans m'élever jusqu'à l'Artiste infini dont vous êtes l'ouvrage et sans lui dire merci de nous faire assister aux grandes scènes qui semblaient réservées pour lui seul, jusqu'au jour où a été soulevé le voile sous lequel la paléontologie était cachée !

Après avoir fait des fouilles au pied du Pentélique, j'en ai entrepris aussi dans une montagne de la France, le Léberon. Là également j'ai passé de bons moments dans la solitude de la nature, retrouvant les créatures charmantes ou majestueuses qui animèrent nos contrées, alors que la voix de l'homme n'en avait pas encore fait retentir les échos : aussi bien qu'en Grèce, au milieu d'immenses troupeaux d'hipparions, de tragocères, de gazelles, qui réalisaient dans le monde animal le type de la beauté, on voyait le *Dinotherium* et l'*Helladotherium* qui réalisaient l'idéal de la grandeur.

Je ne crois pas que mes impressions personnelles sur les magnificences des temps passés soient bien différentes de celles qu'ont ressenties tant d'autres naturalistes qui ont comme moi, ou mieux que moi, exploré les couches où sont enfouis les mammifères tertiaires. Crawfurd, Clift et Falconer au pied de l'Himalaya, l'abbé Croizet, de Laizer, M. Aymard, Bravard et M. Pomel en Auvergne, Lartet et Laurillard à Sansan, Marcel de Serres, de Christol et M. Gervais à Montpellier, MM. Rütimeyer et Cartier à Egerkingen, M. Fraas à Steinheim, M. Alphonse Milne Edwards à Saint-Gérand-le-Puy, M. Sueps à Baltavar, M. Vilanova à Concud, MM. Filhol et Ernest Javal dans le Quercy, MM. Hayden, Marsh, Cope dans les Western Territories, et d'autres encore qui ont eu l'occasion d'étudier les plus riches gisements de mammifères, n'ont pas remué sans plaisir et sans admiration les dépouilles des êtres qui vécurent autrefois. Des trésors de poésie sont enfouis dans l'écorce de notre globe. Combien d'hommes qui ont soif du beau auraient de douces jouissances s'ils se mettaient à la recherche des sources mystérieuses de la vie! combien s'en vont par des chemins où ils cueilleront des fruits insipides et quelquefois amers, qui seraient heureux en scrutant les merveilles de la nature! A ces hommes, je dirai : venez nous aider, notre science a de quoi charmer les âmes des artistes aussi bien que les âmes des philosophes.

FIN

LISTE DES FIGURES

MARSUPIAUX.

	FIGURES.	PAGES.
Didelphys Aymardi. — Phosphorites de Caylus, Tarn-et-Garonne (miocène inférieur).		
Mandibule	1	11
Didelphys cancrivora. — Époque actuelle, Guyane.		
Axis	10	18
Didelphys Cuvieri. — Gypse de Montmartre (éocène supérieur).		
Squelette	2	12
Dasyurus Maugei. — Époque actuelle, Tasmanie.		
Mandibule	12	19
Thylacynus cynocephalus. — Époque actuelle, Tasmanie.		
Mâchoire supérieure	7	16
Mandibule	8	16
Thylacoleo carnifex. — Pliocène d'Australie.		
Portion du crâne et mandibule	18	27
Diprotodon australis. — Pliocène d'Australie.		
Crâne	17	26
Stylodon pusillus. — Étage de Purbeck, Dorsetshire.		
Mandibule	52	54

ANIMAUX INTERMÉDIAIRES ENTRE LES MARSUPIAUX ET LES PLACENTAIRES.

	FIGURES.	PAGES.
Hyænodon leptorhynchus. — Phosphorites de Mouillac, Tarn-et-Garonne (miocène inférieur).		
Mâchoire supérieure	3	14
Mandibule	4	14
Hyænodon? — Phosphorites de la Salle, près Caylus (miocène inférieur.		
Axis	9	18
Pterodon dasyuroides. — Lignites de la Débruge, près Apt, Vaucluse (éocène supérieur).		
Mâchoire supérieure	5	15
Mandibule	6	15
Proviverra Cayluxi. — Phosphorites de Caylus.		
Encéphale et crâne	15	21
Mâchoire supérieure	13	20
Mandibule	14	20
Palæonictis gigantea. — Lignites de Muirancourt, Oise (éocène inférieur).		
Mandibule	11	19
Arctocyon primævus. — Grès de la Fère, Aisne (éocène inférieur).		
Crâne	16	23

CÉTACÉS.

Balæna boops. — Époque actuelle; côtes du Groënland.		
Trois denticules de fœtus	22	33
Balæna mysticetus. — Époque actuelle, côtes du Groënland.		
Membre postérieur	23	34

	FIGURES.	PAGES.
Plesiocetus Cortesi. — Pliocène du Monte Pulgnasco (Lombardie).		
Squelette	21	31
Squalodon Grateloupii — Miocène moyen de Barie, Drôme, et de Léognan, Gironde.		
Crâne	19	30
Molaire supérieure	20	30

SIRÉNIENS.

Halicore. — Époque actuelle.		
Devant de la mâchoire inférieure d'un individu pris dans l'archipel des Philippines	25	36
Bassin d'un individu des mers de l'Inde	27	37
Bassin d'un individu de Sumatra	28	37
Halitherium Forestii. — Pliocène des environs de Bologne.		
Crâne	24	35
Halitherium fossile. — Miocène moyen de Léognan.		
Devant de la mâchoire inférieure	26	36
Pugmeodon Schinzi. — Miocène de Flonheim, Hesse-Darmstadt.		
Bassin	29	38

AMPHIBIES ?

Zeuglodon cetoides. — Éocène de l'Alabama (États-Unis).		
Crâne	30	39
Molaire supérieure	31	39

PACHYDERMES IMPARIDIGITÉS.

Représentation idéale d'une molaire supérieure d'ongulé	53	55

	FIGURES.	PAGES.
Représentation idéale d'une molaire inférieure d'ongulé	54	55
Rhinoceros africanus. — Époque actuelle, Afrique.		
Menton d'un individu jeune	50	53
Menton d'un individu adulte	51	53
Rhinoceros leptorhinus. — Pliocène inférieur de Montpellier.		
Menton	48	52
Rhinoceros etruscus. — Pliocène du val d'Arno (Toscane).		
Crâne	42	49
Menton	49	53
Rhinoceros pachygnathus. — Pikermi, Grèce (miocène supérieur).		
Restauration du squelette	34	44
Crâne	41	49
Menton	47	52
Molaire inférieure	60	57.66
Fémur	205	152
Partie du membre postérieur	187	147
Astragale vu en dessous	198	150
Rhinoceros Schleiermacheri. — Sansan, Gers (Miocène moyen).		
Crâne	40	48
Menton	45	51
Rhinoceros aurelianensis. — Sables de l'Orléanais (miocène moyen).		
Crâne	39	48
Rhinoceros brachypus. — La Grive-Saint-Alban, Isère (miocène moyen).		
Molaire supérieure vue sur la face inférieure	64	58
Même dent vue sur la face externe	66	59
Rhinoceros randanensis. — Miocène inférieur de Randan (Puy-de-Dôme).		
Menton	44	50

	FIGURES.	PAGES.
Acerotherium tetradactylum, Sansan.		
Patte de devant	172	131
Acerotherium incisivum. — Miocène d'Eppelsheim, de Pikermi, de Winterthur.		
Crâne	38	47
Menton	46	51
Molaire supérieure	62	58
Patte de devant	172	131
Accrotherium lemanense. — Miocène inférieur d'Auvergne et du Quercy.		
Molaire supérieure	61	58.69
Molaire inférieure	59	57
Astragale vu du côté interne	200	151
Palæotherium magnum. — Éocène supérieur de Paris et de la Débruge.		
Restauration du squelette	35	45
Molaire supérieure vue en dessous	63	58
Même dent vue sur la face externe	65	59
Molaire inférieure	58	57.165
Palæotherium crassum. — Gypse de Paris.		
Crâne	37	47
Mâchoire supérieure	67	60
Patte de devant	173	132
Astragale vu en dessus	195	149
Astragale vu du côté interne	201	151
Calcanéum	191	148
Palæotherium medium. — Éocène supérieur de Paris et de la Débruge.		
Crâne	36	46
Molaire supérieure	217	163
Molaire inférieure	221	165
Patte de devant	174	132
Paloplotherium annectens. — Éocène moyen d'Hordwell, Hampshire.		
Mâchoire supérieure	69	61

	FIGURES.	PAGES.
Paloplotherium codiciense. — Calcaire grossier de Coucy-le-Château, Aisne (éocène moyen).		
Mâchoire supérieure	70	62
Paloplotherium minus. — Lignites de la Débruge.		
Molaire inférieure de lait	157	127
Mâchoire supérieure	68	61
Molaire supérieure	164	128.163
Menton	43	50
Patte de devant	175	133
Anchilophus radegundensis. — Éocène de Lautrec, Tarn.		
Molaire supérieure	80	69
Tapirus priscus. — Miocène supérieur d'Eppelsheim, Hesse-Darmstadt.		
Mâchoire supérieure	71	63
Type d'une molaire inférieure dans le groupe tapir.	56	56
Hyrachyus agrarius. — Éocène du Wyoming.		
Mâchoire supérieure	73	65
Hyrachyus priscus. — Phosphorites du Quercy.		
Mâchoire supérieure	74	65
Lophiodon isselensis. — Éocène moyen d'Issel.		
Mâchoire supérieure	72	64
Lophiodon parisiensis. — Éocène de Nanterre, près Paris et de Cuys, près Épernay.		
Molaire supérieure	78	69
Molaire inférieure	75	66
Pachynolophus isselanus. — Éocène moyen d'Argenton, Indre.		
Molaire supérieure	79	69
Molaire inférieure	76	67
Pachynolophus argentonicus. — Éocène moyen d'Argenton.		
Molaire supérieure	213	161
Pachynolophus siderolithicus. — Sidérolithique du Mauremont, Suisse (éocène supérieur).		

	FIGURES.	PAGES.
Molaire supérieure	214	161
Molaire inférieure	158	127
Pachynolophus cervulus. — Phosphorites du Quercy.		
Mandibule	77	68 228
Hyracotherium leporinum. — Argile de Londres.		
Molaire supérieure	215	161
Pliolophus vulpiceps. — Argile de Londres.		
Molaire supérieure	216	161
Hyrax capensis. — Époque actuelle, Cap de Bonne-Espérance.		
Fémur	204	152
? Chalicotherium modicum. — Phosphorites du Quercy.		
Molaire supérieure	220	164
Brontotherium ingens. — Miocène du Colorado.		
Crâne	87	75
Brontotherium. — Miocène du Colorado.		
Restauration d'une patte de devant	206	154
Restauration d'une patte de derrière	207	155
Dinoceras mirabilis. — Éocène du Wyoming.		
Crâne	86	74
? Macrauchenia patagonica. — Pliocène ? de Patagonie.		
Calcanéum	212	159
? Toxodon platensis. — Quaternaire de Buenos-Ayres.		
Fémur	203	152

PACHYDERMES PARIDIGITÉS.

Type de molaire inférieure dans le groupe des cochons	55	56
Sus scropha. — Époque actuelle, France.		
Patte de devant	131	103.146

	FIGURES.	PAGES.
Sus erymanthius. — Miocène supérieur de Pikermi.		
Coupe verticale d'une molaire	101	91
Mâchoire supérieure	81	70
Molaire inférieure	33	43
Hyotherium Sœmmeringi. — Miocène moyen d'Eibiswald,		
Mâchoire supérieure	82	71
Palæochœrus typus. — Calcaire lacustre de Billy et de Saint-Gérand-le-Puy, Allier (miocène inférieur).		
Mâchoire supérieure	83	71
Molaire supérieure	116	97.161
Métacarpiens	140	108
Métatarsiens	150	117
Palæochœrus suillus. — Miocène de l'Orléanais.		
Molaire inférieure	105	93
Cebochœrus anceps. — Lignites de la Débruge.		
Mâchoire supérieure	303	230
Cebochœrus minor. — Phosphorites du Quercy.		
Mâchoire supérieure	304	230
Mandibule	305	231
Chœropotamus parisiensis. — Éocène supérieur de Paris et de la Débruge.		
Mâchoire supérieure	84	72
Molaire supérieure	117	97
Molaire inférieure	106	93
Anthracotherium alsaticum. — Miocène inférieur de Villebramar, Lot-et-Garonne.		
Molaire supérieure	118	97
Anthracotherium magnum. — Miocène inférieur de Cadibona (Italie), de Rochette (Suisse) et du Quercy.		
Molaire inférieure	111	95
Astragale vu en dessous	197	150
Astragale vu du côté interne	199	151
Métatarsien	148	116

	FIGURES.	PAGES.
Anthracotherium Cuvieri. — Miocène inférieur de Saint-Menoux, Allier.		
Museau	32	42
Rhagatherium valdense. — Sidérolithique du Mauremont.		
Molaire supérieure	119	97
Entelodon magnus. — Miocène inférieur de Ronzon près du Puy-en-Velay.		
Molaire inférieure	104	93
Hyopotamus velaunus. — Miocène inférieur de Ronzon.		
Molaire supérieure	122	98
Molaire inférieure	113	95
Métacarpiens	139	108
Métatarsiens	149	116
Merycopotamus dissimilis. — Miocène supérieur des collines Sewalik.		
Molaire supérieure	124	98
Hippopotamus amphibius. — Époque actuelle, Sénégal.		
Patte de devant	130	103
Anoplotherium commune. — Éocène supérieur de Paris et de la Débruge.		
Molaire supérieure	218	163
Molaire inférieure	222	165
Partie du membre postérieur	186	147
Péroné	210	158
Astragale	193	149
Calcanéum	188	148
Eurytherium latipes. — Éocène supérieur de Paris et de la Débruge.		
Astragale	194	149
Calcanéum	190	148
Patte de derrière	209	157
Eurytherium secundarium. — Phosphorites du Quercy.		
Molaire inférieure	223	165
Calcanéum	189	148

	FIGURES.	PAGES.
Eurytherium. — Phosphorites du Quercy.		
Patte de devant	208	156
? Péroné	211	158
Diplobune bavaricum. — Éocène de Bavière.		
Molaire inférieure	225	165
Diplobune Quercyi. — Phosphorites du Quercy.		
Molaire inférieure	224	165
Dichobune leporinum. — Gypse de Paris.		
Mâchoire supérieure	85	72
Molaire supérieure	127	99
Molaire inférieure	107	93
Cainotherium laticurvatum. — Miocène inférieur de Saint-Gérand-le-Puy, Allier.		
Molaire supérieure	128	99
Métatarsiens	151	117

RUMINANTS.

	FIGURES.	PAGES.
Type d'une molaire inférieure d'herbivore	57	56
Amphimeryx murinus. — Éocène supérieur de Paris et de la Débruge.		
Molaire inférieure	108, 109	93
Xiphodon gracilis. — Éocène supérieur de Paris et de la Débruge et Phosphorites du Quercy.		
Molaire supérieure	125	99.163
Métacarpiens	145	111
Oreodon Culbertsoni. — Miocène du Nébraska.		
Crâne	90	81
Agriochœrus latifrons. — Miocène du Dakota.		
Molaire supérieure	123	98
Molaire inférieure	112	95

	FIGURES.	PAGES.
Helladotherium Duvernoyi. — Miocène supérieur de Pikermi.		
Restauration du squelette	89	79
Métacarpiens	147	114
Astragale vu en dessus	192	149
Astragale vu en dessous	196	150
Métatarsiens	155	120
Gazella brevicornis. — Miocène supérieur de Pikermi.		
Molaire supérieure	219	163
Palæoreas Lindermayeri. — Pikermi.		
Crâne	91	82
Tragocerus amaltheus. — Pikermi.		
Restauration du squelette	88	77
Molaire supérieure	126	99.163
Coupe verticale d'une molaire	102	92
Métacarpiens	144	110
Fémur	202	152
Calotragus campestris. — Époque actuelle.		
Patte de devant	135	105
Ovis aries. — Époque actuelle, France.		
Patte de devant	136	105
Section du carpe d'un jeune individu	138	107
Bos taurus. — Époque actuelle, France.		
Coupe verticale d'une molaire supérieure	103	92
Patte de devant d'un fœtus	137	106
Gelocus curtus. — Phosphorites du Quercy.		
Métacarpiens	146	112
Prodremotherium? — Phosphorites du Quercy.		
Métacarpiens	143	110
Dremotherium? — Miocène inférieur du Puy-de-Dôme et de l'Allier.		
Métacarpiens	142	109
Métatarsiens	154	119

	FIGURES.	PAGES.
Dorcatherium Naui. — Miocène supérieur d'Eppelsheim.		
Molaire inférieure	115	95
Procervulus aurelianensis. — Sables de l'Orléanais, à Thenay, Loir-et-Cher (miocène moyen).		
Divers bois	100	87
Dicrocerus elegans. - Miocène moyen de Sansan.		
Crâne	93	84
Molaire supérieure	120	97
Molaire inférieure	110	93
Dicrocerus anocerus. — Miocène.		
Bois trouvé dans l'Anjou	94	84
Bois trouvé à Eppelsheim	95	84
Cervus Matheronis. — Miocène supérieur du mont Léberon, Vaucluse.		
Bois	96	85
Molaire supérieure	121	97
Cervus pardinensis. — Pliocène d'Issoire.		
Bois	97	85
Cervus capreolus. — Époque actuelle, France.		
Patte de devant	134	104
Cervus elaphus. — Époque actuelle, France.		
Bois d'âges divers	92	83
Cervus martialis. — Pliocène ? de Saint-Martial, Hérault.		
Bois	99	86
Cervus Sedgwickii. — Forest-bed du Norfolk.		
Bois	98	86
Camelopardalis attica. — Pikermi.		
Membres de devant et de derrière	129	102
Tragulus napu. — Époque actuelle, Sumatra.		
Patte de devant	133	104
Hyœmoschus aquaticus. — Époque actuelle, Gabon.		
Patte de devant	132	104

	FIGURES.	PAGES.
Hyœmoschus crassus. — Sansan.		
Métatarsiens	153	118
Hyœmoschus? — Phosphorites du Quercy.		
Métacarpiens	141	109
Métatarsiens	152	118
Lophiomeryx Chalaniati. — Phosphorites du Quercy.		
Molaires inférieures	114	95.166

SOLIPÈDES.

Orohippus agilis. — Éocène du Wyoming		
Patte de devant	185	143
Anchitherium aurelianense. — Miocène moyen de Sansan, Gers, et de la Grive-Saint-Alban, Isère.		
Molaire supérieure	163	128.161
Molaire inférieure	159	127.166
Patte de devant	176	134
Hipparion gracile. — Miocène supérieur de Pikermi et du mont Léberon.		
Restauration du squelette	156	125
Molaire inférieure de lait	160	127.166
Molaire supérieure de lait	169, 170	130
Molaire supérieure non usée	165	128
Molaire supérieure qui est usée	166	128
Coupe verticale d'une molaire supérieure	171	130
Molaire inférieure d'un adulte	161	127
Patte de devant	177	135
Trapèze	180	139
Cinquième métacarpien	181	139
Métatarsiens de la race lourde et de la race grêle	184	141
Equus Stenonis. — Pliocène du Coupet, Haute-Loire.		
Molaire supérieure	167	128
Equus caballus. — Époque actuelle, France.		
Molaire supérieure	168	128
Molaire inférieure	162	127

	FIGURES.	PAGES.
Patte de devant	178	136.146
Cinquième métacarpien	183	139
Patte de devant anormale	179	136
Trapèze	182	139

PROBOSCIDIENS.

Elephas insignis. — Miocène supérieur des collines Sewalik.

Coupe d'une molaire supérieure	235	177

Elephas planifrons. — Collines Sewalik.

Crâne	246	185
Coupe d'une molaire supérieure	236	178

Elephas ganesa. — Collines Sewalik.

Crâne	243	183
Coupe d'une molaire supérieure	234	177

Elephas meridionalis. — Pliocène de Chagny, Côte-d'Or.

Coupe d'une molaire supérieure	237	178

Elephas indicus. — Époque actuelle, Inde.

Coupe d'une molaire inférieure	238	179

Mastodon latidens. — Époque actuelle dans l'Ava.

Molaire supérieure	231	175

Mastodon Pentelici. — Pikermi.

Molaires supérieures de lait	241	180
Crâne d'un jeune individu	244	184

Mastodon angustidens. — Miocène moyen de Simorre et de Sansan.

Restauration du squelette	226	171
Molaires supérieures de lait	239	180
Mandibule d'un jeune individu	242	182
Molaire inférieure	227	172
Coupe d'une molaire inférieure	228	173

	FIGURES.	PAGES.
Mastodon longirostris. — Miocène supérieur d'Eppelsheim.		
Molaires supérieures de lait	240	180
Mastodon turicensis. — Miocène moyen de Simorre.		
Molaire inférieure	230	174
Mastodon elephantoides. — Époque actuelle, bords de l'Irawadi.		
Molaire supérieure	232	176
Molaire inférieure	233	176
Mastodon pyrenaicus. — Miocène moyen de l'Ile en Dodon, Gers.		
Molaire inférieure	229	174
Mastodon sivalensis. — Collines Sewalik.		
Crâne	245	185
Dinotherium giganteum. — Miocène moyen de Samaran, Gers; miocène supérieur d'Eppelsheim et de Pikermi.		
Crâne	248	188
Mâchoire supérieure	247	187
Métacarpiens	249	190
Tibia et péroné	250	189

ÉDENTÉS.

Macrotherium sansaniense. — Sansan.		
Humérus	252	195
Radius	253	195
Tibia	254	195
Quatrième doigt d'un pied de derrière	251	194
Ancylotherium Pentelici. — Pikermi.		
Humérus	256	197
Radius et cubitus	257	197
Tibia	258	197
Quatrième doigt d'un pied de derrière	255	196
Ancylotherium priscum. — Phosphorites du Quercy.		
Première et troisième phalange	259	198

RONGEURS.

	FIGURES.	PAGES.
Mus decumanus. — Époque actuelle, Malabar.		
Molaires inférieures	264	201
Cricetus frumentarius. — Époque actuelle, Europe.		
Molaires inférieures	263	201
Cricetodon gerandianum. — Miocène de Langy, Allier.		
Molaires inférieures	262	201
Titanomys visenoviensis. — Miocène de Saint-Gérand-le Puy.		
Mandibule	260	201
Steneofiber viciacensis. — Saint-Gérand-le-Puy.		
Molaires inférieures	270	203
Lagomys. — Époque actuelle, Europe.		
Mandibule	261	201
Chinchilla lanigera. — Époque actuelle, Amérique méridionale.		
Molaires supérieures	266	202
Lagotis peruvianus. — Époque actuelle, Chili.		
Molaires supérieures	267	202
Archæomys arvernensis. — Miocène d'Issoire, Puy-de-Dôme.		
Molaires supérieures	268	202
Issiodoromys pseudanœma. — Miocène de Cournon, Puy-de-Dôme.		
Molaires supérieures	268	202
Helamys capensis. — Époque actuelle, Cap de Bonne-Espérance.		
Molaires supérieures	269	202

INSECTIVORES.

	FIGURES.	PAGES.
Talpa telluris. — Sansan.		
Humérus...................................	271	204
Plesiosorex soricinoides. — Miocène d'Issoire.		
Mâchoire inférieure..............................	272	205

CHEIROPTÈRES.

Vespertilio aquensis. — Éocène supérieur d'Aix, Bouches-du-Rhône.		
Aile......................................	273	206

CARNIVORES.

Ursus arvernensis. — Pliocène de Perrier, Puy-de-Dôme.		
Mâchoire supérieure..............................	281	214
Æluropus melanoleucus. — Époque actuelle, Chine.		
Mâchoire supérieure..............................	280	213
Hyænarctos sivalensis. — Miocène supérieur des collines Sewalik.		
Mâchoire supérieure..............................	279	213
Hyænarctos hemicyon. — Sansan.		
Mâchoire supérieure..............................	278	212
Amphicyon major. — Sansan.		
Mâchoire supérieure..............................	277	212
Canis lupus. — Époque actuelle, Europe.		
Mâchoire supérieure..............................	276	211
Ictitherium robustum. — Pikermi.		

	FIGURES.	PAGES.
Restauration du squelette	274	208
Mâchoire supérieure	285	216
Ictitherium hipparionum. — Pikermi.		
Mâchoire supérieure	286	217
Ictitherium Orbignyi. — Pikermi.		
Mâchoire supérieure	284	216
Hyænictis græca. — Pikermi.		
Mâchoire supérieure	287	217
Mandibule	289	218
Hyæna eximia. — Pikermi.		
Tête	275	209
Mâchoire supérieure	288	217
Cynodon lacustris. — La Débruge (éocène supérieur).		
Mandibule	282	215
Cynodon exilis. — Phosphorites du Quercy.		
Mandibule	283	215
Lutrictis Valetoni. — Miocène de l'Allier.		
Mâchoire supérieure	290	219
Pseudælurus Edwardsii. — Phosphorites du Quercy.		
Mandibule	291	220
Dinictis felina. — Miocène inférieur du Dakota.		
Mandibule	292	220
Machærodus meganthereon. — Pliocène de Perrier.		
Tête	293	221

QUADRUMANES.

Lémurien ? — Phosphorites du Quercy.		
Astragale	302	229
Adapis Duvernoyi. — Phosphorites du Quercy.		
Crâne	296	224

	FIGURES.	PAGES.
Mâchoire supérieure	297	225
Mandibule	298	225
Fragment d'humérus	301	229
Adapis parisiensis. — Phosphorites du Quercy.		
Mâchoire supérieure	299	226
Mandibule	300	226
Cænopithecus lemuroides. — Sidérolithique d'Egerkingen, Suisse (éocène moyen).		
Molaires supérieures	295	224
Oreopithecus Bambolii. — Miocène de Monte Bamboli, Toscane.		
Mandibule	306	232
Pliopithecus antiquus. — Sansan.		
Mandibule	309	236
Mesopithecus Pentelici. — Pikermi.		
Restauration du squelette	294	223
Tête	307	234
Mandibule	308	235
Dryopithecus Fontani. — Miocène moyen de Saint-Gaudens, Haute-Garonne.		
Mandibule	310	237

HOMME.

Mandibule	311	237
Silex taillés	312	239

FIN DE LA LISTE DES FIGURES.

LISTE ALPHABÉTIQUE.

LISTE ALPHABÉTIQUE DES ANIMAUX

CITÉS DANS CET OUVRAGE

A

PAGES.

Acerotherium incisivum.............................. 46, 47, 51, 58
Acerotherium lemanense.............................. 58, 59, 69
Acerotherium tetradactylum.............................. 47, 131
Acotherulum.............................. 232
Adapis Duvernoyi.............................. 224, 225, 229
Adapis parisiensis.............................. 226
Æluropus melanoleucus.............................. 213
Agriochœrus latifrons.............................. 95, 98
Amphibies (Ordre des).............................. 38
Amphicyon major.............................. 24, 211, 212
Amphimeryx murinus.............................. 78, 93
Anchilophus radegundensis.............................. 69
Anchitherium aurelianense.............................. 127, 128, 134
Ancylotherium Pentelici.............................. 196, 197
Ancylotherium priscum.............................. 198
Anoplotherium commune............ 25, 89, 147 à 149, 158, 163, 165
Amphitragulus.............................. 109
Anthracotherium alsaticum.............................. 97
Anthracotherium Cuvieri.............................. 42, 89
Anthracotherium magnum.............................. 95, 116, 150, 151
Antilope clavata.............................. 83
Antilope furcifera.............................. 88
Antilope martiniana.............................. 83
Antilope recticornis.............................. 83
Archæomys arvernensis.............................. 202
Arctocyon primævus.............................. 22, 24

B

PAGES.
Balæna boops.. 33
Balæna mysticetus................................... 34
Balænotus... 32
Balænula.. 32
Bos taurus.. 92, 106
Bramatherium perimense.............................. 78
Brontotherium ingens................................ 75, 154, 155

C

Cænopithecus lemuroides............................. 224
Cainotherium laticurvatum........................... 99, 100, 117, 121
Calotragus campestris............................... 105
Camelopardalis attica............................... 78, 102
Canis lupus... 211
Castor issiodorensis................................ 200
Castor Jægeri....................................... 200
Cebochœrus anceps................................... 230
Cebochœrus minor.................................... 230, 231
Cervus capreolus.................................... 104
Cervus elaphus...................................... 92
Cervus martialis.................................... 86
Cervus (Axis) Matheronis............................ 85, 97
Cervus (Axis) pardinensis........................... 85
Cervus Sedgwickii................................... 86
Cétacés (Ordre des)................................. 29
Cetotherium... 32
Chalicotherium modicum.............................. 25, 164
Cheiroptères (Ordre des)............................ 205
Chinchilla lanigera................................. 202
Chœropotamus parisiensis............................ 72, 93, 97
Cricetodon gerandianum.............................. 201
Cricetus frumentarius............................... 201
Cynodon exilis...................................... 215
Cynodon lacustris................................... 24, 215

D

Dasyurus Maugei..................................... 19
Diceratherium....................................... 76
Dichobune leporinum................................. 72, 93, 99

PAGES.
Dichodon.. 78, 89
Dicrocerus anocerus.. 84, 88, 93
Dicrocerus elegans... 84, 88, 97
Didelphys Aymardi.. 11
Didelphys cancrivora... 18
Didelphys Cuvieri.. 12
Dinictis felina.. 220
Dinoceras mirabilis.. 74
Dinotherium giganteum.. 187 à 191
Diplobune bavaricum.. 165
Diplobune? Quercyi... 165
Diplopus Aymardi... 122
Diprotodon australis... 26, 27
Dorcatherium Naui.. 95, 96
Dremotherium?.. 109
Dremotherium Feignouxi....................................... 82, 119
Dryopithecus Fontani... 235 à 238

E

Édentés (Ordre des).. 192
Elephas ganesa... 177, 183
Elephas indicus.. 179
Elephas insignis... 177
Elephas meridionalis... 178
Elephas planifrons... 178, 185
Entelodon magnus... 92
Equus caballus.................. 127, 128, 136, 138, 139, 145
Equus Stenonis... 128
Erinaceus.. 204
Eurytherium latipes.. 149, 156
Eurytherium secundarium...................................... 148, 157, 165

F

Felis.. 209

G

Gazella brevicornis.. 83, 219
Gelocus communis... 78, 82, 90
Gelocus curtus... 112

H

Halicore... 36, 37

PAGES.
Halitherium Forestii.. 35
Halitherium fossile.. 36
Helamys capensis.. 202
Helladotherium Duvernoyi........................ 79, 114, 120, 149
Hipparion gracile.............. 125, 127, 128, 130, 135, 139, 141, 150
Hippopotamus amphibius.. 103
Hippopotamus hipponensis.. 73
Hyæna Chœretis.. 218
Hyæna eximia.. 209, 217
Hyæna Perrieri.. 208
Hyænarctos hemicyon.. 212
Hyænarctos sivalensis.,.. 213
Hyænictis græca.. 217, 218
Hyænodon leptorhynchus.. 14
Hyœmoschus aquaticus.. 104
Hyœmoschus crassus.. 90, 118, 121
Hyœmoschus? des phosphorites.. 109, 118
Hyopotamus velaunus........................ 94, 95, 98, 107, 116
Hyrachyus agrarius.. 64, 65
Hyrachyus priscus.. 65
Hyotherium Sœmmeringi.. 71
Hyracotherium leporinum.. 161
Hyrax capensis.. 152
Hystrix.. 200

I

Ictitherium hipparionum.. 217
Ictitherium Orbignyi.. 216
Ictitherium robustum.. 208, 216
Insectivores (Ordre des).. 204
Issiodoromys pseudanæma.. 202

L

Lagomys.. 200, 201
Lagotis peruvianus.. 202
Lepus.. 200
Listriodon splendens.. 164
Lophiodon isselensis.. 64
Lophiodon minimus.. 69
Lophiodon parisiensis.. 66, 69
Lophiodon rhinocerodes.. 70
Lophiomeryx Chalaniati.. 95
Lutricis Valetoni.. 219

M

PAGES.
Machairodus meganthereon.... 221
Macrauchenia patagonica.... 159
Macrotherium sansaniense.... 194, 195
Marsupiaux.... 9
Mastodon angustidens.... 171 à 173, 180, 182
Mastodon elephantoides.... 176
Mastodon Humboldtii.... 177
Mastodon latidens.... 175
Mastodon longirostris.... 180
Mastodon Pentelici.... 180
Mastodon perimensis.... 177
Mastodon pyrenaicus.... 174
Mastodon sivalensis.... 185
Mastodon turicensis.... 174
Megapteropsis.... 32
Merycopotamus dissimilis.... 94, 98
Mesopithecus Pentelici.... 184, 223, 233 à 235
Morotherium.... 193
Mus decumanus.... 201
Myarion antiquum.... 202
Myohippus.... 143
Myoxus.... 200

N

Necrolemur.... 225
Neobalæna.... 32
Nototherium.... 27

O

Oreodon Culbertsoni.... 81, 83, 90
Oreopithecus Bambolii.... 232
Orohippus.... 143
Otocyon megalotis.... 211
Ovis aries.... 105, 106

P

Pachydermes (Ordre des).... 41
Pachynolophus argentonicus.... 161
Pachynolophus cervulus.... 68, 228
Pachynolophus isselanus.... 67, 69
Pachynolophus siderolithicus.... 127, 161

PAGES.
Palæochœrus suillus........................... 93
Palæochœrus typus........................... 71, 97, 108, 116
Palæolagus........................... 200
Palæonictis gigantea........................... 18, 24
Palæoreas Lindermayeri........................... 80, 82, 83
Palæoryx Pallasii........................... 80, 83
Palæoshyops........................... 164
Palæotherium crassum........................... 46, 47, 60, 132, 148, 149, 151
Palæotherium magnum........................... 45, 51, 58, 59
Palæotherium medium........................... 45, 46, 132, 163, 165
Palæotragus Rouenii........................... 80
Paloplotherium annectens........................... 61
Paloplotherium codiciense........................... 59, 61, 62
Paloplotherium Javalii........................... 134
Paloplotherium minus........................... 50, 61, 89, 127, 128, 175
Plesiarctomys Gervaisi........................... 200
Plesiocetus Cortesi........................... 30, 31
Plesiosorex soricinoides........................... 205
Pliauchenia........................... 123
Pliohippus........................... 142
Pliolophus vulpiceps........................... 161
Pliopithecus antiquus........................... 235
Poebrotherium........................... 123
Probalæna........................... 32
Proboscidiens (Ordre des)........................... 169
Procamelus........................... 123
Procervulus aurelianensis........................... 87, 88
Prodremotherium?........................... 110
Proviverra Cayluxi........................... 20
Pseudælurus Edwardsi........................... 219
Pterodon dasyuroides........................... 15
Pugmeodon Schinzi........................... 36 à 38

Q

Quadrumanes (Ordre des)........................... 223

R

Rhagatherium valdense........................... 97
Rhinoceros africanus........................... 53
Rhinoceros aurelianensis........................... 47, 48
Rhinoceros brachypus........................... 58, 59
Rhinoceros etruscus........................... 49, 53
Rhinoceros leptorhinus........................... 48

PAGES
Rhinoceros occidentalis.................................... 51
Rhinoceros pachygnathus. 44, 46, 49, 52, 66, 147, 150, 152
Rhinoceros pleuroceros.................................... 75
Rhinoceros randanensis.................................... 50, 51
Rhinoceros Schleiermacheri.................................... 48, 51
Rhinoceros sivalensis.................................... 50
Rhinolophus.................................... 205
Rongeurs (Ordre des).................................... 198
Ruminants (Ordre des).................................... 77

S

Sciuroides.................................... 199, 200
Sciurus.................................... 199
Semnopithecus subhimalayanus.................................... 233
Siréniens (Ordre des).................................... 34
Sivatherium.................................... 78
Solipèdes (Ordre des).................................... 124
Sorex.................................... 204
Spermophilus.................................... 200
Squalodon Grateloupii.................................... 30
Steneofiber viciacensis.................................... 203
Stylodon pusillus.................................... 54
Sus antiquus.................................... 70
Sus arvernensis.................................... 70
Sus chœroides.................................... 70
Sus erymanthius.................................... 43, 70, 91
Sus Lockarti.................................... 70
Sus major.................................... 70
Sus palæochœrus.................................... 70
Sus provincialis.................................... 70
Sus scropha.................................... 103

T

Talpa telluris.................................... 204
Tapirus arvernensis.................................... 63
Tapirus Poirrieri.................................... 63
Tapirus priscus.................................... 63
Tapirulus hyracinus.................................... 25
Theridomys.................................... 203
Thylacoleo carnifex.................................... 27
Thylacomorphus.................................... 22
Thylacynus cynocephalus.................................... 16
Titanomys visenoviensis.................................... 200, 201

PAGES.

Titanotherium.. 163
Toxodon platensis.. 152
Tragocerus amaltheus.................. 77, 80, 83, 92, 99, 110, 152
Tragulus napu.. 104

U

Ursus arvernensis.. 214

V

Vespertilio aquensis.. 205, 206

X

Xiphodon gracilis.................. 78, 82, 89, 98, 99, 111

Z

Zeuglodon cetoides.. 38, 39

FIN DE LA LISTE ALPHABÉTIQUE DES ANIMAUX.

TABLE DES MATIÈRES

LES ENCHAINEMENTS DU MONDE ANIMAL DANS LES TEMPS GÉOLOGIQUES

MAMMIFÈRES TERTIAIRES

INTRODUCTION 1

L'époque tertiaire offre des conditions particulièrement favorables pour l'étude de l'évolution des mammifères. — Tableau où sont esquissés les traits les plus saillants de l'histoire des mammifères terrestres qui ont habité l'Europe pendant l'époque tertiaire.

CHAPITRE PREMIER

LES MARSUPIAUX 9

Les placentaires qui ont succédé aux marsupiaux dans nos pays n'en sont-ils pas les descendants? — L'*Hyænodon*, le *Pterodon*, la *Palæonictis*, la *Proviverra*, l'*Arctocyon* présentent un mélange des caractères des marsupiaux et des placentaires comme si c'étaient d'anciens marsupiaux devenus placentaires. — Au point de vue embryogénique, la supposition de leur transformation est très-rationnelle. — Marsupiaux en Australie.

CHAPITRE II

LES MAMMIFÈRES MARINS 29

Les cétacés ont apparu très-tardivement. — Loi terripète de Bronn. — Les siréniens, à en juger par le bassin du *Pugmeodon*, sont descendus d'animaux pourvus de membres postérieurs. — Les phoques. — Grandes découvertes d'animaux marins dans les couches miocènes et pliocènes d'Anvers.

CHAPITRE III

Les Pachydermes.. 41

L'ordre des pachydermes comprend des animaux qui ont des tendances très-variées ; il paraît remonter à une époque ancienne où les mammifères n'avaient pas encore les divergences qui se sont accusées pendant le milieu des temps tertiaires. — Les rhinocéros actuels peuvent descendre des rhinocéros fossiles qui eux-mêmes ont des affinités avec l'*Acerotherium*, le *Palæotherium* et le *Paloplotherium*. — Les tapirs se lient au *Lophiodon* par l'*Hyrachius*. — Rapprochement des rhinocéridés et des tapiridés. — Formes transitionnelles du *Pachynolophus* et de l'*Anchilophus*. — Passage des cochons à l'*Hyotherium*, de celui-ci au *Palæochærus*, de celui-ci au *Chæropotamus* et au *Dichobune*. — Plusieurs pachydermes se sont éteints sans laisser de postérité, par exemple le *Dinoceras*, le *Brontotherium*.

CHAPITRE IV

Les Ruminants et leurs parents.. 77

Les ruminants sont d'une date plus récente que les pachydermes. — Ils semblent en être descendus. — Leurs cornes et leurs bois se sont développés progressivement. — A l'origine ils n'étaient pas dépourvus d'incisives à la mâchoire supérieure. — Lorsque l'on compare l'*Anthracotherium* avec l'*Hyopotamus*, le *Lophiomeryx*, le *Dorcatherium* ou bien le *Palæochærus* avec le *Chæropotamus*, le *Rhagatherium*, le *Dicrocerus*, etc., on voit un passage insensible des mamelons des pachydermes aux croissants des ruminants. — Étude de la simplification progressive des os des pattes depuis les pachydermes à pattes lourdes comme les *Anthracotherium* jusqu'aux moutons et aux gazelles dont les pattes sont les plus fines. — Remarques qui montrent que l'Auteur de la nature, pour obtenir les mêmes résultats, a pu employer des moyens différents.

CHAPITRE V

Les solipèdes et leurs parents.. 124

De même que les ruminants semblent avoir été tirés des pachydermes à doigts pairs, les solipèdes paraissent être dérivés des pachydermes à doigts impairs. — Preuves de passages pour la dentition tirées du *Paloplotherium*, du *Pachynolophus*, de l'*Anchitherium*, de l'*Hipparion*, de l'*Equus Stenonis* et du cheval actuel. — La comparaison des pattes de l'*Acerotherium*, du *Palæotherium*, du *Paloplotherium*, de l'*Anchitherium*, de l'*Hipparion*, du cheval montre comment les pattes les plus lourdes ont pu devenir des pattes à un seul doigt de la plus extrême simplicité. — Les organes sans fonctions sont difficiles à expliquer, si on rejette la doctrine de l'évolution. — Exemples de transitions cités par les paléontologistes américains et surtout par M. Marsh.

CHAPITRE VI

Remarques sur la classification des ongulés.................. 145

Les nombreuses différences qui existent entre les paridigités et les imparidigités sont la conséquence d'une seule modification : l'arrangement des doigts. — La paléontologie commence à nous faire concevoir comment les changements des paridigités et des imparidigités ont pu se produire. — Modifications des doigts. — Modifications du tarse. — Modifications des os de la jambe et de la cuisse. — Transitions entre les paridigités et les imparidigités pour la dentition. — Passage des arrière-molaires supérieures de l'*Anchitherium* à celles des *Pachynolophus*, de celles-ci à celles de l'*Hyracotherium*, de celles-ci à celles du *Pliolophus*, de celles-ci à celles du *Palæochœrus*. — Passage des arrière-molaires supérieures du *Palæotherium* à celles de l'*Anoplotherium* qui passent à celles du *Paloplotherium*, qui passent à celles du *Xiphodon*, qui passent à celles du *Tragocerus*, qui passent à celles de la gazelle. — Transitions entre les arrière-molaires inférieures du *Palæotherium* et celles de l'*Anoplotherium*, entre celles-ci et celles du *Diplobune*. — Rapports des arrière-molaires de l'*Anchitheriun* avec celles de l'*Hipparion* et du *Lophiomeryx*. — Si on change les anciennes divisions parce qu'on observe des transitions, on bouleversera successivement toute la classification.

CHAPITRE VII

Les proboscidiens.................................. 159

Les proboscidiens qui sont les plus parfaits des ongulés ont apparu tardivement. — Passages du mastodonte à l'éléphant pour la forme des collines des molaires, pour le nombre des collines des molaires, pour le mode de sortie des dents, pour la disposition des défenses, pour la forme de la tête. — Le *Dinotherium* est intermédiaire entre plusieurs quadrupèdes. — Difficulté de faire des déterminations avec des pièces isolées.

CHAPITRE VIII

LES ÉDENTÉS, LES RONGEURS, LES INSECTIVORES ET LES CHEIROPTÈRES. . 192

Les édentés représentent un état d'évolution très-avancé. — Le *Macrotherium* est le parent de l'*Ancylotherium*; celui-ci diminue la distance entre les ongulés et les onguiculés. — Les rongeurs représentent un état d'évolution peu avancé. — Parenté de quelques rongeurs actuels avec les espèces fossiles. — Affinités entre le *Titanomys* et le *Lagomys*, entre le *Palæolagus* et le lièvre, entre le *Sciuroides* et l'écureuil, entre le *Plesiarctomys* et la marmotte, entre le *Cricetodon* et le rat, entre le *Myarion* et l'*Hesperomys*, entre l'*Archæomys* et le chinchilla, entre l'*Issiodoromys* et l'*Helamys*, entre le *Theridomys* et le castor. — Les insectivores et les cheiroptères ont été représentés dans les temps géologiques par des espèces qui ressemblent aux espèces actuelles.

CHAPITRE IX

LES CARNIVORES.. 208

Les ours, les hyènes, les chiens, les chats etc., se lient aux espèces fossiles qui les ont précédés. — Passage de l'ours au chien par l'*Amphicyon*, l'*Hyænarctos*, l'*Æluropus*. — Passage du chien à la civette par le *Cynodon*. — Passage de l'hyène à la civette par l'*Ictitherium* et l'*Hyænictis*. — Passage des mustélidés aux viverridés par le *Lutrictis*. — Passage du chat au putois par le *Pseudælurus* et le *Dinictis*. — Le *Machærodus* est un exemple de carnivore fossile qui s'est éteint sans s'être transformé.

CHAPITRE X

LES QUADRUMANES... 223

Les quadrumanes comprennent deux groupes : les lémuriens et les singes. — L'union des lémuriens avec les pachydermes est marquée par l'*Adapis* et le *Plesiadapis*. — La distance des singes et des pachydermes est diminuée par le *Cebochœrus*, l'*Acotherulum*, l'*Oreopithecus*. — Le *Pliopithecus* et le *Mesopithecus* se lient aux singes actuels. — Comparaison de la mâchoire du *Dryopithecus* avec celle de l'homme. — Silex considérés par M. l'abbé Bourgeois comme ayant été taillés.

RÉSUMÉ.. 243

Les découvertes paléontologiques révèlent la mobilité des êtres qui se sont succédé à la surface de notre planète. — Au milieu de tant de mobilité, nous apercevons çà et là quelques enchaînements qui peuvent nous servir de fils conducteurs. — Enchaînements entre les animaux d'espèces différentes, de genres différents, de familles différentes, d'ordres différents. — Utilité de l'étude des enchaînements des êtres fossiles pour la détermination des terrains. — De l'intérêt que l'étude des enchaînements des êtres présente au point de vue philosophique. — L'auteur ignore quels procédés le Créateur a employés pour produire les transformations du monde organique. — Tout ce qu'il peut dire, c'est qu'une constante harmonie lui paraît avoir présidé aux changements des êtres dans les diverses époques géologiques.

LISTE DES FIGURES.. 261

LISTE ALPHABÉTIQUE DES NOMS D'ANIMAUX CITÉS DANS CET OUVRAGE... 281

FIN DE LA TABLE DES MATIÈRES.

ADDITIONS ET CORRECTIONS

Page 6. — J'ai visité tout récemment le Casino sous la conduite de M. le professeur Pantanelli, et j'ai étudié dans le musée de Sienne une belle série de fossiles qui en provient. Ce gisement est certainement plus ancien que les couches fossilifères du Val d'Arno ; mais son degré d'ancienneté est encore difficile à préciser.

Page 31. — Dans un intéressant travail sur les dépôts miocènes supérieurs et pliocènes de Belgique, M. Mourlon vient d'établir que les sables glauconieux, d'où une grande partie des cétacés trouvés à Anvers a été tirée, appartiennent non pas au terrain pliocène, mais au terrain miocène.

Page 32. — M. Van Beneden distingue maintenant sous le nom d'*Heterocetus* les cétacés de Belgique qu'il avait attribués au genre *Cetotherium* de M. Brandt.

Page 157. — Au lieu de *Furitherium*, lisez *Eurytherium*.

Page 204. — Au lieu de *Talpa telluri*, lisez *Talpa telluris*.

Page 210. — A la formule des dents des civettes, au lieu de tuberculeuses $\frac{2}{2}$, il faut lire $\frac{2}{1}$.

Page 249. — Quoiqu'il y ait eu surtout des exhaussements depuis la fin de l'époque miocène, il y a eu aussi quelques phénomènes d'abaissements, comme cela est rendu très-manifeste par les alternances des couches lacustres et marines qui s'observent dans les terrains pliocènes de l'Italie.

PARIS. — IMPRIMERIE E. MARTINET, RUE MIGNON, 2

www.ingramcontent.com/pod-product-compliance
Lightning Source LLC
Chambersburg PA
CBHW070235200326
41518CB00010B/1565